Silvia Limbach

Kompaktkurs Mikrocontroller

Silvia Limbach

Kompaktkurs Mikrocontroller

Grundlagen Schaltungstechnik, Aufbau und Programmierung eines 8051-Systems, Kommunikation mit Windows-Rechnern, Debugging

Die Deutsche Bibliothek – CIP-Einheitsaufnahme
Ein Titeldatensatz für diese Publikation ist bei
Der Deutschen Bibliothek erhältlich.

1. Auflage April 2002

Konzeption und Layout des Umschlags: Ulrike Weigel, www.CorporateDesignGroup.de

Gedruckt auf säurefreiem und chlorfrei gebleichtem Papier

ISBN-13: 978-3-528-05788-6   e-ISBN-13: 978-3-322-83094-4
DOI: 10.1007/978-3-322-83094-4

Vorwort

Mikrocontroller-Projekte erfreuen sich in der Ausbildung elektrotechnischer Berufe nach wie vor großer Beliebtheit, denn mit ihnen lassen sich viele Bereiche, mit denen der Elektrotechniker heute in der Praxis konfrontiert werden kann, abdecken. Hierzu gehören:

- Hardware-Entwicklung

- Assembler-Programmierung von Mikroprozessoren oder Mikrocontrollern

- Realisierung logischer Verknüpfungen mit programmierbaren Logikbausteinen

- Entwicklung von Programmen in höheren Programmiersprachen für den PC

Ein Beispiel für ein solches Projekt ist der Einsatz eines Mikrocontrollers als Datenlogger, der mit einem induktiven Wegaufnehmer überwacht, ob ein Bauwerksfundament (unerwünschterweise) absinkt. Da das Messverfahren eine sehr hohe Auflösung erfordert, muss als AD-Wandler ein Sigma-Delta-Wandler eingesetzt werden. Die Messwerte sollen in Abständen von einer Minute erfasst werden, und das eine Woche lang. Der Mikrocontroller benötigt also in jedem Fall einen externen Speicher. Es ist zu beachten, dass das Messsystem mit einer Batterie betrieben werden muss.

Diese Anforderungen machen es sehr schwierig, einen fertigen Datenlogger zu kaufen und einzusetzen. Hardware-Entwicklung ist also gefragt! Wenn die Messung abgeschlossen ist, soll das Messsystem seine Daten an einen PC schicken und das natürlich nicht an ein rudimentäres DOS-Programm das die Daten heimlich (und langweilig) in eine Datei schreibt. Also los mit der Windows-Programmierung!

Der Student oder Auszubildende, der ein solches Projekt realisiert, hat nachher das schöne Gefühl ein anspruchsvolles technisches Gerät, das evtl. sogar als Kleinserie gebaut wird, fertiggestellt zu haben.

Die Aufgabenvielfalt, die das Projekt so reizvoll macht, kann aber auf dem Weg hierher eine Menge Probleme bereiten.

- Häufig müssen zunächst wichtige elektrische Kenngrößen, die beim Zusammenschalten verschiedener Schaltungsfamilien beachtet werden müssen, wiederholt werden. Auch die Assembler-Programmierung bedarf oft der Auffrischung.

- Zur Programmierung logischer Bausteine gibt es sehr umfangreiche Literatur, es ist mühsam, sich die eigentlich wenigen, erforderlichen Kenntnisse herauszufiltern.

- Für das erforderliche Windows-Programm bietet sich die Programmiersprache C (Entwicklungsumgebung: VisualStudio) unter Verwendung der Win32-API (Application Programming Interface) an. Allerdings ist deren Funktionsumfang sehr groß, und so kann für den Einstieg in die Windows-Programmierung leicht längere Zeit benötigt werden. Auf die Programmierung der seriellen Schnittstelle und Probleme bei der Kommunikation mit Mikrocontrollern wird in der Literatur zur Windows-Programmierung meist nicht eingegangen.

Dieses Buch gibt dem Leser einen kompakten, gut verständlichen Einstieg in diese Themen. Der Weg zum kompletten Mikrocontroller-Projekt wird vereinfacht und verkürzt.

Als Mikrocontroller wurde mit Bedacht der 8051-kompatible 80C32 bzw. der AT89C52 aus der populären Atmel AT89...-Serie ausgesucht. 8051-kompatible Controller werden von vielen verschiedenen Herstellern produziert und weiterentwickelt, so dass das mit diesem Buch erworbene Wissen auch in einigen Jahren noch aktuell sein wird.

Kapitel 1 richtet sich vor allem an den Leser, der noch am Anfang seiner Ausbildung steht. Die Funktionsweise von bipolaren und unipolaren Transistoren wird anschaulich dargestellt. Dieses Wissen ist für das Verständnis der elektrischen Kenngrößen von integrierten Schaltungen, die in diesem Kapitel auch beschrieben werden, wichtig. Es bietet einen Schnelleinstieg in die Boolesche Algebra, ohne die der systematische Entwurf einer logischen Schaltung undenkbar ist.

Kapitel 2 zeigt den Aufbau einer Schaltung mit dem Mikrocontroller 80C32. Alle verwendeten ICs (Integrated Circuit, integrierte Schaltung) werden ausführlich beschrieben. Die Programmentwicklung für einfache, programmierbare Logikbausteine wird demonstriert.

Kapitel 3 befasst sich mit der Assemblerprogrammierung für den 8051.

Kapitel 4 bietet einen kompakten Einstieg in die Windows-Programmierung. Zunächst werden anhand dreier, gut überschaubarer Beispielprogramme grundlegende

Techniken beschrieben. Es wird gezeigt, wie einfache Texte ausgegeben werden, wie man einen Scrolleffekt in einem solchen Textfenster realisiert, und wie der Benutzer eine Zeile durch Anklicken mit der Maus auswählen kann. Ein einfaches Texteingabefenster wird realisiert. Den Abschluss des Kapitels bildet ein Programm zum Auslesen von Daten aus einer Mikrocontrollerschaltung und zum Darstellen dieser Daten auf dem PC.

Kap 5 richtet sich an den erfahreneren 8051-Programmierer. Hier wird die Entwicklung eines Debuggers, bestehend aus einem Assembler- und einem Windows-Programmteil, mit dem man andere Assemblerprogramme schrittweise ablaufen lassen und dabei überwachen kann, gezeigt. Selbstverständlich kann der Debugger auch von Einsteigern, die seine Funktionsweise nicht im Einzelnen nachvollziehen wollen, verwendet werden.

Die Listings für den Debugger und alle weiteren Programme des Buches findet man im Internet unter:

```
http://home.t-online.de/home/silvia.limbach
```

Solingen, im Februar 2002

Silvia Limbach

Inhaltsverzeichnis

1 Grundlagen

Für das Verständnis der, in den Datenblättern von Mikrocontrollern oder logischen Gattern angegebenen, Größen sind einige Grundkenntnisse über Halbleiter unerlässlich. Der erste Teil dieses Kapitels vermittelt diese Grundlagen. Die folgenden Abschnitte sollen jedoch keine komplette Darstellung der physikalischen Zusammenhänge in Halbleitern sein. Sie stellen nur anschaulich die Funktion von Halbleitern allgemein, dann die von bipolaren Transistoren, später die von MOS-Fets dar.

Der zweite Teil dieses Kapitels behandelt das Dualzahlensystem sowie arithmetische Verknüpfungen von Dualzahlen. Danach wird die Boolesche Algebra vorgestellt, die zum systematischen Entwickeln von Digitalschaltungen benötigt wird.

1.1 Halbleiter und Transistoren

1.1.1 Halbleiter allgemein

Das zumeist eingesetzte Halbleitermaterial ist Silizium. Es ist im Periodensystem der Elemente in der IV. Hauptgruppe zu finden, d. h. es besitzt vier Bindungselektronen. Zur Bildung einer vollbesetzten Außenschale geht es im fehlerfreien Diamantgitter mit vier benachbarten Atomen Bindungen ein. Beim absoluten Nullpunkt sind alle Elektronen an der Bindung beteiligt. Der Halbleiter leitet bei dieser Temperatur also praktisch nicht. Bei Raumtemperatur verlassen jedoch einige Elektronen diese Bindungen. Dort bleiben Löcher zurück. Da sowohl die Elektronen als auch die Löcher beim Anlegen einer Spannung zur elektrischen Leitung beitragen, spricht man bei diesem Vorgang von der Generation eines Ladungsträgerpaares. Die freigewordenen Elektronen können auch wieder Löcher besetzen. Dies nennt man Rekombination. Bild 1.1 stellt die Generation eines Ladungsträgerpaares anschaulich dar. Zuerst verlässt ein Elektron seinen Platz in der Bindung mit den Nachbaratomen (1). Das verbleibende Loch kann von einem Nachbaratom besetzt werden (2).

Wenn man eine elektrische Spannung anlegt, wandern die freigewordenen Elektronen zum Pluspol der Spannungsquelle. Dieser Strom heißt Elektronenstrom. Entstandene Löcher können durch benachbarte Valenzelektronen besetzt werden. Dadurch entsteht dann ein anderes Loch. Auch die Bewegung der Elektronen durch die Löcher findet in Richtung des Pluspols statt. Auf einen Beobachter wirkt diese Bewegung wie eine Bewegung eines Lochs in Richtung des Minuspols der Spannungsquelle. Man nennt diesen Strom deshalb Löcherstrom.

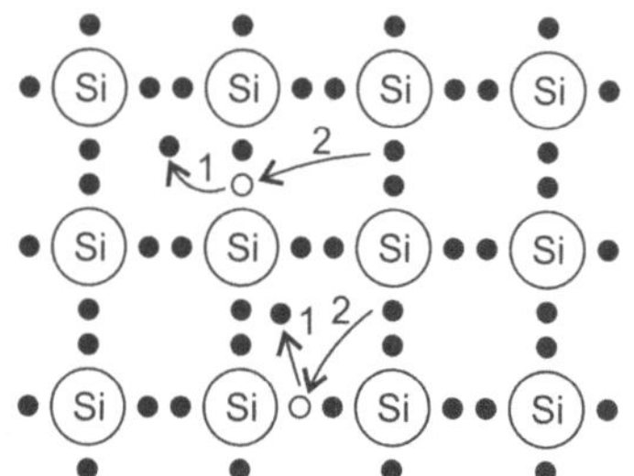

Bild 1.1 Eigenleitung in Halbleitern

1.1.2 Dotierung von Halbleitern

Die beschriebenen Leitungsvorgänge im Halbleiter lassen nur geringe Ströme zu. Man fügt deshalb in das Kristallgitter des Halbleiters gezielt Atome der V. (n-Leiter) oder der III. (p-Leiter) Hauptgruppe des Periodensystems ein. Dies bezeichnet man als Dotierung.

Für die Bindung an die benachbarten Atome werden, wie bereits erklärt, vier Außenelektronen benötigt. Bei der Dotierung mit einem fünfwertigen Atom (z. B. Arsen: As) ist also ein Elektron nicht an der Bindung beteiligt. Die Energie, die notwendig ist, um dieses Elektron als freies Elektron an der elektrischen Leitung zu beteiligen, ist wesentlich geringer als die Energie, die notwendig ist, um ein Elektron im undotierten Halbleiter „freizuschütteln". Da bei dieser Art der Dotierung hauptsächlich Elektronen – also negative Ladungen – zur elektrischen Leitung beitragen, bezeichnet man diese Art der Dotierung als n-Dotierung.

Bei der Dotierung mit einem dreiwertigen Atom (z. B. Indium: In) fehlt ein Elektron bei der Bindung mit den benachbarten Atomen. An dieser Stelle entsteht also ein Loch im Kristallgitter. Bei geringer Energiezufuhr kann es von einem benachbarten Elektron besetzt werden. Die elektrische Leitung bei dieser Dotierung kommt also hauptsächlich durch den Löcherstrom zustande. Wenn beim Löcherstrom ein Elektron die Bindung zwischen vier Si-Atomen verlässt, um ein Loch zu besetzen, lässt es diese Bindung einfach positiv geladen zurück. Deshalb wirkt die (tatsächliche) Bewegung der Elektronen zum Pluspol beim Löcherstrom wie die scheinbare Wanderung einer positiven Ladung zum Minuspol. Man nennt deshalb die Dotierung mit dreiwertigen Atomen auch p-Dotierung.

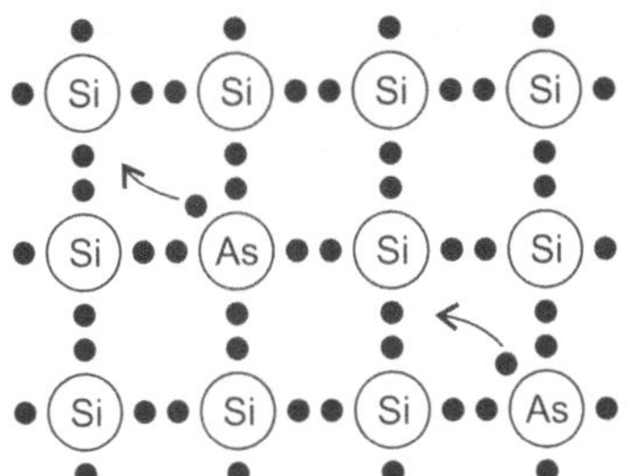

Bild 1.2 n-Leiter

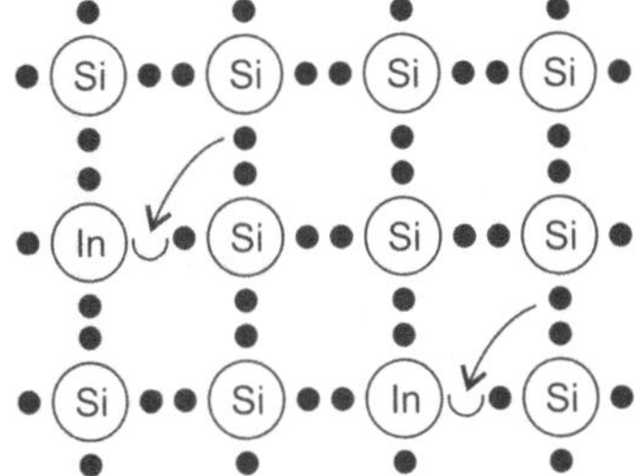

Bild 1.3 p-Leiter

Sowohl beim n-Leiter als auch beim p-Leiter findet die "normale" Generation von Ladungsträgerpaaren weiterhin statt. Allerdings werden im n-Leiter entstehende Löcher durch die höhere Anzahl freier Elektronen schnell wieder besetzt, so dass der Löcherstrom im n-Leiter vernachlässigbar ist. Im p-Leiter besetzen die wenigen freien Elektronen schnell einige der überwiegenden Löcher, so dass im p-Leiter der Elektronenstrom vernachlässigbar ist.

1.1.3 Der pn-Übergang

Bringt man einen p- und einen n-dotierten Halbleiter zusammen, so diffundieren Elektronen vom n-dotierten Halbleiter zum p-dotierten und besetzen dort Löcher. Da die dreiwertigen Akzeptoratome nur drei positive Kernladungen haben, werden sie durch die Aufnahme eines Elektrons negativ ionisiert. Entsprechend werden die Donatoratome positiv ionisiert. Am pn-Übergang entsteht ein elektrisches Feld. Das Feld ist so gerichtet, dass es weiteren Diffusionsvorgängen entgegen gerichtet ist.

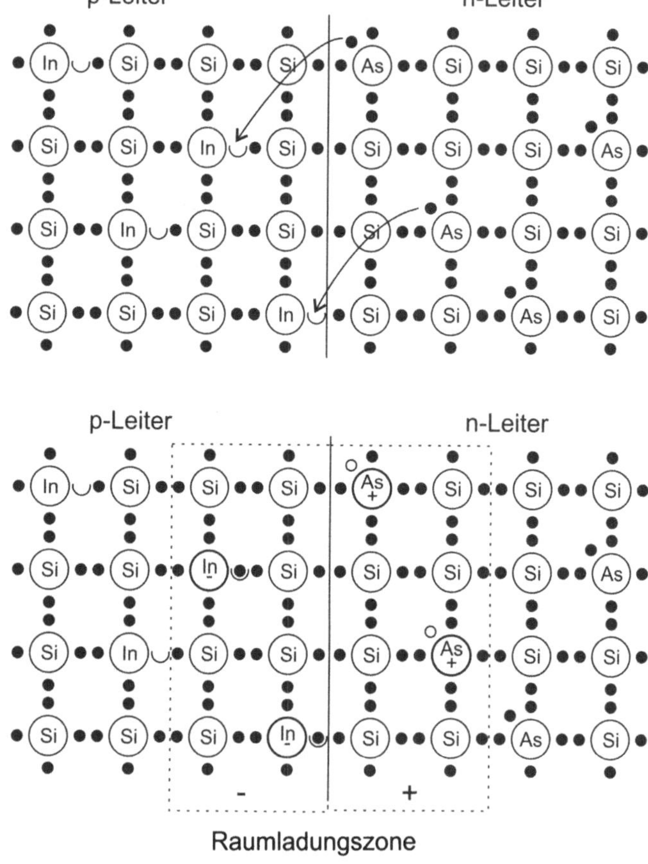

Bild 1.4 Der pn-Übergang

Legt man eine Spannungsquelle in Durchlassrichtung an den pn-Übergang (Minuspol an n-dotierten Halbleiter, Pluspol an p-dotierten Halbleiter), dann wandern auf der n-dotierten Seite Elektronen vom Minuspol in die Grenzschicht, die positive Raumladung wird dadurch teilweise abgebaut. Im p-dotierten Halbleiter wandern Elektronen aus der Grenzschicht zum Pluspol. Hier wird also die negative Raumladung der Grenzschicht abgebaut. Ist die Spannung so hoch wie die Diffunsionsspannung, so sind die Raumladungen auf beiden Seiten des pn-Übergangs abgebaut. Elektronen können jetzt ungehindert vom Minuspol der Quelle zum Pluspol wandern. Auf der p-dotierten Seite des Halbleiters rekombinieren sie mit Löchern und bewegen sich weiter, indem sie – wie bei den undotierten Halbleitern beschrieben – von Loch zu Loch springen. Auf der n-dotierten Seite des Halbleiters fließt also ein Elektronenstrom, auf der p-dotierten Seite ein Löcherstrom.

Legt man die Spannungsquelle in Sperrrichtung an (also Minuspol an den p-dotierten Halbleiter, Pluspol an den n-dotierten Halbleiter), dann wandern Elektronen vom Minuspol in den p-dotierten Halbleiter und besetzen dort weitere Löcher. Die negative Raumladung wird also erhöht. Im n-dotierten Halbleiter wandern Elektronen zum Pluspol, es wird somit die positive Raumladung erhöht. Die Sperrschicht wird also verbreitert. Im Prinzip fließt kein Strom, da keine beweglichen Ladungsträger in die Grenzschicht getrieben werden, sondern noch weiter aus ihr abgezogen werden.

1.1.4 Diode

Ein wichtiges Bauteil, in dem der pn-Übergang Anwendung findet, ist die Diode. Ihre elektrischen Eigenschaften werden in der I-U-Kennlinie wiedergegeben. Bild 1.5 zeigt eine Schaltung zur Messung dieser Kennlinie.

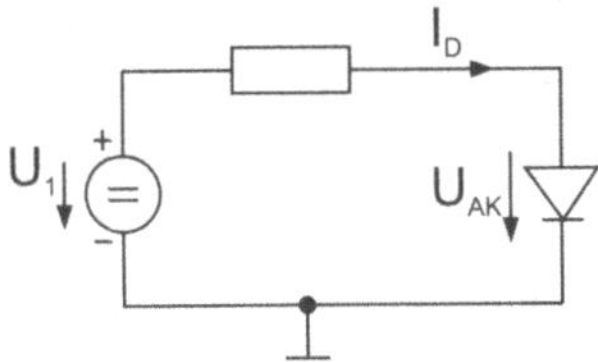

Bild 1.5 Schaltung zur Messung einer Diodenkennlinie

Der Strich im Schaltzeichen der Diode markiert die n-dotierte Seite (Kathode). Die p-dotierte Seite heißt Anode. Daher wird die Spannung an der Diode in obenstehendem Schaltbild als U_{AK} bezeichnet. Wenn man die Spannung U_1 von Null an erhöht, so steigt auch die Spannung U_{AK} an der Diode an. Wenn diese eine bestimmte Höhe erreicht hat, steigt der Strom durch die Diode steil an. Dieses Verhalten der Diode ist – wenn man die Erklärungen zum pn-Übergang gelesen hat – keine Überraschung. U_{AK} hat die Höhe der Diffusionsspannung erreicht, die Raumladungen sind abgebaut, die Ladungsträger können den pn-Übergang ungehindert überwinden. Die Spannung, ab der eine Diode leitet, wird als Durchlassspannung bezeichnet. Bei Si-Dioden liegt sie zwischen 0,5...0,8V.

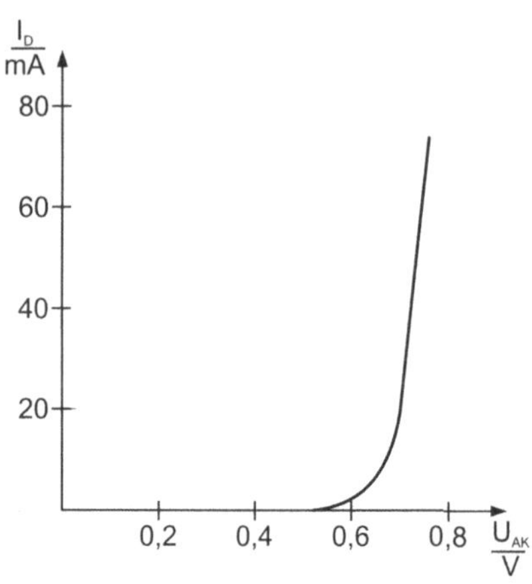

Bild 1.6 Dioden-Kennlinie

In der Schaltung zur Messung der Diodenkennlinie hat der eingezeichnete Widerstand nur Schutzfunktion. Die Kennlinie könnte man auch ohne Widerstand aufnehmen. Mangelndes Feingefühl bei der Einstellung der Spannung zerstört die Diode dann aber schnell.

Auch im praktischen Einsatz von Dioden wird der Vorwiderstand verwendet. Zu seiner Dimensionierung gibt es zwei Möglichkeiten:

Man geht davon aus, dass U_1 größer ist als die Durchlassspannung der Diode, es fließt also Strom. Die Spannung an der Diode ändert sich auch bei weiterer Erhöhung der Quellenspannung (und damit des Stroms) kaum noch. Zur Dimensionierung des Vorwiderstandes nimmt man die Diodenspannung konstant mit z. B. 0,7V an. Für den Strom durch Diode und Widerstand gilt:

$$I = \frac{U_1 - U_{AK}}{R} \Leftrightarrow I = \frac{U_1 - 0{,}7V}{R} \Leftrightarrow R = \frac{U_1 - 0{,}7V}{I}$$

Jetzt kann man den Vorwiderstand für einen gewünschten Strom dimensionieren.

Eine genauere Möglichkeit besteht natürlich darin, für den gewünschten Strom zunächst die Diodenspannung U_{AK} in der Diodenkennlinie abzulesen. Diese Werte seien U_{AK1} und I_1. Der Strom I_1 fließt auch durch den Widerstand, an ihm fällt die Spannung U_1-U_{AK1} ab.

Der Widerstand für den gewünschten Strom muss also

$$R = \frac{U_1 - U_{AK1}}{I_1}$$

gewählt werden.

1.1.5 Der npn-Transistor

Beim npn-Transistor befindet sich eine niedrig dotierte p-Schicht (Basis) zwischen zwei hoch dotierten n-Schichten (Emitter bzw. Kollektor). An den Übergängen zwischen den verschiedenen Schichten bilden sich die bereits beschriebenen Raumladungszonen aus (Bild 1.7).

Für den Normalbetrieb des Transistors legt man zwischen Emitter und Kollektor eine Spannung so an, dass der Emitter mit dem Minuspol der Spannungsquelle und der Kollektor mit dem Pluspol verbunden ist. Jetzt ist der Emitter-Basis-Übergang in Durchlassrichtung, der Basis-Kollektor-Übergang jedoch in Sperrrichtung gepolt. Deshalb fließt kein Strom. Erst wenn man zwischen Emitter und Basis zusätzlich eine Spannung in Höhe der Diffusionsspannung in Durchlassrichtung anlegt, werden Elektronen vom Emitter in die Basis getrieben. Aufgrund der niedrigen Dotierung und der geringen Dicke der Basis rekombinieren nur wenige Elektronen mit Löchern der Basis. Der Übergang zwischen Basis und Kollektor kann zwar aufgrund der bestehenden Raumladungen nicht von Löchern der Basis in Richtung Kollektor und auch nicht von Elektronen des Kollektors in Richtung Basis überwunden werden. Die Elektronen, die jetzt aber die Basis „überschwemmen" werden von der positiven Raumladung und der Spannungsquelle angezogen. Sie können den Basis-Kollektor-Übergang überwinden und bilden den Kollektorstrom. Man kann also beim Transistor durch den geringen Basisstrom den großen Kollektorstrom steuern.

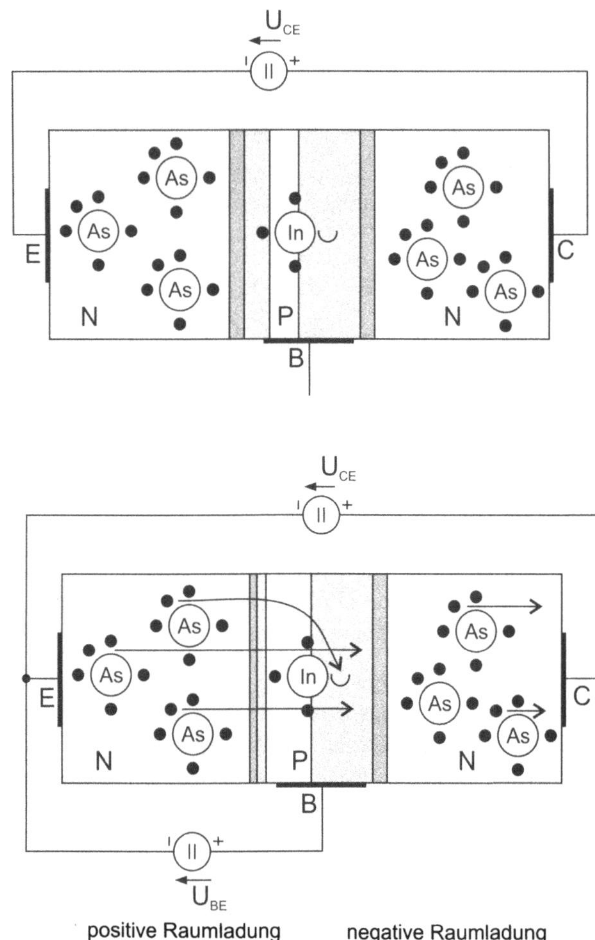

Bild 1.7 Raumladungszonen beim npn-Transistor

1.1.6 Der pnp-Transistor

Das Prinzip des pnp-Transistors ist dasselbe, wie das des npn-Transistors, nur dass hier die Basis niedrig n-dotiert ist, während Emitter und Kollektor hoch p-dotiert sind. Für den Normalbetrieb muss sich der Kollektor auf dem niedrigsten Potential der Schaltung befinden, so dass auch hier der Emitter-Basis-Übergang in Durchlassrichtung, der Basis-Kollektor-Übergang jedoch in Sperrrichtung gepolt ist. Legt man jetzt zwischen Emitter und Basis eine Spannung in Durchlassrichtung an, so fließt ein Löcherstrom vom Emitter zur Basis. Im Gegensatz zu den Elektronen der Basis können die einströmenden Löcher die Basis-Kollektor-Sperrschicht überwinden.

1.1.7 MOS-Fet (selbstsperrender IG-Fet, n-Kanal)

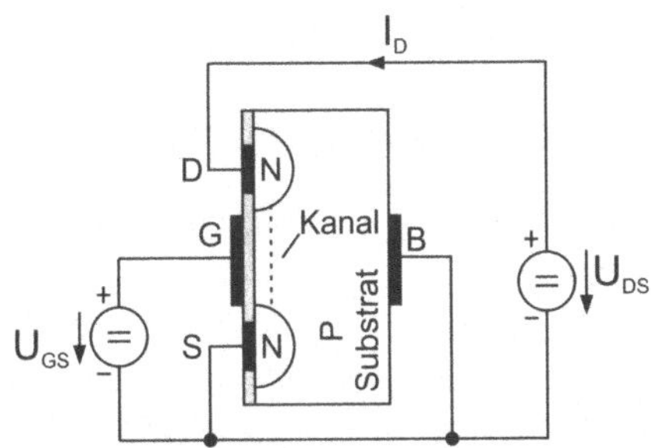

Bild 1.8 Prinzipieller Aufbau eines n-Kanal MOS-Fets

Beim Feldeffekt-Transistor (n-Kanal) befinden sich zwei hoch dotierte n-Zonen auf einem niedrig p-dotierten Substrat. Die Anschlüsse werden als Source, Drain, Bulk und Gate bezeichnet. Für den Normalbetrieb des Transistors werden Source und Bulk meist zusammengeschlossen. Dies soll auch für die folgenden Ausführungen der Fall sein.

Zwischen Drain und Source wird eine Spannung so angelegt, dass sich der Pluspol an der Drain-Elektrode befindet. Noch fließt kein Strom, da der Substrat-Drain-Übergang in Sperrrichtung gepolt ist. Legt man zwischen Gate und Bulk eine Spannung so an, daß die Gate-Elektrode am Pluspol ist, bewegen sich Elektronen des Substrats in Richtung Gate und besetzen dort Löcher. Über die Gate-Elektrode können fast keine Elektronen abfließen, da sich zwischen ihr und dem Substrat eine Isolierschicht befindet (IG Insulated Gate). Wenn diese aus einer Oxidschicht besteht, spricht man vom MOS-Fet. MOS bedeutet Metal-Oxid-Semiconductor und bezeichnet die Werkstoffe von Elektrode, Isolierschicht und Substrat. Erreicht die Gate-Bulk-Spannung einen bestimmten Wert, die sogenannte Schwellenspannung, dann befinden sich so viele Elektronen auf der Gate-Seite des Substrats, dass alle vorher vorhandenen Löcher besetzt sind und außerdem so viele freie Elektronen auf dieser Seite sind, wie vorher Löcher (Inversion des Ladungsträgertyps). Jetzt besteht ein n-leitender Kanal zwischen Source und Drain und ein Elektronen-Strom kann von Source in Richtung Drain fließen.

1.1.8 MOS-Fet (selbstsperrender IG-Fet, p-Kanal)

Beim p-Kanal-Fet befinden sich zwei hoch p-dotierte Zonen auf einem schwach n-dotierten Substrat. Für den Normalbetrieb des p-Kanal MOS-Fets muss sich die Drain-Elektrode auf dem negativsten Potential der Schaltung befinden. Die Gate-Elektrode muss gegenüber Bulk bzw. Source negativ sein.

1.1.9 Zählpfeile und Schaltsymbole bei Transistorschaltungen

Für die vereinfachte Darstellung in Schaltplänen, werden auch für Transistoren Schaltsymbole benutzt. Der Pfeil, der sich bei den bipolaren Transistoren (npn und pnp) zwischen Basis und Emitter, bei den MOS-Fets zwischen Bulk und Source befindet, zeigt stets von der p-dotierten Schicht zur n-dotierten Schicht. Um zu kennzeichnen, in welcher Richtung Spannungen an eine Schaltung gelegt werden bzw. in welcher Richtung Ströme fließen, benutzt man Zählpfeile. Legt man die Spannung entsprechend der Pfeilrichtung an – also Pluspol ans Pfeilende, Minuspol an die Pfeilspitze – so wird positiv gezählt. Bei den Strompfeilen ist zu beachten, dass diese aus historischen Gründen anzeigen, in welcher Richtung positive Ladungen fließen würden. Erst später stellte man fest, dass Elektronen – also negative Ladungen – den elektrischen Strom bilden. Daher zeigen die Strompfeile der Fließrichtung der Elektronen entgegen.

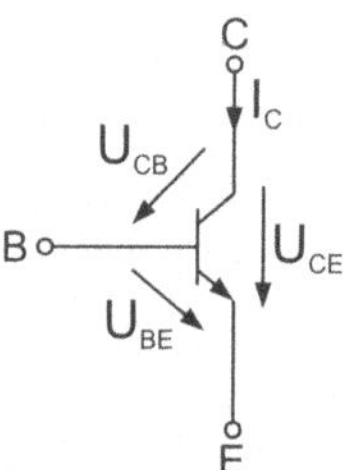

Bild 1.9 Zählpfeile beim npn-Transistor

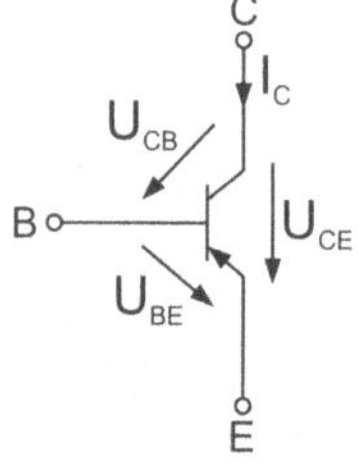

Bild 1.10 Zählpfeile beim pnp-Transistor

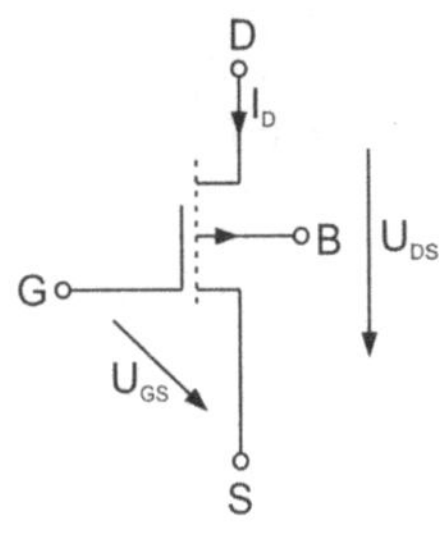

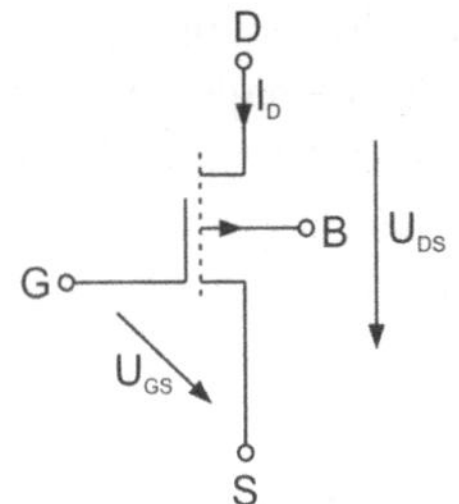

Bild 1.11 Zählpfeile beim n-Kanal MOS-Fet

Bild 1.12 Zählpfeile beim p-Kanal MOS-Fet

Für den Normalbetrieb des npn-Transistors werden die Spannungen entsprechend der Zählpfeile angelegt. Damit er leitet, muss man z.B. die Spannung U_{BE}=+0,75V anlegen. Es fließt dann z. B. ein Strom von I_C=50mA. Für den Normalbetrieb des eines pnp-Transistors desselben Typs (Komplementärtransistor) müsste man die Spannung U_{BE}=-0,75V anlegen. Es würde dann ein Strom von I_C=-50mA fließen. Für den Normalbetrieb eines n-Kanal MOS-Fets müsste man z. B. die Spannung U_{GS}=5V anlegen, damit ein Strom von I_D=300mA fließt, für den entsprechenden Komplementärtyp eine von U_{GS}=-5V, um einen Strom von I_D=-300mA zu erhalten.

1.1.10 Kennlinienfeld und Betriebszustände von bipolaren Transistoren

Zur Beschreibung des Betriebsverhaltens von Transistoren reicht eine einfache I-U-Kennlinie nicht aus. Hierzu benötigt man ein Kennlinienfeld. Bild 1.13 zeigt eine geeignete Schaltung zur Aufnahme des Kennlinienfeldes.

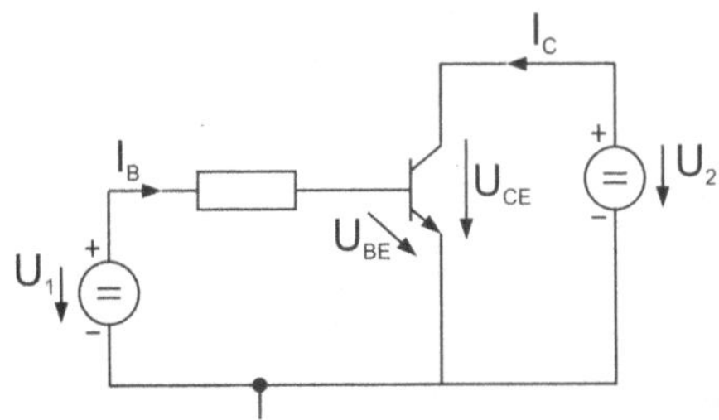

Bild 1.13 Schaltung zur Aufnahme eines Transistorkennliniernfeldes

Zur Messung der Eingangskennlinie, die den Basisstrom I_B in Abhängigkeit der Basis-Emitter-Spannung U_{BE} zeigt, und der Übertragungskennlinie, die den Kollektorstrom I_C in Abhängigkeit von I_B zeigt, wird die Spannung U_{CE} konstant gehalten. U_1 wird von Null aus erhöht. Die Spannung U_{BE} an der Basis-Emitter-Strecke des Transistors und die Ströme I_B und I_C werden gemessen. Der Transistor ist nahezu rückwirkungsfrei, d. h. U_{CE} hat kaum Einfluss auf die Eingangsgrößen des Transistors. Deshalb wird die Eingangskennlinie nur bei einer Spannung U_{CE} ermittelt. Wenn diese Spannung größeren Einfluss auf die Eingangsgrößen hätte, müsste man für die Eingangskennlinie mehrere Kurven mit U_{CE} als Parameter angeben.

Da Basis und Emitter eine Diode bilden, sieht die Eingangskennlinie eines Bipolartransistors (Bild 1.14) wie eine Diodenkennlinie aus. Die Übertragungskennlinie ist nahezu eine Gerade, I_C ist also proportional zu I_B. Der Quotient aus I_C und I_B heißt Stromverstärkung und wird mit „B" bezeichnet.

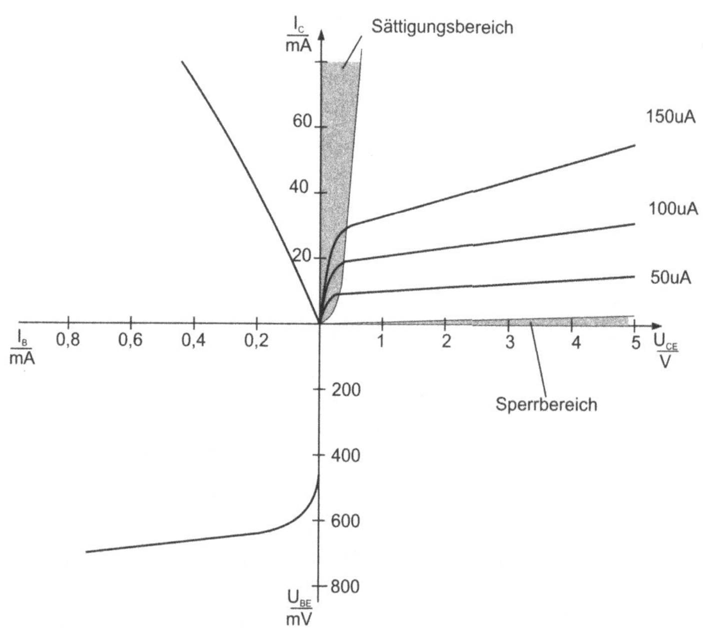

Bild 1.14 Kennlinienfeld eines npn-Transistors

Zur Ermittlung des Ausgangskennlinienfeldes wird ein Basisstrom eingestellt und konstant gehalten. U_{CE} wird von Null aus erhöht, I_C wird gemessen.

Dies wird für mehrere Basisströme durchgeführt. So erhält man das Ausgangskennlinienfeld mit I_B als Parameter.

Wie man im Ausgangskennlinienfeld sieht, hat I_B einen großen Einfluss auf I_C, während U_{CE} ab einer bestimmten Spannung kaum Einfluss auf I_C hat. In diesem Bereich verlaufen die Ausgangskennlinien fast waagerecht, der Bereich wird als aktiver Bereich des Transistors bezeichnet.

Die Betrachtung des Transistors als gesteuerte Stromquelle mit der Beziehung $I_C=B*I_B$ ist nur in diesem Bereich des Transistors zulässig, da nur hier ein weitgehend von der Ausgangsspannung unabhängiger Ausgangsstrom geliefert wird.

Während der aktive Bereich des Transistors für die Verstärkung von Analogsignalen interessant ist, kommen beim Einsatz von Transistoren in Digitalschaltungen zwei andere Betriebszustände zum Einsatz.

Der Sperrbereich, in dem kein Kollektorstrom fließt, und der Sättigungsbereich. Beim gesperrten Transistor ist die Eingangsspannung so klein, dass kein Basisstrom und damit auch kein Kollektorstrom fließt. Der Transistor wirkt wie ein geöffneter Schalter.

Beim Einsatz in Digitalschaltungen wird der Transistor im Sättigungsbereich so betrieben, dass er Strom führt und nur eine geringe Spannung U_{CE} an ihm abfällt. Der Transistor wirkt wie ein geschlossener Schalter.

Zur Erklärung der Sättigung kann man gut die Darstellung des Transistors durch zwei Dioden heranziehen.

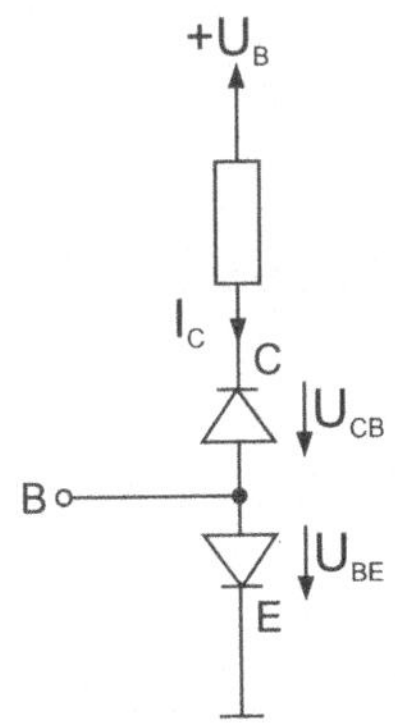

Bild 1.15 Diodenersatzschaltbild eines npn-Transistors

Diese gibt einen guten Überblick über die beim Betrieb des Transistors auftretenden Spannungen. Jedoch ist zu bemerken, dass man einen Transistor nicht wirklich durch zwei Dioden ersetzen kann, da die gemeinsame, dünne, niedrig dotierte Basis zwischen zwei hochdotierten Schichten Bedingung für die Funktion des Transistors ist.

Bei steigendem Strom I_C fällt immer mehr Spannung am Widerstand ab. Es bleibt immer weniger Spannung für den Transistor übrig, bis im Extremfall $U_{CE}=0$. Dann gilt: $U_{CE}=-U_{BE}$. Der Übergang vom aktiven Bereich des Transistors in den Sättigungsbereich findet bei $U_{CB}=0$ statt. Dann ist $U_{CE}=U_{BE}$. Dies ist der Sättigungsrand.

Beim Umschalten eines Transistors aus der Sättigung in den Sperrbereich wird eine gewisse Zeit benötigt, da sich vermehrt Ladungsträger in der Basis befinden, die nicht sofort zum Kollektor fließen. Diese müssen zunächst ausgeräumt werden.

Damit man einen bipolaren Transistor nicht zu weit in die Sättigung steuert und damit die Abschaltzeit unnötig erhöht, kann man parallel zur Kollektor-Basis-Strecke eine Schottky-Diode schalten. Diese hat nur eine Durchlassspannung von ca. 0,4V. An der Basis-Emitter-Strecke eines durchgeschalteten Transistors fallen – genau wie bei einer leitenden Si-Diode – ca. 0,7V ab. Wenn jetzt U_{CE} auf 0,3V absinkt leitet die Schottky-Diode und verhindert so ein weiteres Absinken von U_{CE}.

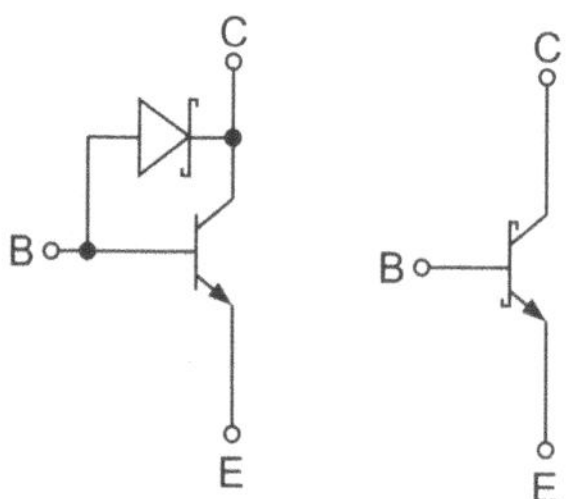

Bild 1.16 Transistor mit Schottky-Diode, Schottkytransistor

Diese Schaltungstechnik findet Anwendung in der LS-Serie (LS Low Power Schottky) logischer Gatter (Kap 1.1.13).

1.1.11 Kennlinienfeld von MOS-Fets

Zur Messung des Kennlinienfeldes von MOS-Fets kann man die in Bild 1.17 gezeigte Schaltung benutzen.

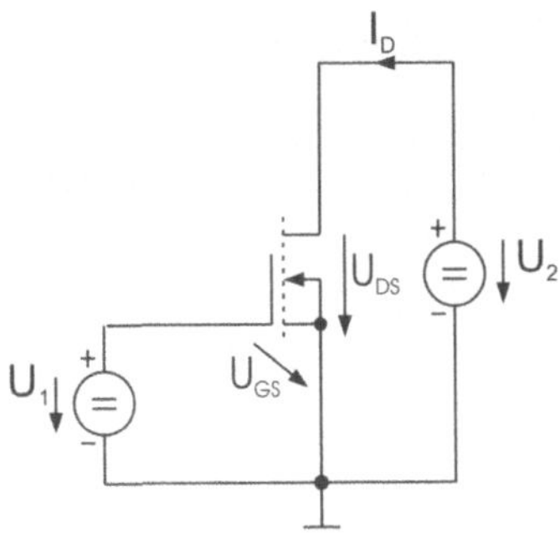

Bild 1.17 Schaltung zur Messung der Kennlinien eines n-Kanal MOS-Fets

Zur Messung der Eingangskennlinie wird die Spannung U_{GS} von Null an erhöht und I_D gemessen. U_{DS} wird konstant gehalten. Ab einer bestimmten Schwellenspannung U_T (threshold voltage) steigt der Drainstrom I_D stark an. Dies liegt an der, bei der Erklärung der Funktionsweise von MOS-Fets erwähnten, Inversion des Ladungsträgertyps – jetzt ist ein n-leitender Kanal zwischen Source und Drain vorhanden. Der zunächst sperrende Transistor leitet jetzt. Durch eine weitere Erhöhung von U_{GS} wird der Kanalquerschnitt vergrößert und I_D steigt an. Bild 1.18 zeigt Ein- und Ausgangskennlinie eines n-Kanal MOS-Fets.

Zur Messung des Ausgangskennlinienfeldes wird U_{GS} konstant gehalten. U_{DS} wird von Null an erhöht und dann I_D gemessen. Diese Messung wird für mehrere Spannungen U_{GS} durchgeführt. So erhält man das Ausgangskennlinienfeld mit U_{GS} als Parameter. Man stellt fest, dass der Drainstrom ab einer bestimmten Spannung U_K (Kniespannung) kaum noch ansteigt. Der Bereich der Ausgangskennlinien oberhalb der Kniespannung heißt Abschnürbereich. Diese Bezeichnung ist folgenderweise zu erklären: Zwischen Drain und Bulk liegt eine höhere Spannung als zwischen Gate und Bulk, deshalb werden Elektronen aus dem Substrat stärker zum Drain gezogen. Der Kanalquerschnitt ist also an der Source-Elektrode eingeschnürt. Oberhalb von U_K ist die Einschnürung so stark, dass der Drainstrom kaum weiter ansteigt. Im Abschnürbereich können MOS-Fets als linear wirkende Verstärker eingesetzt werden.

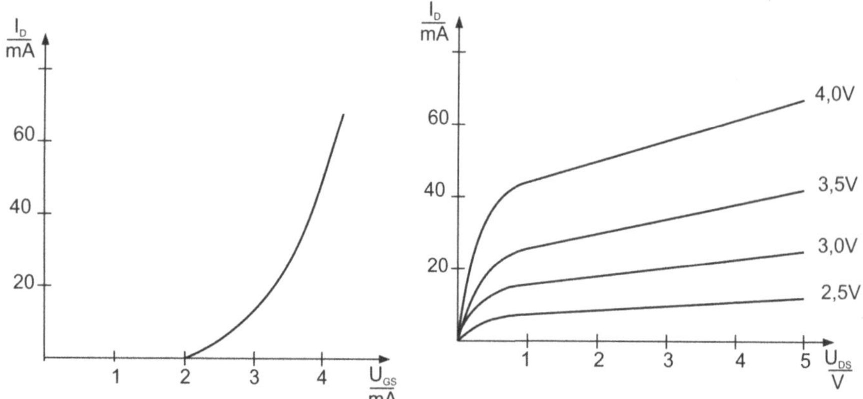

Bild 1.18 Ein- und Ausgangskennlinie eines n-Kanal MOS-Fets

Genau wie bei den bipolaren Transistoren sind für den Betrieb in Digitalschaltungen aber zwei andere Kennlinienbereiche interessant. Der Bereich der Ausgangskennlinien unterhalb der Kniespannung wird bei MOS-Fets als Anlauf- oder Proportionalbereich bezeichnet. In diesem Bereich kann der Transistor Strom führen, es fällt aber nur eine geringe Spannung an ihm ab. Er wirkt wie ein geschlossener Schalter.

Im Sperrbereich fließt kein Drainstrom, der Transistor wirkt wie ein geöffneter Schalter.

1.1.12 Logische Gatter und 80C51-Ports

Im Prinzip beruhen alle Geräte der Digitaltechnik auf der logischen Verknüpfung von Eingangssignalen. Hierbei dürfen die Ein- und Ausgangssignale nur zwei Zustände annehmen. Für die, von der Schaltungstechnik völlig losgelöste, Betrachtung der logischen Funktion werden diese Zustände als 1 und 0 bezeichnet. Bei der Realisierung logischer Verknüpfungen durch elektronische Schaltungen werden diese Zustände durch bestimmte Spannungen, die als High- und Low-Pegel bezeichnet werden, repräsentiert. Low-Pegel ist der negativere der auftretenden zulässigen Spannungspegel, High-Pegel der positivere. Schaltungen, die logische Verknüpfungen realisieren, heißen allgemein Gatter. Am stärksten verbreitet sind Gatter in TTL bzw. CMOS-Technik (TTL Transistor-Transistor Logik, CMOS Complementary MOS). Für diese beiden Techniken existieren diverse Modifikationen mit unterschiedlichen Vor- und Nachteilen. Um in Mikrocontrollerschaltungen die richtigen Gatter für die Zusammenarbeit mit dem Controller auswählen zu können, sollte man mit einigen elektrischen Kenngrößen vertraut sein. Zur Veranschaulichung dieser Kenngrößen beschreiben die nächsten beiden Abschnitte das einfachste logische Gatter – den Inverter – in TTL- und CMOS-Technik. Dann folgt der Aufbau der Ports des Mikrocontrollers 80C51 (s. Kap.2.6.1). Die Ports der, für die in Kapitel 2 vorgestellte Mikrocontrollerschaltung, eingesetzten 80C32 bzw. AT 89C52 sind entsprechend aufgebaut.

Den Abschluss dieses Kapitels bildet eine Gegenüberstellung der wichtigsten Kenngrößen für LS-TTL-Gatter (LS Low Power Schottky) und HCMOS-Gatter (H High Speed). Bei LS-TTL-Gattern werden statt der Standard-Transistoren Schottky-Transistoren verwendet. Auch ist der Aufbau der LS-TTL-Gatter gegenüber den Standard-TTL-Gattern leicht geändert. Dies führt zu diversen Vorteilen. Für das Verständnis der hier vorgestellten Kenngrößen genügt es aber, den prinzipiellen Aufbau von Standard-TTL-Gattern zu kennen.

Dasselbe gilt für HCMOS-Gatter. Gegenüber dem hier dargestellten einfachen CMOS-Inverter, verfügen heutzutage verwendete HCMOS-Gatter noch über Ein- und Ausgangstreiber und Schutzschaltungen gegen Überspannung.

1.1.13 TTL-Inverter

Ein Inverter führt bei High-Pegel am Eingang Low-Pegel am Ausgang, bei Low-Pegel am Eingang führt der Ausgang High-Pegel.

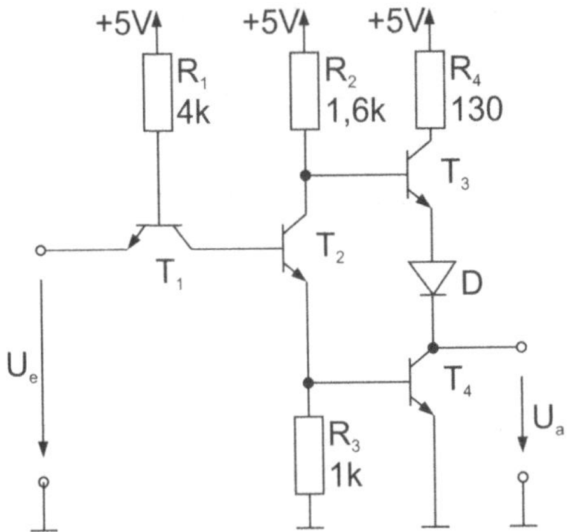

Bild 1.19 Inverter in TTL-Technik

Den Eingang des TTL-Inverters bildet der Transistor T_1. Dieser sperrt, solange der Emiter-Anschluss High-Pegel führt. Über die in Durchlassrichtung gepolte Basis-Kollektor-Strecke dieses Transistors fließt ein Basisstrom in T_2 und macht diesen leitend. Der Strom durch T_2 fließt auch durch R_3 und bewirkt an diesem einen Spannungsabfall. Dieser sorgt dafür, dass die Basis von T_4 auf höherem Potential ist als der Emitter. T_4 leitet deshalb. Am leitenden Transistor T_2 fällt nur eine geringe Spannung ab. Emitter und Basis von T_3 befinden sich deshalb auf nahezu gleichem Potential, T_3 sperrt also. Am Ausgang der Schaltung liegt jetzt eine Spannung von ungefähr 0V, also Low-Pegel. Befindet sich jedoch der Emitter von T_1 auf Low-Pegel, so leitet T_1. Hierdurch führt auch der Kollektor von T_1 Low-Pegel. T2 sperrt somit. Jetzt erhält die Basis von T_3 positives Potential und der Transistor leitet. Da T_2 sperrt und damit kein Spannungsabfall an R_3 bewirkt wird, befindet sich die Basis von T_4 auf 0V-Potential. T_4 sperrt also. Bei sperrendem T_4 und leitenden T_3 befindet sich der Ausgang der Schaltung auf einem Potential von fast +5V, der Ausgang führt also High-Pegel.

Aufgrund seines unsymmetrischen Aufbaus – bei High-Pegel am Ausgang fließt der Laststrom durch den Widerstand R_4 und die Last wird über den Emitter von T_3 gespeist, bei Low-Pegel fließt der Strom nur durch T_4 und die Last wird über den Kollektor des Transistors gespeist – darf ein Standard-TTL-Inverter (Typ 7404) bei High-Pegel am Ausgang nur mit -0.4mA belastet werden, bei Low-Pegel sind es 16mA (Vorzeichen s. Kap. 1.1.16).

Durch den Einsatz von Schottky-Transistoren statt der „normalen" Transistoren und durch geringe Modifikationen der Schaltung sind LS-TTL-Gatter schneller als Standard-TTL-Gatter und haben eine geringere Leistungsaufnahme. Ein LS-TTL-Inverter (Typ 74LS04) kann bei High-Pegel am Ausgang einen Strom -0.4mA liefern, bei Low-Pegel kann er 8mA aufnehmen.

Für verschiedene Gatter – auch derselben Schaltungsfamilie – können andere Werte für die Ausgangsbelastbarkeit gelten. Diese Werte müssen im Einzelfall dem entsprechenden Datenblatt entnommen werden.

1.1.14 CMOS-Inverter

Der Aufbau eines CMOS-Inverters ist sehr einfach. Er besteht aus einem p-Kanal-(T2) und einem n-Kanal MOS-Fet (T1). Die beiden Gate-Elektroden sind zusammengeschaltet und bilden den Eingang des Gatters.

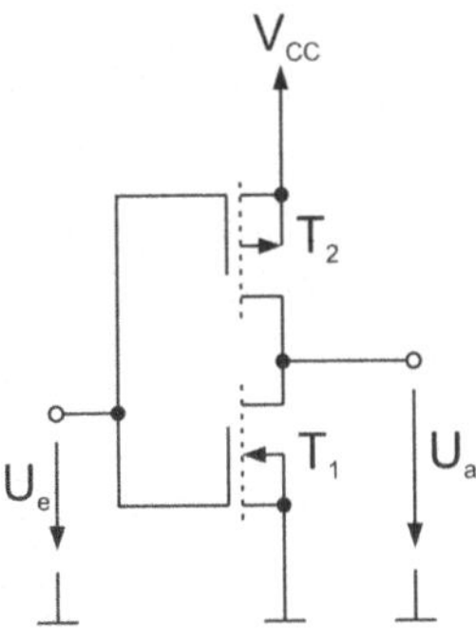

Bild 1.20 CMOS-Inverter

Liegt dort Low-Pegel an, so ist das Gate des p-Kanal MOS-Fets negativ gegenüber der Source-Elektrode und der Transistor leitet. Der Ausgang liegt deshalb ein Potential von fast V_{CC}, also High-Pegel. Liegt am Eingang dagegen High-Pegel an, so ist das Gate des n-Kanal MOS-Fets positiv gegenüber der Source-Elektrode. Jetzt schaltet der n-Kanal MOS-Fet durch und zieht den Ausgang auf fast 0V. Am Ausgang liegt also Low-Pegel. Die Funktion eines Inverters ist damit erfüllt. Da der CMOS-Inverter symmetrisch aufgebaut ist, sind die Beträge der Ströme, die der Ausgang bei High- bzw. Low-Pegel liefern kann, gleich groß. Für CMOS-Gatter ist ein recht großer Versorgungsspannungsbereich zulässig. Wichtige Kenngrößen werden deshalb für mehrere Versorgungsspannungen genannt, oder sie werden als Formel in Abhängigkeit der Versorgungsspannung aufgeführt. Ein CMOS-Inverter vom Typ 74HC04 kann bei einer Versorgungsspannung von 4.5V mit +/-4mA belastet werden. Die High-Pegel Ausgangsspannung beträgt dann mindestens 3.98V, die Low-Pegel Ausgangsspannung maximal 0.26V

Wie bereits erwähnt, besitzen CMOS-Gatter der HC-Serie heute noch eine Eingangs- und eine Ausgangsstufe zur Verbesserung des Übertragungsverhaltens und zum Schutz des Bauelements vor Zerstörung durch Überspannung.

1.1.15 80C32-Ports

P1-P3

Die Kommunikation mit der Außenwelt geschieht bei Mikrocontrollern über sogenannte Ports. Für jeden Pin der Ports P1-P3 des in diesem Buch verwendeten
80C32 ist die in Bild 1.21 gezeigte Treiberstufe vorhanden.

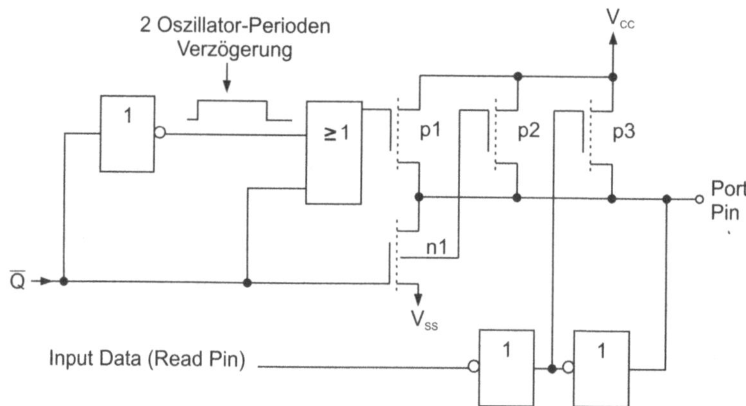

Bild 1.21 Treiber der Ports P1-P3

Die Ansteuerung der Treiberstufe geschieht über den invertierenden Ausgang eines
1-Bit-Speichers $(\overline{Q})$, der den auszugebenden Wert enthält. Jeder Pin kann aber
auch einzeln als Eingang benutzt werden. Der 1-Bit-Speicher muss hierzu eine 1
enthalten. Wenn dies der Fall ist, wird die Treiberstufe mit Low-Pegel angesteuert.
In diesem Fall leitet auf jeden Fall p2. Hierdurch erhält der Port-Pin High-Pegel.
Solange die Spannung am Port-Pin >1.0-1.5V ist, wird das Gate von p3 mit Low-
Pegel angesteuert. Damit leitet auch p3. Dieser Zustand wird als SOH (Steady Output High) bezeichnet. Wenn der Pin als Eingang verwendet und High-Pegel angelegt wird, leiten dieselben Transistoren (also p2 und p3). Um aber die Verwendung
des Pins als Eingang kenntlich zu machen, wird dieser Zustand als IH (Input High
State) bezeichnet.

Zur Verwendung als Eingang kann der Pin jetzt von einem ansteuernden Gatter auf
Low gelegt werden. Während des Übergangs von HIGH nach LOW am Pin leiten
p2 und p3, sie liefern den Strom I_{TL}=-650mA. Diesen Strom muss das ansteuernde

Gatter aufnehmen können. Später leitet dann nur noch p2. Der Pin befindet sich im Zustand IL (Input Low State). Ein ansteuerndes Gatter muss jetzt nur noch den Strom I_{IL}=-70µA max. aufnehmen.

Nur wenn in einen 1-Bit-Speicher, der vorher eine 0 enthielt, eine 1 geschrieben wird, leitet kurzfristig p1 für zwei Taktzyklen. Dies wird als FOH (Forced Output High) bezeichnet. Der Port-Pin kann jetzt einen höheren Strom liefern und so für höhere Flankensteilheit sorgen. Nach den zwei Taktzyklen befindet sich der Port-Pin aber wieder im SOH. Enthält der Speicher eine 0, also Ansteuerung der Treiberstufe mit High-Pegel, leitet nur n1. Dieser kann den hohen Strom I_{OL}=1.6mA treiben. Ein höherer Strom muss vermieden werden. Es darf jetzt kein Kurzschluss gegen V_{CC} auftreten.

Da bei den Treiberstufen der Ports P1-P3 immer mindestens einer der Transistoren leitet, nennt man diese Ports quasi-bidirektional.

P0

Die Treiberstufe der Pins von P0 zeigt Bild 1.22

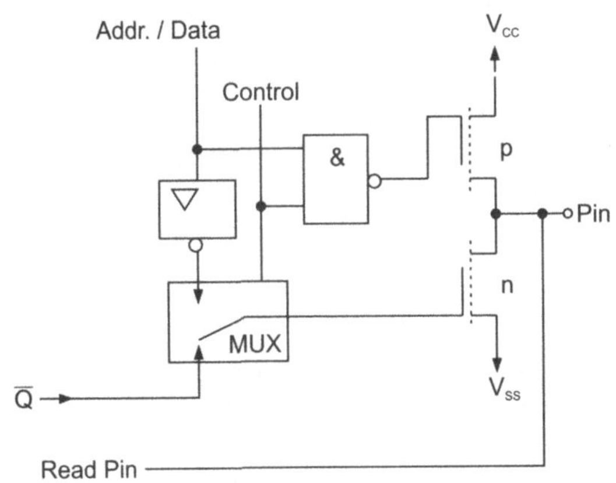

Bild 1.22 Treiber von P0

Für Zugriffe auf den externen Speicher wird ein auszugebender High-Pegel erzeugt, indem der p-Transistor durchschaltet, ein Low-Pegel, indem der n-Transistor durchschaltet. Bei Benutzung von P0 als General-Purpose-Port (Kap. 2.6.1) wird der p-Transistor durch das Control-Signal abgeschaltet. Wenn der ansteuernde 1-

Bit-Speicher eine 1 enthält, ist auch n abgeschaltet. In diesem Fall können die Pins von P0 als Eingang verwendet werden. Im Gegensatz zu P1-P3 wird P0 als „true bidirectional" bezeichnet, da bei der Verwendung als Eingang keiner der Treibertransistoren leitet. Für die Verwendung von P0 als Ausgang ist zu beachten, dass Pull-Up-Widerstände benötigt werden, um High-Pegel auszugeben.

1.1.16 Übersicht über Kenngrößen

Den Abschluss dieses Kapitels soll eine Übersicht über die wichtigsten elektrischen Kenngrößen von TTL-Gattern, HCMOS-Gattern, Speicherbausteinen und den 80C51-Ports bilden. Exemplarisch wurden Bausteine ausgesucht, die auch bei der Realisierung des, im nachfolgenden Kapitel beschriebenen, Mikrocontrollersystems Verwendung finden. Beim 74573 handelt es sich um ein achtfach D-Flip-Flop, das für den Adress- Datenmultiplex des 8051 benötigt wird. Beim uPD43256 handelt es sich um einen 32k*8 Bit großes statisches RAM, das als externer Speicher an den 8051 angeschlossen wird. Das 27C64 ist ein EPROM, in dem sich das „Betriebssystem" des Mikrocontrollersystems befindet. Statt des EPROMs kann auch ein EEPROM vom Typ 28C64 verwendet werden. (Ausführliche Erklärungen zu diesen Bausteinen finden sich in Kap 2). Für die Strom- und Spannungswerte in Tabelle 1.1 liegt das in Bild 1.23 gezeigte Zählpfeilsystem zugrunde.

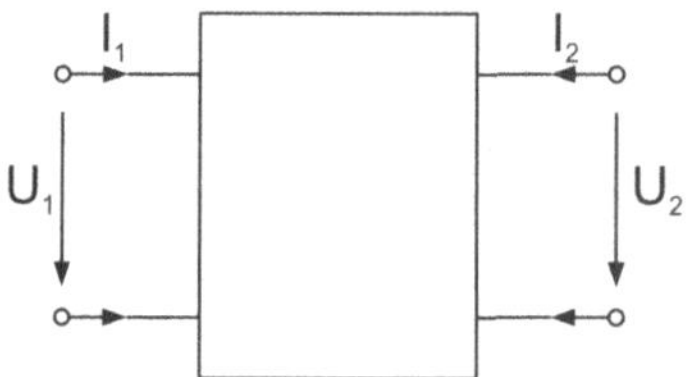

Bild 1.23 Übliches Zählpfeilsystem für Vierpole

In der nachfolgenden Tabelle sind folgende Größen gegenübergestellt:

V_{ILmax}: Dies ist die höchste zulässige Spannung, die am Eingang der Schaltung noch als Low-Pegel erkannt wird

V_{IHmin}: Dies ist die Spannung die am Eingang der Schaltung mindestens angelegt werden muss, um als High-Pegel erkannt zu werden

V_{OLmax}: Das ist die Spannung, die sich am Ausgang, der sich im Low-Pegel befindet, maximal einstellt, wenn er mit dem Strom I_{OLmax} belastet wird.

V_{OHmin}: Das ist die Spannung, die sich am Ausgang, der sich im High-Pegel befindet, mindestens auftritt, wenn er mit dem Strom I_{OHmax} belastet wird.

I_{OLmax}: Das ist der Strom, mit dem ein Ausgang, der sich im Low-Pegel befindet, maximal belastet werden darf, damit weiterhin gültiger Low-Pegel sichergestellt ist.

I_{OHmax}: Das ist der Strom, mit dem ein Ausgang, der sich sich im High-Pegel befindet, maximal belastet werden darf, damit weiterhin gültiger High-Pegel sichergestellt ist.

	V_{CC}			V_{IL}	V_{IH}	V_{OL}	I_{OL}	V_{OH}	I_{OH}
	min.	nom.	max	max.	min	max.		min.	
74HCT 573	4,5V	5V	5,5V	0,8V	2V	0,1V 0,33V	20µA 6mA	4,4V 3,84V	-20µA -6mA
74HC 573	2V	5V	6V	1,35V	3,15V	0,1V 0,33V	20µA 6mA	4,4V 3,84V	-20µA -6mA
74ALS 573	4,5V	5V	5,5V	0,8V	2V	0,4V	12mA	2,4V	-2,6mA
43256	4,5V	5V	5,5V	0,8V	2,2V	0,4V	2,1mA	2,4V V_{CC}-0,5V	-1,0mA -0,1mA
27C64	4,5V	5V	5,5V	0,8V	2V	0,1V 0,45V	10µA 2,1mA	V_{CC}-0,1 2,4V	-10µA -400µA
28C64	4,5V	5V	5,5V	0,8V	2V	0,45V	2,1mA	2,4V	-400µA
80C51 P1-P3	4,5V	5V	5,5V	0,2V_{CC} -0,1V	0,2VCC +0,9V	0,45V	1,6mA	2,4V 0,9V_{CC}	-80µA -10µA
80C51 P0				0,2V_{CC} -0,1V	0,2VCC +0,9V	0,45V	3,2mA	2,4V 0,9V_{CC}	-800µA -80µA
8051 P1-P3	4,5V	5V	5,5V	0,8V	2V	0,45V	1,6mA	2,4V	-80µA
8051 P0				0,8V	2V	0,45V	3,2mA	2,4V	-400µA
89C52 P1-P3	4,0V	5V	6,0V	0,2V_{CC} -0,1V	0,2VCC +0,9V	0,45V	1,6mA	2,4V 0,9V_{CC}	-60µA -10µA
89C52 P0				0,8V	2V	0,45V	3,2mA	2,4V 0,9V_{CC}	-800µA -80µA

Tabelle 1.1 Elektrische Eigenschaften verschiedener logischer Gatter

Aufgrund des symmetrischen Aufbaus von CMOS-Gattern, sind die Eingangsströme des Gatters bei Ansteuerung durch High- bzw. Low-Pegel vom Betrag her gleich.

Für die Eingangsströme von CMOS-Gattern wird in den Datenblättern meist die Größe I_I angegeben. Dieser Strom tritt bei Eingangsspannungen auf, die oberhalb der üblicherweise auftretenden Eingangsspannungen liegen. Beim 74HC573 und 74HCT573 liegt er bei +/- 1000nA. Das Vorzeichen des Stroms richtet sich danach, welcher Eingangstransistor durchschaltet. Ist es der p-MOS-Fet, fließt der Strom aus der Schaltung heraus, also negatives Vorzeichen.

Aufgrund des anderen Aufbaus von TTL-Gattern, werden die Eingangsströme für High-Pegel und für Low-Pegel am Eingang getrennt angegeben. Beim 74ALS573 beträgt I_{IL}=-0,1mA, I_{IH}=20uA.

Für CMOS-Bauelemente gibt es meist einen recht großen Versorgungsspannungsbereich. Deshalb werden elektrische Kenngrößen häufig in Abhängigkeit der Versorgungsspannung oder für mehrere Versorgungsspannungen angegeben.

Wie man in der Tabelle sieht, kann man mit einem TTL-Gatter kein CMOS-Gatter ansteuern, da die Spannung V_{OHmin} des TTL-Gatters niedriger ist als die Spannung V_{IHmin} des CMOS-Gatters. Will man den 8051 benutzen um CMOS-Gatter anzusteuern, muss man auf jeden Fall einen CMOS-Typ auswählen. Bei den (veralteten) NMOS-Typen (bei NMOS werden nur n-Kanal Fets benutzt) ist die Spannung V_{OHmin} von 2,4V garantiert. Man kann damit entweder TTL-Gatter ansteuern oder, falls man Gatter benötigt, die am Ausgang CMOS-Pegel liefern, HCT-Gatter verwenden. Diese verfügen über eine Eingansschaltung, die auch TTL-Pegel akzeptiert.

1.2   Dualzahlen und Schaltalgebra

In diesen Kapitel wird das für die Arbeit mit Mikrocontrollern sehr wichtige Dualsystem dargestellt. Es folgt eine kurze Übersicht über die Addition und Subtraktion von Dualzahlen. Für das Verständnis einiger Statusflags des 8051 ist es wichtig, die Addition und die Subtraktion vorzeichenbehafteter Dualahlen zu kennen. Deshalb wird hierauf etwas ausführlicher eingegangen. Danach wird die formale Entwicklung einer einfachen Digitalschaltung gezeigt. Hierbei kommen nur grundlegende logische Verknüpfungen vor. Es wird eine Minimierung der benötigten logischen Gatter mit den Gesetzen der Booleschen Algebra durchgeführt.

1.2.1 Dualzahlen

Da die Ein- und Ausgangssignale von Digitalschaltungen nur zwei Zustände annehmen dürfen, benötigt man zum Rechnen ein Zahlensystem, das mit zwei verschiedenen Ziffern auskommt. Ein solches Zahlensystem ist das Dualsystem. Im Gegensatz zu unserem gewohnten Dezimalsystem, steht hier jede Stelle für das Vielfache einer Zweierpotenz.

Beispiel:

$$43_D = 4 \cdot 10^1 + 3 \cdot 10^0$$

$$1011_B = 1 \cdot 2^3 + 0 \cdot 2^2 + 1 \cdot 2^1 + 1 \cdot 2^0$$

Das „D" im Index der Dezimalzahl, steht für „Dezimalsystem", das „B" bei der Dualzahl für „Binär".

Um eine Dezimalzahl in eine Dualzahl umzuwandeln, ermittelt man zuerst, wie viele Stellen die Binärzahl benötigt. Diese Anzahl geht aus der höchsten Potenz von zwei hervor, die kleiner oder gleich der umzuwandelnden Zahl ist. Die benötigte Stellenzahl ist um eins höher als der Exponent dieser Potenz. Für die weitere Umwandlung überprüft man, ausgehend von der höchsten Stelle der Dualzahl, ob ihr Stellenwert größer oder kleiner ist als die Dezimalzahl. Ist er kleiner oder gleich, wird die entsprechende Ziffer 1 gesetzt und das Produkt aus Dualziffer und Stellenwert von der Dezimalzahl subtrahiert. Dieselbe Operation führt man mit dem Rest der Dezimalzahl und den verbleibenden Dualstellen durch.

Bei einer festgelegten Stellenzahl kann die Dualzahl auch führende Nullen enthalten.

Beispiel: 11_D in Dualzahl umwandeln.

Stellenwert Rest	2^3	2^2	2^1	2^0
11	1	?	?	?
11−8=3	1	0	?	?
3−2=1	1	0	1	?
1−1=0	1	0	1	1

Um eine Dualzahl ein eine Dezimalzahl umzuwandeln, bildet man für jede Stelle das Produkt aus Ziffer und Stellenwert und addiert diese.

Beispiel:

$$0101_B = 0 \cdot 2^3 + 1 \cdot 2^2 + 0 \cdot 2^1 + 1 \cdot 2^0 = 5_D$$

Wenn eine Dualzahl mehr als vier Stellen hat, dann fasst man häufig jeweils vier Stellen zu einer Ziffer zusammen, um die Lesbarkeit zu verbessern. Eine Dualzahl mit vier Stellen kann Werte von 0_D bis 15_D annehmen. Da die Ziffern 0 bis 9 des Dezimalsystems hierfür nicht ausreichen, benutzt man für die Werte 10_D bis 15_D die Buchstaben A bis F. Bei dieser Art der Zahlendarstellung erhält man ein Stellenwertsystem mit Potenzen von 16. Dieses heißt Hexadezimalsystem und wird durch ein „H" im Index gekennzeichnet.

Beispiel:

$$179_D = 10110011_B = B3_H = 11 \cdot 16^1 + 3 \cdot 16^0$$

1.2.2 Addition von Dualzahlen

Addiert man zwei einstellige Dualzahlen, so können folgende Summen auftreten:

$$
\begin{array}{cccc}
0 & 0 & 1 & 1 \\
+\,0 & +\,1 & +\,0 & +_1 1 \\
\hline
0 & 1 & 1 & 10
\end{array}
$$

Ist die Summe größer als 1, dann erfolgt ein Übertrag in die nächsthöhere Stelle. Dieser muss dann bei der Addition der entsprechenden Stelle hinzugefügt werden.

Beispiel:

	Ü	2^7	2^6	2^5	2^4	2^3	2^2	2^1	2^0
70_D		0	1	0	0	0	1	1	0
$+11_D$		0	0	0	0	1	0	1	1
						1	1	1	
$81D$		0	1	0	1	0	0	0	1

1.2.3 Subtraktion von Dualzahlen

Bei der Subtraktion zweier einstelliger Dualzahlen treten folgende Differenzen auf:

$$
\begin{array}{cccc}
0 & 0 & 1 & 1 \\
-\,0 & -_1 1 & -\,0 & -\,1 \\
\hline
0 & 1 & 1 & 0
\end{array}
$$

Wie man sieht muss man sich – wie bei der Subtraktion von Dezimalzahlen bei der nächsthöheren Stelle „Eins ausleihen", wenn die Stelle des Subtraktors größer ist als die des Subtrahenden. Dieser Übertrag muss dann bei der nächsthöheren Stelle subtrahiert werden.

Beispiel:

	Ü	2^7	2^6	2^5	2^4	2^3	2^2	2^1	2^0
70_D	0	1	0	0	0	1	1	0
-11_D	0	0	0	0	1	0	1	1
		1	1	1		1	1		
59D	0	0	1	1	1	0	1	1

1.2.4 Darstellung vorzeichenbehafteter Dualzahlen

Zur Darstellung von vorzeichenbehafteten Dualzahlen mit einer festen Stellenzahl bekommt die Stelle mit der höchsten Wertigkeit ein negatives Vorzeichen. Das bedeutet, dass bei einer negativen Zahl, die höchste Stelle eine Eins, bei einer positiven eine Null enthält. Die übrigen Ziffern werden so zu 1 bzw. 0 gesetzt, dass die Addition der Produkte aus Ziffer und Stellenwert, den gewünschten Wert ergibt.

Beispiel:

$$-12_D = 1 \cdot (-2^7) + 1 \cdot 2^6 + 1 \cdot 2^5 + 1 \cdot 2^4 + 0 \cdot 2^3 + 1 \cdot 2^2 + 0 \cdot 2^1 + 0 \cdot 2^0 = 11110100_B$$

Diese Art der Darstellung negativer Dualzahlen heißt Zweierkomplement. Ein besonders einfacher Weg zur negativen Zahl führt über das Einerkomplement. Hierzu wird zuerst der Betrag der Zahl als Dualzahl dargestellt. Dann werden alle Nullen zu Eins, und Einsen zu Null, gesetzt (Einerkomplement). Zum Einerkomplement wird Eins addiert. Das Ergebnis ist das Zweierkomplement

	Ü	2^7	2^6	2^5	2^4	2^3	2^2	2^1	2^0
12_D		0	0	0	0	1	1	0	0
Einerkomplement:		1	1	1	1	0	0	1	1
+1									1
							1	1	
-12_D		1	1	1	1	0	1	0	0

kleinste Zahl: $10000000_B = -1 \cdot 2^7 + 0 \cdot 2^6 + ... + 0 \cdot 2^0 = -128_D$

größte Zahl: $01111111_B = 0 \cdot 2^7 + 1 \cdot 2^6 + ...1 \cdot 2^0 = 127_D$

Bei der Darstellung vorzeichenbehafteter Zahlen wird der Zahlenbereich, der durch 8 Bit darzustellen ist, auf Werte von -128_D bist $+127_D$ beschränkt. Werden die 8 Bit ausschließlich zur Darstellung positiver Zahlen benutzt, reicht der Zahlenbereich von 0_D bis 255_D.

Bei der Addition oder Subtraktion zweier vorzeichenbehafteter Werte, die innerhalb des Bereichs von -128_D bis $+127_D$ liegen, kann das Ergebnis diesen Bereich überschreiten. Das Ergebnis kann dann ein falsches Vorzeichen haben. Eine Überprüfung des Vorzeichens und eine Korrektur des Ergebnisses ist aber leicht möglich.

Beispiele:

1. Addition zweier positiver Zahlen ohne Bereichsüberschreitung

	Ü	2^7	2^6	2^5	2^4	2^3	2^2	2^1	2^0
26_D		0	0	0	1	1	0	1	0
11_D		0	0	0	0	1	0	1	1
					1	1		1	
37_D		0	0	1	0	0	1	0	1

Das Ergebnis ist korrekt.

2. Addition einer positiven und einer negativen Zahl, Ergebnis positiv ohne Bereichsüberschreitung

	Ü	2^7	2^6	2^5	2^4	2^3	2^2	2^1	2^0
26_D		0	0	0	1	1	0	1	0
-11_D		1	1	1	1	0	1	0	1
	1	1	1	1					
15_D	1	0	0	0	0	1	1	1	1

Es entsteht zwar ein Übertrag aus Bit 7 (Carry) , es findet aber keine Zahlenbereichsüberschreitung statt. Das Ergebnis ist korrekt, der Übertrag wird ignoriert.

3. Addition einer positiven und einer negativen Zahl, Ergebnis negativ ohne Bereichsüberschreitung

	Ü	2^7	2^6	2^5	2^4	2^3	2^2	2^1	2^0
11_D		0	0	0	0	1	0	1	1
-26_D		1	1	1	0	0	1	1	0
					1	1		1	
-15_D		1	1	1	1	0	0	0	1

Das Ergebnis ist korrekt.

4. Addition zweier negativer Zahlen ohne Bereichsüberschreitung

	Ü	2^7	2^6	2^5	2^4	2^3	2^2	2^1	2^0
-26D		1	1	1	0	0	1	1	0
-11D		1	1	1	1	0	1	0	1
	1	1	1			1			
-37D	1	1	1	0	1	1	0	1	1

Es entsteht zwar ein Übertrag aus Bit 7, es findet aber keine Zahlenbereichsüberschreitung statt. Das Ergebnis ist korrekt, der Übertrag wird ignoriert.

5. Addition zweier positiver Zahlen mit Bereichsüberschreitung

	Ü	2^7	2^6	2^5	2^4	2^3	2^2	2^1	2^0
73D		0	1	0	0	1	0	0	1
75D		0	1	0	0	1	0	1	1
		1			1		1	1	
-108D		1	0	0	1	0	1	0	0

Das Vorzeichen ist falsch. Das Ergebnis ist nicht korrekt.

6. Addition zweier negativer Zahlen mit Bereichsüberschreitung

	Ü	2^7	2^6	2^5	2^4	2^3	2^2	2^1	2^0
-73D		1	0	1	1	0	1	1	1
-75D		1	0	1	1	0	1	0	1
	1		1	1		1	1	1	
108D	1	0	1	1	0	1	1	0	0

Das Vorzeichen ist falsch. Das Ergebnis ist nicht korrekt.

Bei den vorhergehenden Beispielen erkennt man, dass eine Bereichsüberschreitung bei der Addition vorzeichenbehafteter Dualzahlen dann vorliegt, wenn der Übertrag in die Übertragstelle und der Übertrag von Bit 6 nach Bit 7 verschieden sind. Dasselbe gilt für die Subtraktion vorzeichenbehafteter Zahlen. Wenn dies der Fall ist, ist das Ergebnis nicht korrekt.

Der in diesem Buch verwendete Mikrocontroller 8051 führt Addition und Subtraktion von 8-Bit-Zahlen aus. Tritt ein Übertrag aus Bit 7 aus, wird ein bestimmtes Statusflag (Carry) gesetzt.

Ein anderes Statusflag (Overflow) wird gesetzt, wenn unterschiedliche Überträge aus Bit 7 und von Bit 6 nach Bit 7 auftreten. Dieses Bit zeigt eine Zahlenbereichsüberschreitung bei vorzeichenbehafteten Dualzahlen an.

1.2.5 Grundlagen Boolesche Algebra

Die Entwicklung einer Digitalschaltung beginnt meist völlig losgelöst von der verwendeten Schaltungstechnik mit einer Wertetabelle. Diese gibt die gewünschten Ausgangszustände einer Schaltung in Abhängigkeit der Eingangszustände an. Mit den drei grundlegenden Verknüpfungen der Booleschen Algebra kann man die Abhängigkeit der Ausgänge von den Eingängen formulieren.

Dies sind:

UND-Verknüpfung (Konjunktion): $y = x_1 \cdot x_2$

x_1	x_2	y
0	0	0
0	1	0
1	0	0
1	1	1

ODER-Verknüpfung (Disjunktion): $y = x_1 + x_2$

x_1	x_2	y
0	0	0
0	1	1
1	0	1
1	1	1

Negation: $y = \overline{x}$

x	y
0	1
1	0

Ein gutes Beispiel für die praktische Anwendung der Booleschen Algebra ist die, für das in Kap 2 vorgestellte Mikrocontrollersystem, verwendete Adressdekodierung zur Auswahl bestimmter Speicherbausteine. Diese Adressdekodierung ist erforderlich, da der externe Speicher von Mikrocontrollersystemen meist aus mehreren Bausteinen besteht. Natürlich darf bei einem Zugriff des Mikrocontrollers auf den externen Speicher nur ein Baustein selektiert werden.

Hierzu verfügen die Speicherbausteine über den !CS-Pin (Chip-Select-Pin, das Ausrufungszeichen zeigt, dass der Pin Low-aktiv ist [s. Kap 2]), an den zum Lesen oder Schreiben Low-Pegel gelegt werden muss. Zur Erzeugung des !CS-Signals werden die vom Mikrocontroller an den Pins A15-A0 ausgegebenen Adressen verwendet. Man muss festlegen, bei welchen Adressen welcher Baustein angesprochen werden soll. Nachfolgende Tabelle zeigt die an den Adressleitungen A15 bis A0 anstehenden Adressen im Hexcode und welches !CS-Signal erzeugt werden soll.

Adresse:	!CS:
0000	!CSEPROM
0FFF	
1000	!CSRAM
7FFF	
8000	!CSRAMH
FFFF	

Wie man sieht benötigt man für die Adressdekodierung nur die Adressleitungen A15 bis A12.

Beim Aufstellen der Wertetabelle beachtet man häufig noch nicht die Polarität des Ausgangssignals. Man setzt einfach bei den Eingangskombinationen, bei denen ein bestimmtes Ausgangssignal erfolgen soll, den Ausgang zu 1. Bei Realisierung der logischen Verknüpfungen durch Standard-Gatter kann man die Ausgangspolarität durch Nachschalten eines Inverters ändern. Bei der Verwendung programmierbarer Bausteine (z. B. GAL) kann man die Polarität des Ausgangssignals festlegen.

Zeile	A15	A14	A13	A12	CSEPROM	CSRAML	CSRAMH
1	0	0	0	0	1	0	0
2	0	0	0	1	0	1	0
3	0	0	1	0	0	1	0
4	0	0	1	1	0	1	0
5	0	1	0	0	0	1	0
6	0	1	0	1	0	1	0
7	0	1	1	0	0	1	0
8	0	1	1	1	0	1	0
9	1	0	0	0	0	0	1
10	1	0	0	1	0	0	1
11	1	0	1	0	0	0	1
12	1	0	1	1	0	0	1
13	1	1	0	0	0	0	1
14	1	1	0	1	0	0	1
15	1	1	1	0	0	0	1
16	1	1	1	1	0	0	1

Man muss nun für jeden der Ausgänge die logische Verknüpfung der Eingänge finden, welche die in der Wahrheitstabelle dargestellten Bedingungen erfüllt.

Hierzu sucht man für jeden Ausgang die Zeilen der Wahrheitstabelle heraus, für die dieser den Wert 1 besitzt. Für jede dieser Zeilen bildet man die UND-Verknüpfung der Eingänge. Besitzt ein Eingang den Wert 0, wird er negiert. Die gesuchte Ausgangsfunktion erhält man als ODER-Verknüpfung der gebildeten UND-Verknüpfungen. Man erhält die disjunktive Normalform der Ausgangsfunktion:

$$\text{CSEPROM} = \overline{A}_{15} \cdot \overline{A}_{14} \cdot \overline{A}_{13} \cdot \overline{A}_{12}$$

$$CSRAML = \overline{A}_{15}\overline{A}_{14}\overline{A}_{13}A_{12} + \overline{A}_{15}\overline{A}_{14}A_{13}\overline{A}_{12} + \overline{A}_{15}\overline{A}_{14}A_{13}A_{12} + \overline{A}_{15}A_{14}\overline{A}_{13}\overline{A}_{12}$$

$$+ \overline{A}_{15}A_{14}\overline{A}_{13}A_{12} + \overline{A}_{15}A_{14}A_{13}\overline{A}_{12} + \overline{A}_{15}A_{14}A_{13}A_{12}$$

Beim Ansehen der Wertetabelle fällt sofort auf, dass CSRAMH dann erfolgt, wenn A15=1 ist.

$$CSRAMH = A_{15}$$

Man merkt sofort, dass man für die Erzeugung des Signals CSRAML aus den Eingängen A15...A12 recht viele Gatter benötigen würde. Man muss den Ausdruck für CSRAML also vereinfachen. Ein besonders einfacher Weg hierfür ist das Karnaugh-Diagramm. Im Karnaugh-Diagramm werden die Eingangskombinationen so aufgetragen, dass sich von einem Feld zum nächsten immer nur eine Eingangsvariable ändert. Für die Eingangskombinationen, für die der Ausgang zu Eins wird, muss auch eine Eins ins Karnaugh-Diagramm geschreiben werden. Für das Signal CSRAML erhält man folgendes Karnaugh-Diagramm:

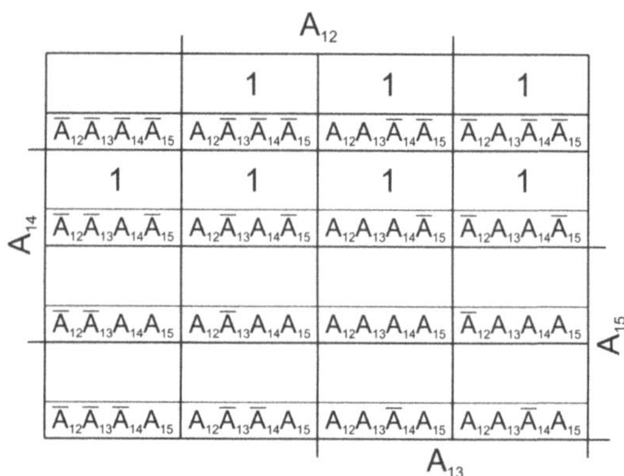

Bild 1.24 Karnaugh-Diagramm für CSRAML

Für die Vereinfachung wendet man folgende Regel an:

Wenn sich in einem Rechteck oder Quadrat mit 2, 4, 8... Feldern nur Einsen befinden, ergibt sich als Vereinfachung die UND-Verknüpfung der Eingangsvariablen, die in allen Feldern dieses Rechtecks einen konstanten Wert haben.

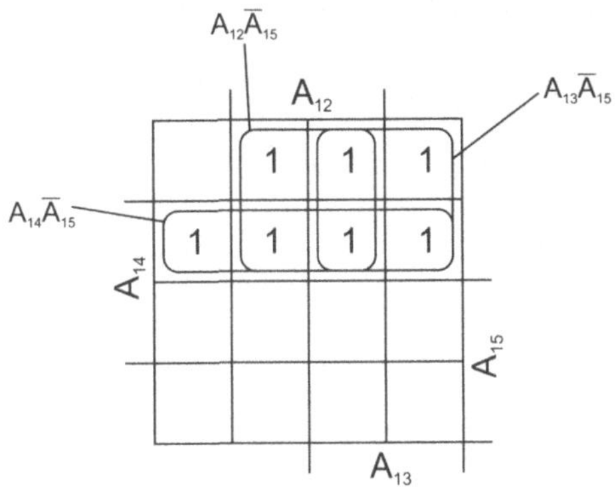

**Bild 1.25 Karnaugh-Diagramm für CSF
möglichkeiten**

Diese Vereinfachung beruht auf der Anwendung des Distributivgesetzes und des Gesetzes für die Negation. Diese lauten:

Distributivgesetz: $\quad x_1(x_2 + x_3) = x_1 x_2 + x_1 x_3 \qquad$ bzw.

$$x_1 + x_2 x_3 = (x_1 + x_2)(x_1 + x_3)$$

Negation: $\quad x_1 \overline{x}_1 = 0 \qquad$ bzw.

$$x_1 + \overline{x}_1 = 1$$

Beispiel:

Für die vier Einsen in der zweiten Zeile ergibt sich (ohne Vereinfachung) folgender Ausdruck:

$$y = \overline{A}_{15} A_{14} \overline{A}_{13} \overline{A}_{12} + \overline{A}_{15} A_{14} \overline{A}_{13} A_{12} + \overline{A}_{15} A_{14} A_{13} \overline{A}_{12} + \overline{A}_{15} A_{14} A_{13} A_{12}$$

$$\Leftrightarrow y = \overline{A}_{15} A_{14} \overline{A}_{13} (A_{12} + \overline{A}_{12}) + \overline{A}_{15} A_{14} A_{13} (\overline{A}_{12} + A_{12})$$

$$\Leftrightarrow y = \overline{A}_{15} A_{14} (\overline{A}_{13} + A_{13})$$

$$\Leftrightarrow y = \overline{A}_{15} A_{14}$$

Mit Hilfe des Karnaugh-Diagramms erhält man für CSRAML:

$$CSRAML = \overline{A}_{15} A_{14} + \overline{A}_{15} A_{12} + A_{13} \overline{A}_{15}$$

Das Ergebnis der durchgeführten Vereinfachung kann man leicht überprüfen. $\overline{A}_{15} A_{14}$ sorgt dafür, dass die Zeilen 5 bis 8 der Wertetabelle zu Eins werden, $\overline{A}_{15} A_{12}$ lässt die Zeilen 2, 4, 6, 8 zu Eins werden, $\overline{A}_{15} A_{13}$ die Zeilen 3, 4, 7, 8. Weitere Zeilen werden nicht zu Eins.

2 Die Hardware

Bei der hier vorgestellten Hardware DEBUG8051HW handelt es sich um ein Ein-platinen-Mikrocontroller-System auf Basis des 80C32 mit 64k externem, gemeinsamen Programm- und Datenspeicher. Der 80C32 unterscheidet sich vom „Ur"-8051 dadurch, dass er über kein internes ROM (Read Only Memory) verfügt, aber einen Timer (Timer 2) mehr und 256 Bytes, statt 128 Bytes internes RAM (Random Access Memory) besitzt. Außerdem zeigt der Buchstabe „C" an, dass der Prozessor in CMOS-Technologie aufgebaut ist. Die nachfolgenden Ausführungen gelten aber fast alle für 8051 und 8032 sowie deren CMOS-Typen und viele weitere 8051-kompatible Mikrocontroller. Deshalb wird der Mikrocontroller in den nachfolgenden Ausführungen als 8051 bezeichnet. Wenn sich eine Erklärung auf den 80(C)32/AT89C52 bezieht, wird die entsprechende Bezeichnung verwendet.

Der AT89C52 ist ein guter, sehr populärer Ersatz für den 80C32. Dieser entspricht dem 80C32 ist aber mit 8kByte Flash-PEPROM (Programmable Erasable ROM) ausgestattet (s. A.1). In dieses Flash-PEPROM kann man das, bei DEBUG8051HW sonst im EPROM (Erasable Programmable ROM) oder EEPROM (Electricaly Erasable Programmable ROM) befindliche Programm schreiben und dann auf das externe (E)EPROM (EPROM oder EEPROM) verzichten. Nachfolgende Ausführungen gehen aber davon aus, dass das externe (E)EPROM verwendet wird. Natürlich kann der AT89C52 auch Programme aus dem externen (E)EPROM ausführen.

Der Mikrocontroller (IC1) ist das wichtigste Bauelement von DEBUG8051HW. Er koordiniert die Zusammenarbeit der einzelnen Bauteile. Der Speicher besteht aus dem (E)EPROM (IC4, Typ: 27C64 oder 28C64, s. Kap 2.1) und den RAMs (IC5, IC6, Typ: uPD 43256, s. Kap 2.1). Die Adressdekodierung übernimmt ein PAL (Programmable Array Logic, IC2, Typ: 16L8, s. Kap. 2.4) bzw. GAL (Generic Array Logic, Typ: 16V8, s. Kap. 2.4), das Demultiplexen der an Port 0 des Mikrocontrollers abwechselnd anliegenden Speicheradresse und Daten übernimmt das D-Flip-Flop IC3 (Kap 2.2). Die einzelnen Bauteile sowie die zu ihrer Ansteuerung erforderlichen Signale werden in den folgenden Abschnitten genau erklärt. Bild 2.1 a) zeigt einen Ausschnitt des Schaltplans von DEBUG8051HW. Er beinhaltet nur die Signale, die für den Zugriff des Mikrocontrollers auf den Speicher notwendig sind. Die Darstellung der Bauelemente orientiert sich an der Norm für digitale Schaltsymbole (DIN 40900 Teil 12). Für die Pinbezeichnungen der Speicherbausteine wurden aber die in den Datenblättern normalerweise üblichen Pinbezeichnungen beibehalten, um den Zusammenhang des Schaltplanausschnitts zum – mit einem CAD-Programm erstellten – kompletten Schaltplan (Bild 2.1 b)) besser zu verdeutlichen.

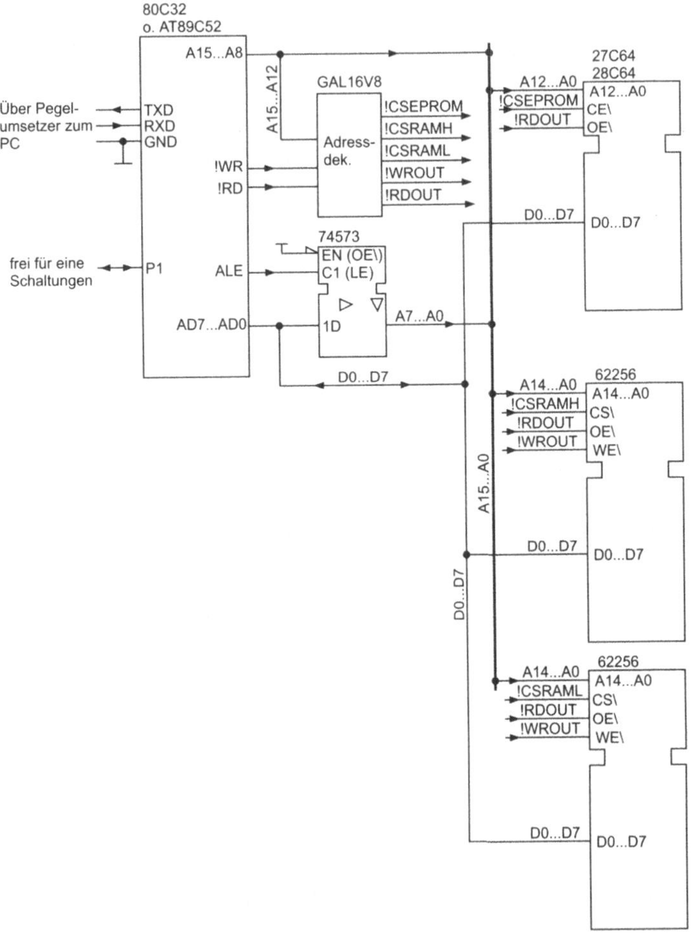

Bild 2.1 a) Ausschnitt des Schaltplans von DEBUG8051HW

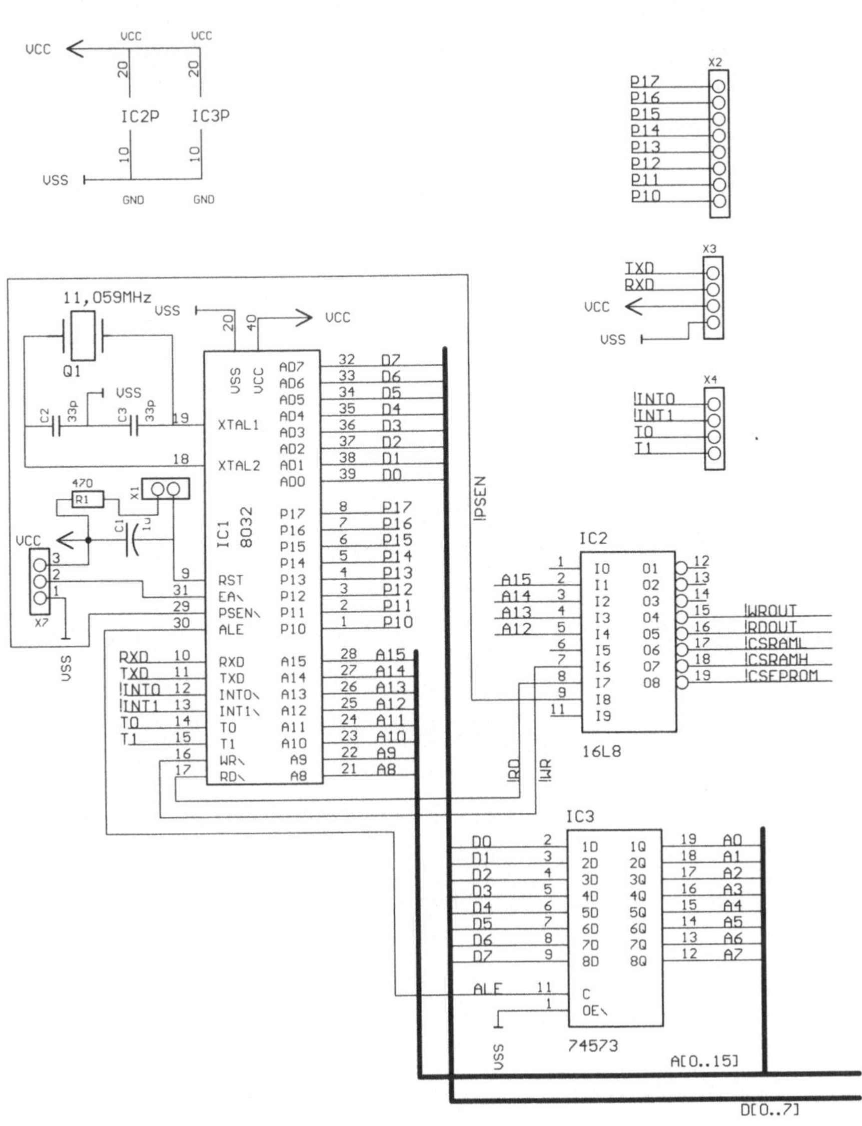

VCC
VCC
VCC
IC2P
IC3P
VSS
GND
GND
X2
P17
P16
P15
P14
P13
P12
P11
P10
X3
TXD
RXD
VCC
VSS
X4
!INTO
!INT1
TO
T1
11,059MHz
VSS
VCC
Q1
VSS
C2 33p
C3 33p
R1 470
X1
C1 1u
VCC
X7
VSS
IC1 8032
VSS VCC
XTAL1
XTAL2
RST
EA\
PSEN\
ALE
RXD
TXD
INTO\
INT1\
TO
T1
WR\
RD\
AD7
AD6
AD5
AD4
AD3
AD2
AD1
AD0
P17
P16
P15
P14
P13
P12
P11
P10
A15
A14
A13
A12
A11
A10
A9
A8
32 D7
33 D6
34 D5
35 D4
36 D3
37 D2
38 D1
39 D0
8 P17
7 P16
6 P15
5 P14
4 P13
3 P12
2 P11
1 P10
28 A15
27 A14
26 A13
25 A12
24 A11
23 A10
22 A9
21 A8
19
18
RXD 10
TXD 11
!INTO 12
!INT1 13
TO 14
T1 15
16
17
9
31
29
30
!PSEN
!RD
!WR
IC2
I0
I1
I2
I3
I4
I5
I6
I7
I8
I9
O1
O2
O3
O4
O5
O6
O7
O8
1
A15 2
A14 3
A13 4
A12 5
6
7
8
9
11
12
13
14
15 !WROUT
16 !RDOUT
17 !CSRAML
18 !CSRAMH
19 !CSEPROM
16L8
IC3
1D 1Q
2D 2Q
3D 3Q
4D 4Q
5D 5Q
6D 6Q
7D 7Q
8D 8Q
C
OE\
D0 2
D1 3
D2 4
D3 5
D4 6
D5 7
D6 8
D7 9
19 A0
18 A1
17 A2
16 A3
15 A4
14 A5
13 A6
12 A7
ALE 11
1
VSS
74573
A[0..15]
D[0..7]

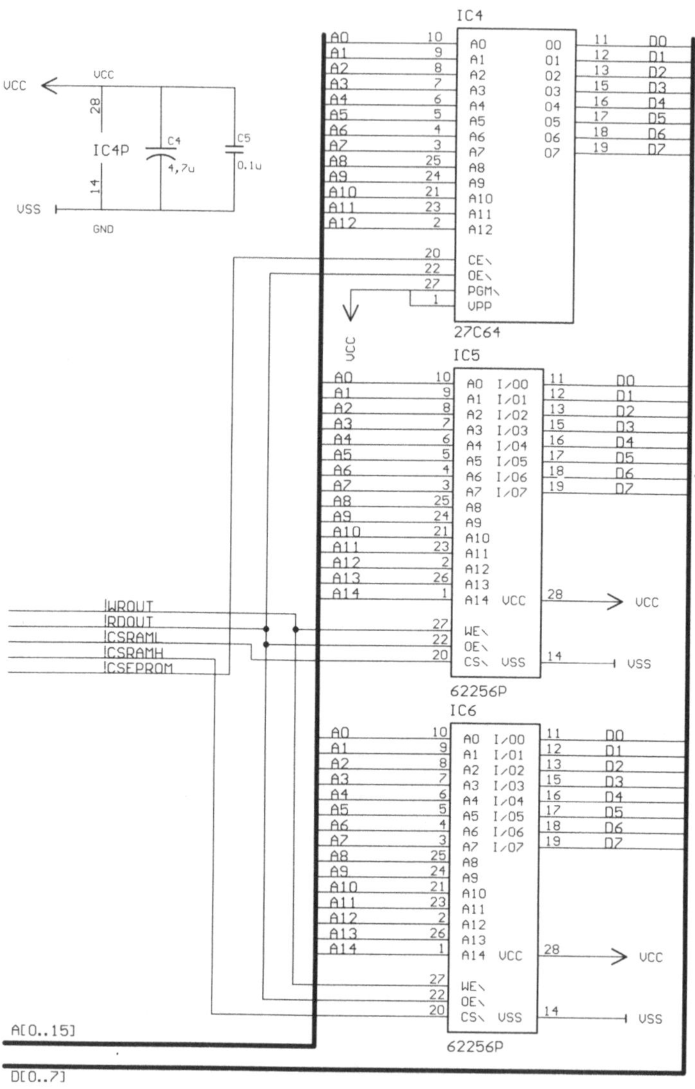

Bild 2.1 b) Schaltplan DEBUG8051HW

2.1   Der Speicher

2.1.1   Funktionsbeschreibung

Die Aufteilung des externen Speichers auf mehrere Bausteine hat verschiedene Gründe. Der erste Grund ist, dass verschiedene Speicherarten benötigt werden. So muss sich das Betriebssystem in einem nicht flüchtigen Nur-Lese-Speicher befinden. Auf der Platine DEBUG8051HW ist dieser Speicher als EPROM bzw. EEPROM ausgeführt.

Ein EPROM wird vor dem Einsetzen in die Fassung mit Hilfe eines speziellen Programmiergerätes programmiert und ist dann erst durch die Bestrahlung mit UV-Licht löschbar. Danach kann es erneut programmiert werden. Das im Schaltplan eingezeichnete EPROM vom Typ 27C64 kann man durch ein EEPROM vom Typ 28C64 ersetzen. Dieses ist nicht durch UV-Licht, sondern durch Anlegen einer Spannung löschbar. Zur Programmierung sind oft dieselben Programmiergeräte wie für EPROMs geeignet. Der Lesezugriff durch den Controller muss genauso geschehen wie beim EPROM.

Das im (E)EPROM von DEBUG8051HW befindliche Programm DEBUG8051 ermöglicht es unter anderem, Programme von einem PC aus in den Speicher von DEBUG8051HW zu schreiben.

Hierfür benötigt man einen Speicher, den man beschreiben und auch wieder lesen kann. Solcher Schreib-Lese-Speicher wird als RAM (Random Access Memory, Speicher mit wahlfreiem Zugriff) bezeichnet. Man spricht von wahlfreiem Zugriff, weil man nach Vorgabe einer beliebigen Adresse an den Adressleitungen des Speichers auf die entsprechenden Daten zugreifen kann. Genaugenommen handelt es sich auch bei ROMs um Speicher mit wahlfreiem Zugriff. Die Bezeichnung RAM wird jedoch nur für Schreib-Lese-Speicher verwendet. Das hier eingesetzte RAM ist ein statisches RAM. Solange Versorgungsspannung anliegt, behalten statische RAMs ihren Speicherinhalt bis er durch einen Schreibzugriff geändert wird.

Der zweite Grund für die Verwendung mehrerer Speicherbausteine liegt darin, dass die Größe gebräuchlicher Speicherbausteine nicht unbedingt, dem Adressbereich des Mikrocontrollers entspricht. So sind RAM-Bausteine häufig 32k*8 groß und nicht 64k*8. Die Bezeichnung „x*8" zeigt an, dass es sich um einen byteweise orientierten Speicher handelt, d. h. er besitzt acht Datenleitungen, von denen bei einem Speicherzugriff ein Byte gelesen werden kann bzw. an die ein Byte geschrieben werden kann.

Man kann nun aber nicht einfach alle Speicherbausteine parallel an die Adressleitungen bzw. Datenleitungen eines Mikrocontrollers oder -Prozessors hängen, ohne weitere Vorkehrungen zu treffen. Denn welcher Baustein sollte sich dann angesprochen fühlen?

Um dieses Problem zu lösen, besitzen die Speicherbausteine den !CS-Pin. Die Bezeichnung „!CS" kennzeichnet die Aufgabe – nämlich den Chip zu selektieren (CS Chip Select oder CE Chip Enable) – des Pins. Ausrufungszeichen, Backslashs oder häufiger, aber nicht immer möglich, ein Querstrich über der Pinbezeichnung zeigen Low-aktive Pins an. Für Eingänge bedeutet das, dass sie die durch ihre Bezeichnung kenntlich gemachte Aufgabe erfüllen, wenn an sie Low-Pegel gelegt wird. Einem Speicherbaustein muss also durch einen Low-Pegel am !CS-Pin mitgeteilt werden, dass er angesprochen werden soll.

Ein (E)EPROM wechselt vom Standby-Modus, in dem die Stromaufnahme besonders niedrig ist, in den Output-Disable Modus, d.h. es legt in diesem Moment noch keine Daten auf die Datenleitungen. Dies erfolgt erst, wenn auch der !OE-Pin auf Low-Pegel gelegt wird.

Zur Generierung der !CS-Signale dient die Adressdekodierlogik. Bei mancher Speicheraufteilung ist diese Adressdekodierung sehr einfach. Besteht der Speicher z. B. aus einem 32k großen (E)EPROM und einem 32k großen RAM, so kann man erreichen, dass das EPROM beim Anlegen der Adressen 0000_H (0000 0000 0000 0000_B) bis $7FFF_H$ (0111 1111 1111 1111_B), das RAM bei den Adressen 8000_H (1000 0000 0000 0000_B) bis $FFFF_H$ (1111 1111 1111 1111_B) angesprochen wird, indem man die Leitung A15 des Mikrocontrollers direkt an die !CS Leitung des (E)EPROMs anschließt. An den !CS-Eingang des RAMs wird A15 nicht direkt, sondern über einen Inverter geschaltet. Dies bewirkt, dass der !CS-Eingang genau dann Low-Pegel erhält, wenn A15 High-Pegel führt, also wenn Adressen im Bereich 8000h bis FFFFh angesprochen werden. Die Adressleitungen A14-A0 der Speicherbausteine werden an die entsprechenden Adressleitungen der Speicherbausteine geschaltet (Bild 2.3). Bei welchen Adressen, welcher Baustein angesprochen wird, wird in der Memory-Map festgehalten.

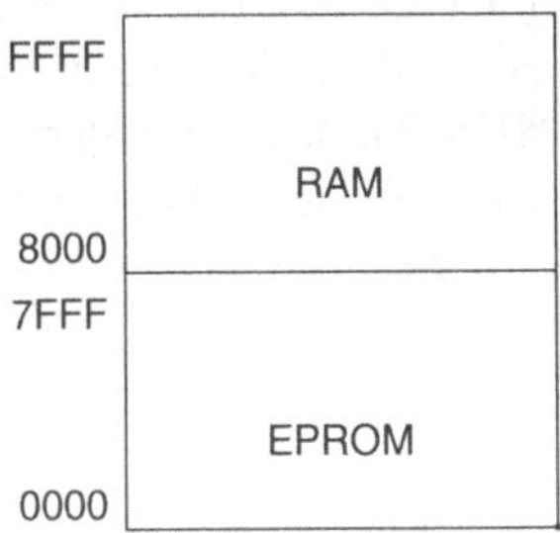

Bild 2.2 Memory Map

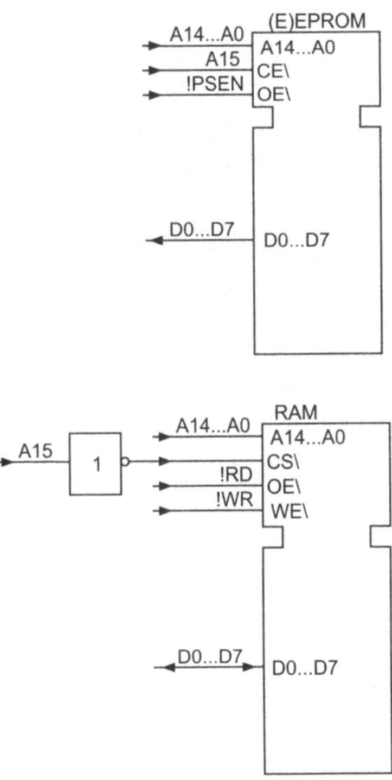

Bild 2.3 Einfache Adressdekodierung

Beim Einsatz eines 8051 werden die !OE-Pins der RAMs meist mit dem !RD-Pin des Controllers, die !WR-Pins mit dem !WR-Pin des Controllers und der !OE-Pin des (E)EPROMs mit dem !PSEN-Pin des Controllers verbunden. Die Ausrufungszeichen der Controller-Ausgänge zeigen wieder an, dass diese Low-aktiv sind. Für einen Schreib- bzw. Lesezugriff auf den externen Datenspeicher geben !WR bzw. !RD Low-Pegel aus. Für einen Zugriff auf den externen Programmspeicher wird !PSEN LOW.

Bei der beschriebenen Art der Beschaltung kann aber das RAM ausschließlich als Datenspeicher, das (E)EPROM ausschließlich als Programmspeicher benutzt werden, da der Controller das !RD- bzw. !WR-Signal für den Zugriff auf Datenspeicher und das !PSEN-Signal für den Zugriff auf den Programmspeicher zur Verfügung stellt. Bei DEBUG8051 soll jedoch ein Programm ins RAM geschrieben werden und dann aus dem RAM heraus durchgeführt werden. Dies erreicht man, indem man, indem man die Signale !RD und !PSEN UND-verknüpft und den Ausgang dieser UND-Verknüpfung an den !OE-Pin des Datenspeichers legt. Der Ausgang des UND-Gatters wird dann LOW, wenn einer der beiden Eingänge LOW wird. Jetzt erhält das RAM auch dann ein Lesesignal, wenn der Prozessor aus dem Programmspeicher liest.

Jetzt muss noch geklärt werden, bei welchen Speicheradressen aus den RAMs und bei welchen aus dem (E)EPROM gelesen werden soll. Das Betriebssystem von DEBUG8051HW ist das Debugprogramm DEBUG8051. Da dieses sehr klein ist, wird nur bei Adressen im Bereich 0000h-0FFFh auf das (E)EPROM zugegriffen, d. h. es erhält dann auch das notwendige !CS-Signal. Bei Adressen von 1000h-7FFFh wird auf das erste RAM zugegriffen, bei Adressen von 8000h-FFFFh auf das zweite RAM. Da man für die notwendigen logischen Verknüpfungen mehrere Logikbausteine verwenden müsste, wird die Adressdekodierung über ein PAL (Programmable Array Logic) oder ein GAL (Generic Array Logic, s. Kap 2.4) realisiert.

2.1.2 Timing

Für den Zugriff auf externe Speicherbausteine sind einige zeitliche Rahmenbedingungen zu beachten. Diese sind für das, bei DEBUG8051HW verwendete, 32k*8 Byte große RAM vom Typ uPD43256 auszugsweise in Bild 2.4 dargestellt. Die Zeit t_{RC} bzw. auch t_{WC} ist die Schreib- bzw. Lesezykluszeit und wird mit einem Bindestrich an die Bausteinbezeichnung angeschlossen.

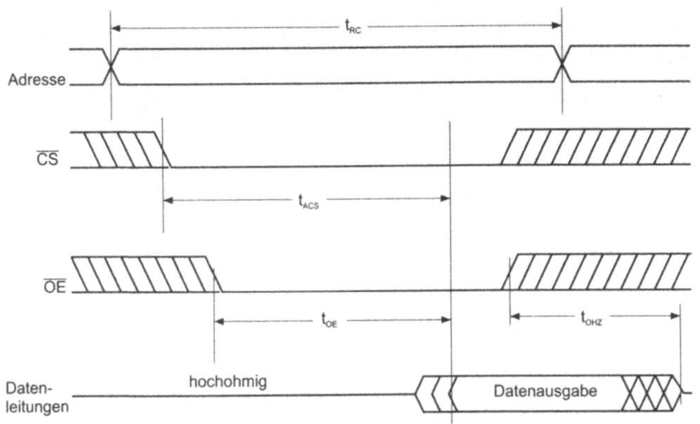

Bild 2.4 Timing für Lesezugriff auf uPD43256

Genauso wie für die Speicherbausteine Diagramme existieren, in denen dargestellt ist, wie Steuersignale für den Datenzugriff generiert werden müssen, gibt es auch für den Mikrocontroller Timing-Diagramme, die den zeitlichen Ablauf der von ihm zur Verfügung gestellten Steuersignale zeigen und aus denen die Anforderungen an externe Speicherbausteine hervorgehen. Einige wichtige Zeiten eines solchen Timing-Diagramms zeigt Bild 2.5.

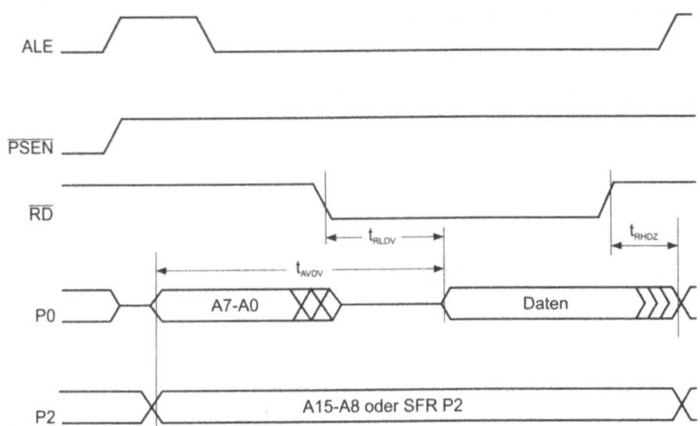

Bild 2.5 Lesezugriff des 8051 auf externen Datenspeicher

Obwohl es in den meisten Fällen ausreicht festzustellen, ob die Lese- bzw. Schreibzykluszeit des Speichers kleiner ist als die des Controllers, ist es sicherer vergleichbare Zeiten gegenüberzustellen und zu prüfen. In der folgenden Tabelle sind solche Zeiten für 80(C)32 und uPD43256 wiedergegeben.

Mikrocontroller 80(C)32 (bis 12MHz)			Speicher uPD 43256-150		
Zeit		max. (ns)	Zeit		max. (ns)
t_{AVDV}	Address to valid data in	$9t_{CLCL}$-165	t_{ACS}	!CS access time	150
t_{RLDV}	!RD to valid data in	$5t_{CLCL}$-165	t_{OE}	!OE access time	70
t_{RHDZ}	Data float after !RD	$2t_{CLCL}$-70	t_{OHZ}	!OE to high impedance	50

Tabelle 2.1 Zeiten für Lesezugriff auf Datenspeicher

Die Zeit t_{AVDV} bezeichnet die Zeit, die ein Speicher, der an den 8051 angeschlossen wird, maximal vom Anlegen der Adresse bis zur Ausgabe der Daten benötigen darf. Es ist sinnvoll, sie mit t_{ACS} , welches die Zeit ist, die der Speicher nach erfolgtem !CS-Signal maximal benötigt, um seine Daten auszugeben, zu vergleichen, da die vom Controller ausgegebene Adresse verwendet wird, um das !CS-Signal (im Idealfall gleichzeitig) zu erzeugen.

Die Zeit t_{OHZ} ist die Zeit, die nach dem !RD-Signal maximal vergeht, bis die Datenausgänge des Speichers wieder im hochohmigen Zustand sind. Die Datenleitungen sind erst dann für einen neuen Zugriff frei.

Wie man sieht, erfüllt auch ein eher langsamer statisches RAM mit einer Zugriffszeit von 150ns die Anforderungen eines mit 11,059MHz (t_{CLCL}=90,4ns) getakteten 80(C)32 leicht.

Der Zugriff des 8051 auf einen externen Programmspeicher sieht etwas anders aus, als der auf externen Datenspeicher.

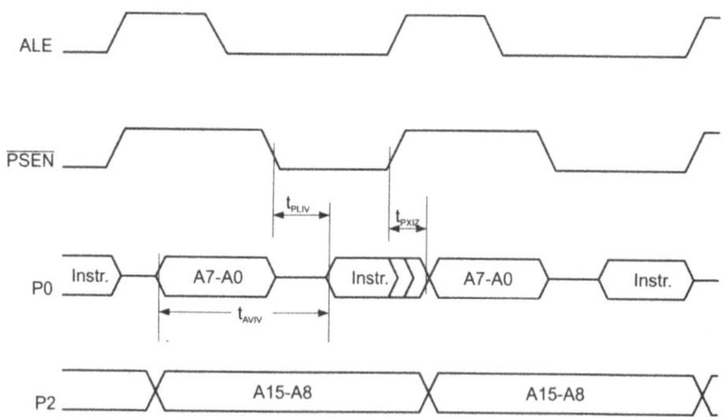

Bild 2.6 Lesezugriff des 8051 auf externen Programmspeicher

Die in Tabelle 2.2 aufgeführten Zeiten sollte man vergleichen.

Mikrocontroller 80(C)32		max. (ns)	Speicher uPD 43256-150		max. (ns)
Zeit		max. (ns)	Zeit		max. (ns)
t_{AViV}	Address to valid instruction in	$5t_{CLCL}$-115	t_{ACS}	!CS access time	150
t_{PLIV}	!PSEN to valid instruction in	$3t_{CLCL}$-100	t_{OE}	!OE access time	70
t_{PXIZ}	Input Instruction float after !PSEN	t_{CLCL}-20	t_{OHZ}	!OE to high impedance	50

Tabelle 2.2 Zeiten für Lesezugriff auf Programmspeicher

Das RAM uPD43256 wird bei DEBUG8051HW auch als Programmspeicher verwendet, d.h. es muss auch die etwas „härteren" Anforderungen des 80(C)32 an den Programmspeicher erfüllen. Wie man in Tabelle 2.2 sieht, erfüllt der uPD43256-150 diese Anforderungen aber auch.

Natürlich gelten auch für das Schreiben in den externen Speicher zeitliche Rahmenbedingungen:

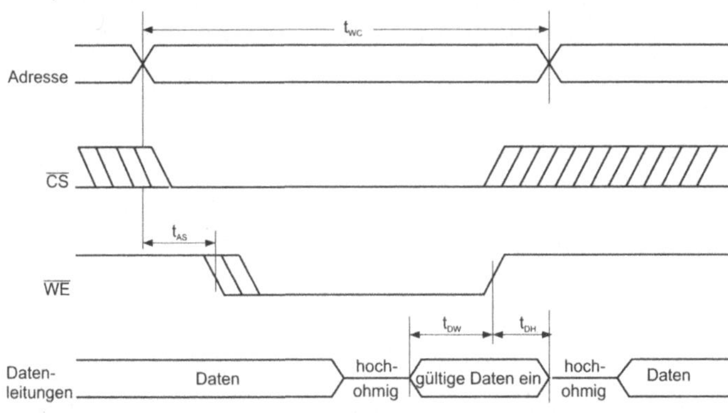

Bild 2.7 Timing für Schreibzugriff auf uPD43256

Bild 2.8 zeigt, welche Signale der Mikrocontroller für den Schreibzugriff auf den externen Datenspeicher generiert.

Die in Tabelle 2.3 gezeigten Zeiten sollte man vergleichen:

Mikrocontroller 80(C)32 (bis 12MHz)			Speicher uPD 43256-150		
Zeit		min. (ns)	Zeit		min. (ns)
t_{AVWL}	Address to !WR or !RD	$4t_{CLCL}$-130	t_{AS}	Address setup time	0
t_{QVWH}	Data setup before !WR	$7t_{CLCL}$-150	t_{DW}	Data valid to end of write	80
t_{WHQX}	Data hold after !WR	t_{CLCL}-50	t_{DH}	Data hold time	0

Tabelle 2.3 Zeiten für Schreibzugriff auf Datenspeicher

t_{AS} bezeichnet die Zeit, die die Adresse der zu schreibenden Speicherstelle an den Adressleitungen des Speichers anliegen muss, bevor das !WR-Signal erfolgt. Bei modernen Speichern wird diese Zeit aber nicht benötigt. Der 8051 lässt aber mindestens die Zeit t_{AVWL} zwischen Ausgabe der gültigen Adresse und dem !WR-Signal vergehen.

t_{QVWH} ist die Zeit, die der 8051 von der Ausgabe der Daten bis zum Wegnehmen des !WR-Signals verstreichen lässt. Für den Speicher wird die Zeit, die die Daten mindestens anliegen müssen bevor !WR=HIGH wird, mit t_{DW} bezeichnet.

t_{DH} ist die Zeit, die die Daten noch über die Dauer des !WR-Signals an den Dateneingängen des Speichers anliegen müssen. Auch diese Zeit benötigen moderne Speicher nicht.

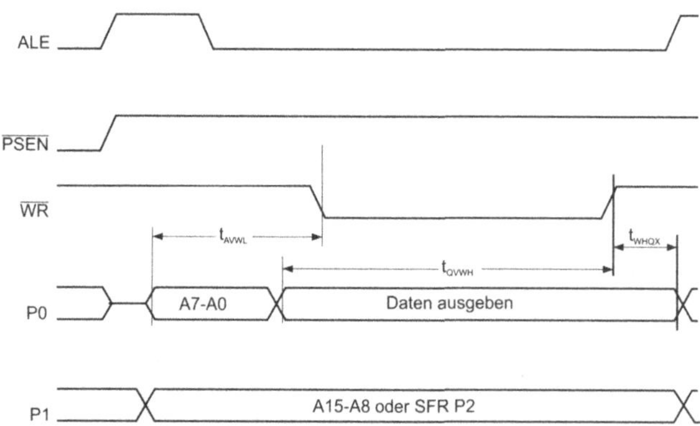

Bild 2.8 Schreibzugriff des 8051 auf externen Datenspeicher

Der Zugriff auf externe Speicher sieht grundsätzlich bei 8051-kompatiblen Controllern gleich aus. Die genauen Zeiten können aber bei verschiedenen Controllern leicht voneinander abweichen (s. A.1).

2.2   Das 74573

Beim 74573 handelt es sich um ein 8-Bit D-Flip-Flop mit Tristate-Ausgängen. Solange der Eingang !OE auf HIGH liegt, sind die Ausgänge des 74573 hochohmig. Dann sind beide Treibertransistoren abgeschaltet – dies ist der Z-Zustand von Tristate-Gattern. In einem Bus-System ist der Bus jetzt für den Zugriff durch andere Bausteine frei. Wenn !OE auf LOW gelegt wird (und auch am Eingang LE Low-Pegel anliegt), erscheinen die in den Flip-Flops gespeicherten Werte an den Ausgängen. Wenn LE auf HIGH gelegt wird, erscheinen nicht mehr die gespeicherten Werte, sondern die an den Eingängen anliegenden am Ausgang. Wird LE wieder auf LOW gelegt, werden die unmittelbar vor diesem Wechsel anliegenden Werte gespeichert. Bei DEBUG8052HW wird das 74573 benutzt, um die am Port P0 im Wechsel mit den Daten ausgegebene Adresse zu speichern. Der 8051 stellt hierfür das Signal ALE zur Verfügung. Dieses ist bereits HIGH, bevor das Lowbyte der Speicheradresse, auf die zugegriffen werden soll, an P0 erscheint. Da der Eingang !OE des 74573 fest auf LOW liegt, erscheint die Adresse auch sofort am Ausgang. Bevor der Controller die Ausgabe des Adressbytes beendet, wechselt ALE auf LOW. Das Adressbyte ist jetzt im 74573 gespeichert und steht für den Zugriff auf den Speicher auch am Adressbus an.

Falls man einen NMOS-Typ des 8051 einsetzt, muss man unbedingt einen 74HCT573 einsetzen, da die für einen logischen HIGH-Pegel ausgegebene Spannung nicht ausreicht, um einen HC-Typen anzusteuern. Bei einem CMOS-Typ kann ein 74HC573 verwendet werden.

2.3   Spannungsversorgung

Die Spannungsversorgung von DEBUG8051HW übernimmt der Spannungsregler MC7805. Dieser wandelt ohne besondere Beschaltung Eingangsspannungen von 5-18V in eine Ausgangsspannung von 5V um. Mit einem Ausgangsstrom von 1A ist er sehr üppig dimensioniert. Die Versorgungsströme der ICs auf DEBUG8051HW hängen natürlich von den Betriebszuständen der Bausteine und der angeschlossenen Last ab. In den Datenblättern sind sie für verschiedene Betriebszustände angegeben. Wählt man hier den jeweils höchsten aus, ist man auf der sicheren Seite. Die Ströme von (E)EPROM, SRAM und 74HCT573 liegen immer unter 30mA. Der 80C32 nimmt bis 50mA auf, ein PAL 16L8 kann auch mit 100mA zu Buche schlagen. Mit einem Spannungsregler der bis 1A liefert hat man aber noch genügend Reserven, um auch noch einige Leuchtdioden anzuschließen (Bild 2.9).

Die Kombination Widerstand, Diode, Sicherung dient dazu, die Schaltung vor Verpolung zu schützen. Im „richtigen" Betrieb ist die Diode in Sperrrichtung gepolt und die angelegte Spannung gelangt zum Spannungsregler. Bei Verpolung wirkt die Diode wie ein Kurzschluss und die Sicherung brennt durch.

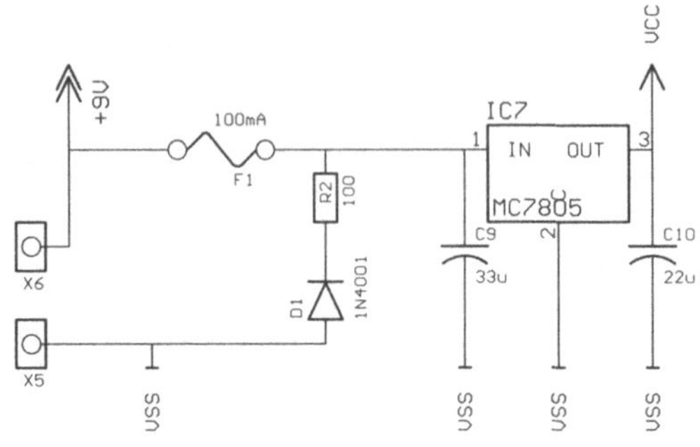

Bild 2.9 Spannungsversorgung

Bei der Dimensionierung des Widerstandes ist zu beachten, dass der zulässige Strom durch die Diode nicht überschritten wird, die Sicherung aber durchbrennt, wenn die Eingangsspannung verpolt wird.

Die Versorgungsspannung von 9V kann aus einem einfachen Steckernetzteil bezogen werden. Steckernetzteile bewirken normalerweise eine galvanische Trennung zwischen Ein- und Ausgangsspannung (Schaltsymbole beachten!). In diesem Fall kann man statt der Dioden-Widerstands-Kombination auch einen Brückengleichrichter vor den Spannungsregler schalten und so unabhängig von der Netzteilpolung für die richtige Polung am Spannungsregler sorgen.

2.4   Das PAL

2.4.1   Aufbau des PAL

Ein einfacher programmierbarer Logikbaustein, der die Generierung der Chip-Select Signale für den externen Speicher auf der Mikrocontrollerplatine DEBUG8051HW übernehmen kann, ist das PAL16L8. Die mit diesem Baustein realisierbaren logischen Verknüpfungen werden in den Datenblättern vereinfacht dargestellt. Diese Darstellung zeigt Bild 2.10.

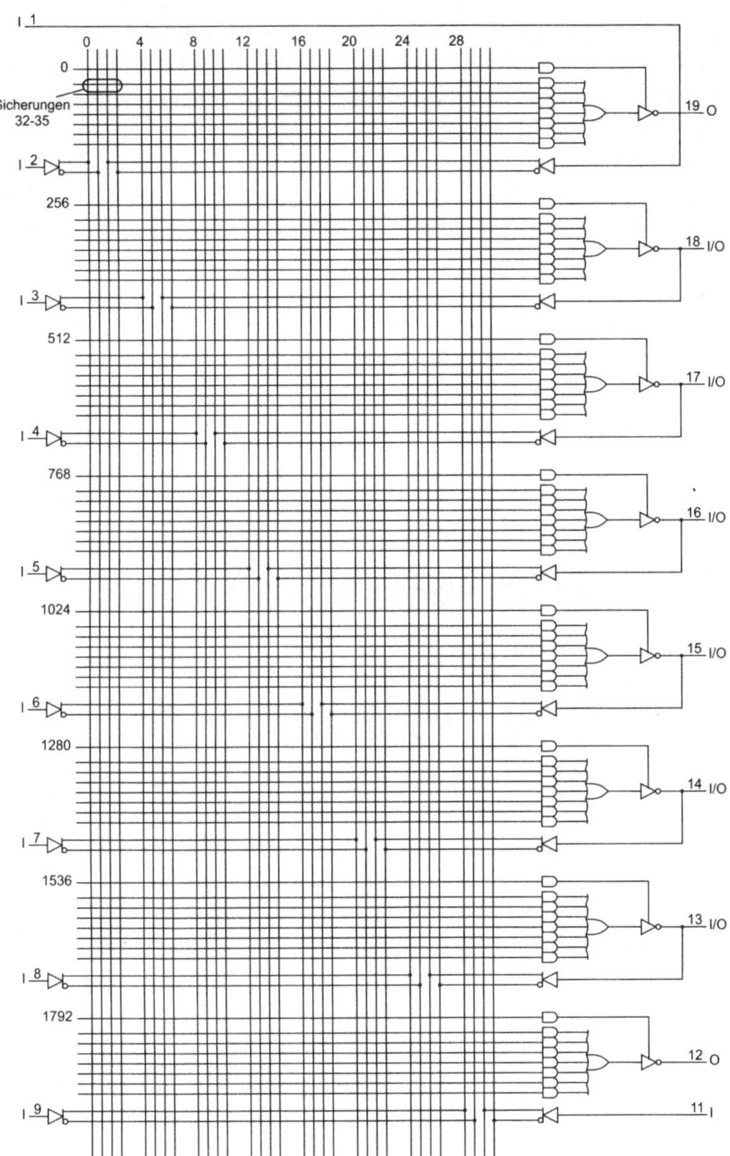

Bild 2.10 Verknüpfungsmöglichkeiten in PAL16L8

Für jeden Kreuzungspunkt zwischen einem Eingangspin (senkrechte Linien = Input Lines) und einer, zu einem der ausgangsseitigen UND-Gatter führenden waagerechten Linien (Product Lines), besitzt das UND-Gatter einen eigenen Eingang. Die Verbindung zu diesem Eingang kann durch Zerstörung einer Sicherung getrennt werden. Die Sicherungen sind nummeriert. In der ersten Zeile erhalten sie die Nummern 0 bis 31, in der zweiten 32 bis 64, in der letzten 2016 bis 2047. Die Ausführliche und die vereinfachte Darstellung für die Sicherungen 32 bis 35 zeigt Bild 2.11.

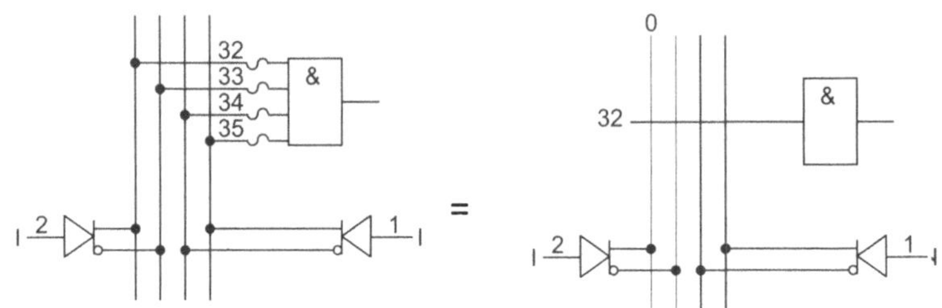

Bild 2.11 Sicherungen 32-35 im PAL16L8

Der Ausgang jedes UND-Gatters führt zu einem ODER-Gatter. Diese Verbindung ist nicht zu programmieren. Der Ausgang der ODER-Gatter führt jeweils zu einem Inverter. Dieser sorgt dafür, dass die Ausgänge des PAL16L8 Low-aktiv sind. In der Bezeichnung des Bausteins wird das durch das „L" gekennzeichnet. Die Zahl „16" zeigt an, dass der Baustein über maximal 16 Eingänge verfügt, die Zahl „8" kennzeichnet, dass der Baustein maximal acht Ausgänge hat. Für die Pins 13 bis 18 kann der Anwender festlegen, ob der Pin als Eingang oder Ausgang betrieben wird. Um einen der Pins, die wahlweise als Ein- oder Ausgang betrieben werden können, als Ausgang zu betreiben, muss der Inverter am Ausgang eingeschaltet werden. Der Inverter, z. B. von Pin 18, wird eingeschaltet, indem die Sicherungen 256 bis 287 zerstört werden. Jetzt sind alle Sicherungen der Product Line zerstört, das UND-Gatter hat nur offene Eingange und gibt High-Pegel aus. Deshalb wird der Inverter eingeschaltet. Wenn dagegen alle Sicherungen einer Product Line intakt sind, gibt das entsprechende UND-Gatter Low-Pegel aus. Hierdurch kann dann ein Inverter ausgeschaltet werden.

Bausteine vom Typ PAL16L8 werden sehr häufig durch das flexiblere GAL16V8 ersetzt. Diese besitzen eine konfigurierbare Ausgangsmakrozelle (OLMC Output Logic Macrocell), so dass verschiedene PAL-Typen emuliert werden können.

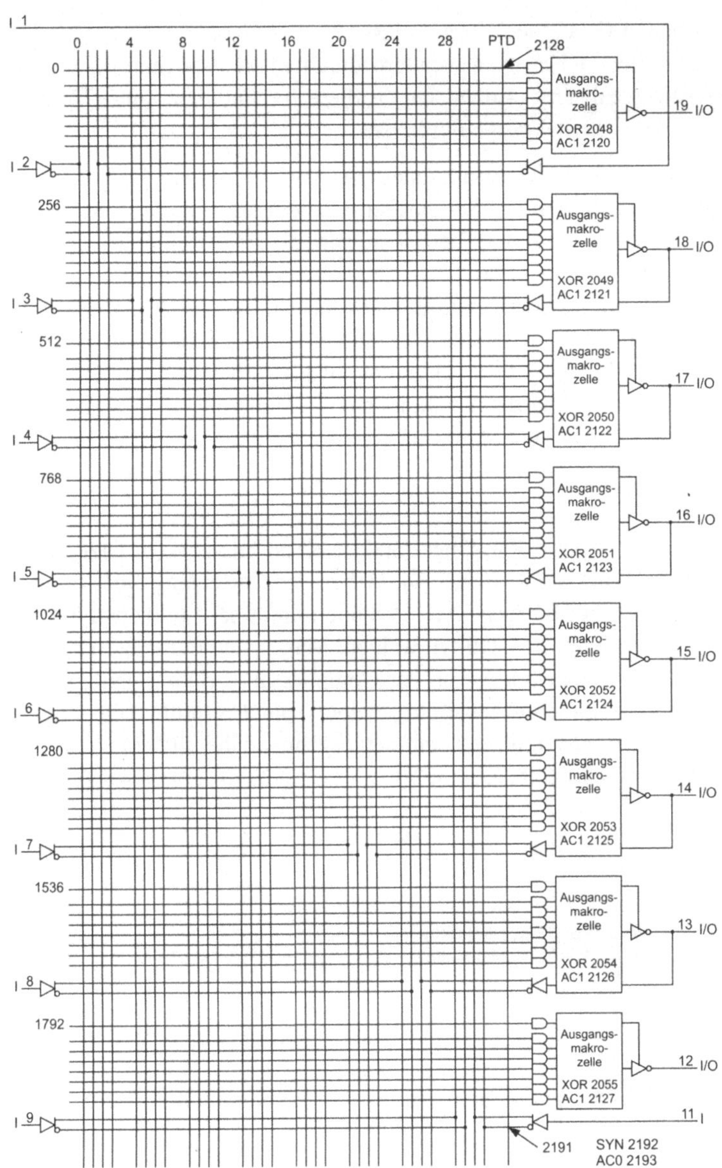

Bild 2.12 Verknüpfungsmöglichkeiten eines Lattice GAL16V8 (complex mode)

Weiterhin bieten GALs den Vorteil, dass die zu programmierenden Verbindungen nicht durch echte Sicherungen, sondern durch MOS-Fets mit einem zusätzlichen „floating gate" realisiert werden. Durch diese Technologie sind GALs elektrisch löschbar und ca. 100 mal programmierbar.

Hier soll exemplarisch der Ersatz eines PAL16L8 durch ein GAL16V8 der Firma Lattice durchgeführt werden. Bei diesem Baustein können die Ausgangsmakrozellen in drei verschiedenen Modi betrieben werden, die als „simple", „complex" und „registered" bezeichnet werden. Dem Datenblatt entnimmt man, dass zur Emulation des PAL16L8 der Modus „comlex" gewählt werden muss. In diesem Modus ergeben sich die in Bild 2.12 dargestellten möglichen logischen Verknüpfungen. Bild 2.13 und Bild 2.14 zeigen die Struktur der Ausgangsmakrozellen für diesen Modus. Der Modus „complex" wird gewählt, indem die Sicherungen SYN (2192) und AC0 (2193) zerstört werden. Weiterhin müssen die Sicherungen AC1(2120-2127) jeder Makrozelle zerstört werden.

Zur Festlegung der Ausgangspolarität besitzt jede Makrozelle noch eine Sicherung XOR, die für Low-aktive Ausgänge intakt bleiben muss. Wem jetzt der Kopf von Sicherungen schwirrt, sei getröstet: Die Arbeit der Umsetzung eines Programms für das PAL16L8 in eines für das GAL16V8 übernimmt der Logikcompiler, man muss lediglich einen anderen Bausteintyp wählen. Man kann beim hier verwendeten Logikcompiler CUPL aber prüfen, ob der Compiler alles richtig gemacht hat, indem man die, beim compilieren generierte, *.doc-Datei überprüft. Diese Datei enthält unter anderem den Fuse Plot, aus dem hervorgeht welche Sicherungen zerstört werden und welche intakt bleiben.

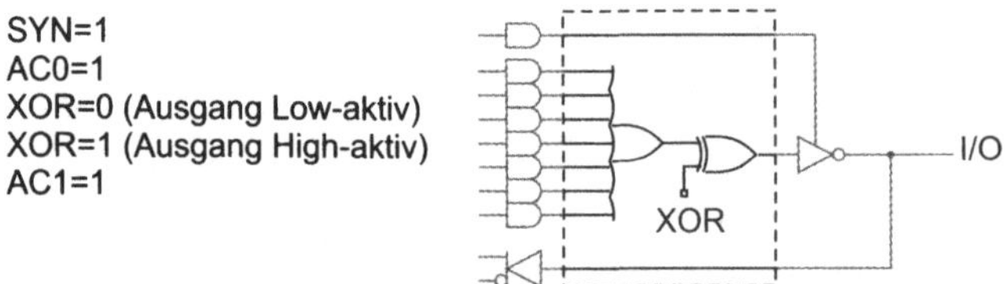

Bild 2.13 Ausgangsmakrozellen im complex mode (Pins 13-18)

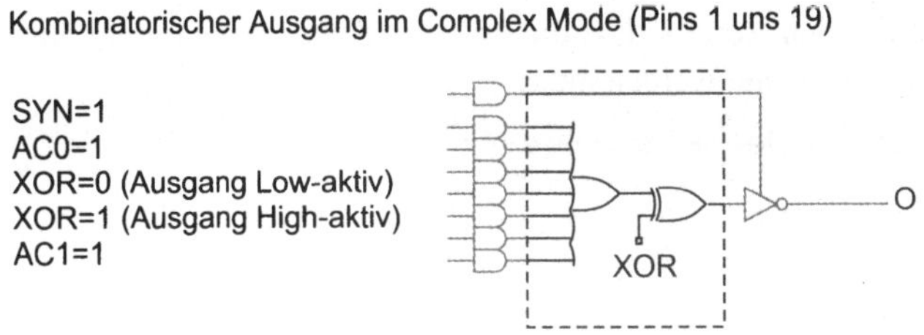

Kombinatorischer Ausgang im Complex Mode (Pins 1 uns 19)

SYN=1
AC0=1
XOR=0 (Ausgang Low-aktiv)
XOR=1 (Ausgang High-aktiv)
AC1=1

Bild 2.14 Ausgangsmakrozellen im complex mode (Pins 1 und 19)

2.4.2 Programmierung des PAL

Zur Programmierung des PALs wird hier der Logikcompiler CUPL benutzt. In der aktuellen Version von CUPL ist dieser Bestandteil einer komfortablen Entwicklungsumgebung, die unter anderem einen Texteditor zur Eingabe der logischen Verknüpfungen, die mit einem programmierbaren Logikbaustein realisiert werden sollen, beinhaltet.

Mit diesem Editor erstellt man zunächst eine Beschreibungsdatei des Bausteins (Endung: *.pld) Diese beginnt mit einem Header. Die wichtigste Information in diesem Header ist der Zielbaustein, hier p1618 oder G16V8MA. Durch die Buchstaben MA wird dem Logikcompiler mitgeteilt, dass das Lattice GAL16V8 im Modus „complex" betrieben werden soll. Damit dieser Eintrag bei der Compilierung auch beachtet wird, muss allerdings die Compileroption „Device in File" angewählt sein.

```
Name        8051;
Partno      xxxx;
Revision    00;
Date        3/91;
Designer    Limbach;
Company     xxxx;
Location    none;
Assembly    none;
Device      p1618;
```

Danach folgen die Pinzuweisungen. Hier werden den Pins Variablennamen, die für das Aufstellen der logischen Verknüpfungen verwendet werden, zugewiesen. Hier wird auch festgelegt, ob ein Eingangssignal Low-aktiv ist und ob ein Ausgangssignal High- oder Low-aktiv sein soll. Bei der Formulierung der Verknüpfungsgleichungen hat das den Vorteil, dass die Polarität der Eingangs- oder Ausgangssignale hier nicht mehr beachtet werden muss

```
/** Definition der Eingaenge:**/

Pin [2..5] = [a15..12];
Pin [7,8,9]  = ![wr,rd,psen];

/** Definition der Ausgaenge: **/
Pin 19 = !cseprom;
Pin 18 = !csramh;
Pin 17 = !csraml;
Pin 16 = !rdout;
Pin 15 = !wrout;
```

CUPL bietet die Möglichkeit Zwischenvariablen zu nutzen. Dies sind Variablen, die nicht durch einen Pin repräsentiert werden. Hier wird ein Feld als Zwischenvariable deklariert. Diese Feldvariable wird zum Generieren der Chip-Select-Signale benötigt.

```
/* Zwischenvariablen */
Field memadr = [a15..12];
```

Jetzt folgen die logischen Verknüpfungen.

```
/* Logische Gleichungen */
cseprom = memadr:[0000..0fff];
csraml  = memadr:[1000..7fff];
csramh  = memadr:[8000..ffff];
rdout   = rd # psen;
wrout   = wr;
```

Zur Erzeugung der CS-Signale wird die von CUPL unterstützte Bereichsoperation verwendet. Ansonsten wird nur noch die ODER-Verknüpfung benötigt. Hierfür wird das Zeichen „#" verwendet, für UND-Verknüpfungen wird das Zeichen „&" verwendet.

Wie bereits erwähnt, wird die Polarität der Ein- bzw. Ausgangssignale nicht beachtet. Beim Aufstellen einer Wertetabelle hält man einfach fest, ob ein Signal aktiv ist und kennzeichnet dies durch eine 1, ein inaktives Signal kennzeichnet man durch eine 0.

Dies soll hier an der Generierung des gemeinsamen Lesesignals für Programm- und Datenspeicher genau dargestellt werden. Wenn der 8051 auf externen Datenspeicher zugreift, wird das Signal !RD erzeugt, beim Zugriff auf den Programmspeicher !PSEN. Wenn ein Speicher als gemeinsamer Programm- und Datenspeicher benutzt wird, muss er ein Lesesignal erhalten wenn !RD aktiv ist oder wenn !PSEN aktiv ist. (Der Fall, dass beide aktiv sind, tritt nicht auf. Wir fordern hier aber, dass der Ausgang !RDOUT in diesem theoretischen Fall aktiv ist). Dies führt zu folgender Wertetabelle:

PSEN	RD	RDOUT
0	0	0
0	1	1
1	0	1
1	1	1

Man liest ab: RDOUT = PSEN+RD.

Wenn man die in den Pinzuweisungen festgelegte Polarität der drei Signale beachtet erhält man:

$$!RDOUT=!PSEN+!RD$$

In der Wertetabelle werden Einsen durch LOW, Nullen durch HIGH ersetzt.

PSEN	RD	RDOUT
HIGH	HIGH	HIGH
HIGH	LOW	LOW
LOW	HIGH	LOW
LOW	LOW	LOW

Damit ist die Forderung erfüllt, ein Lesesignal zu erzeugen, das dann Low-Pegel hat, wenn eines der beiden Signale !PSEN oder !RD LOW ist.

In Kap 2.1.1 wurde festgestellt, dass es ausreicht eine UND-Verknüpfung mit !PSEN und !RD durchzuführen, um das Lesesignal für einen gemeinsamen Programm- und Datenspeicher zu erzeugen. Mit der Regel von De Morgan, die in allgemeiner Form

$$\overline{x_1 x_2} = \overline{x_1} + \overline{x_2} \qquad \text{bzw.}$$

$$\overline{x_1 + x_2} = \overline{x_1} \cdot \overline{x_2}$$

lautet, lässt sich der Ausdruck

$$!RDOUT = !PSEN + !RD$$

durch Negation auf beiden Seiten der Gleichung umformen in

$$RDOUT = PSEN \cdot RD\,.$$

Der Einsatz des UND-Gatters ist also äquivalent zu der im PAL durchgeführten Verknüpfung.

Um die Chip-Select Signale zu generieren, wird die von CUPL unterstützte Bereichsoperation benutzt. Mit der Felddeklaration *Field memadr[a15...a12]* wurde ein Feld mit einer Breite von 16 Bit deklariert. Dass die Bits a11 bis a0 gar nicht verwendet werden, spielt keine Rolle. Der höchste Index der Variablen in den eckigen Klammern legt die Feldbreite fest. Deshalb müssen bei den Bereichsoperationen Adressbereiche mit einer Breite von 16 Bit angegeben werden. Die Gleichungen für die !CS-Signale legen fest, dass das jeweilige !CS-Signal dann aktiv ist, wenn eine Adresse im – in eckigen Klammern angegebenen Adressbereich – an den entsprechenden Pins anliegt. Die Gleichungen werden vom Compiler so expandiert, dass sich für die !CS-Signale Ausdrücke in disjunktiver Normalform, die direkt in die Struktur des PALs umgesetzt werden können, ergeben. Die expandierten Gleichungen kann man sich in der, vom Compiler erzeugten, *.doc-Datei ansehen.

Weiterhin wichtig ist die vom Compiler erzeugte JEDEC-Datei. Hierbei handelt es sich um ein normiertes Ausgabeformat. Dieses Format wird praktisch von allen erhältlichen Geräten zur Programmierung von PALs und GALs unterstützt.

Nachfolgende Listings enthalten Auszüge aus den *.doc Dateien, die beim compilieren der hier besprochenen Beschreibungsdatei für ein PAL16L8 und für ein GAL 16V8 erzeugt werden.

```
*************************************************************
                        8051
*************************************************************

CUPL(WM)        5.0a Serial# 10000000
Device          p1618  Library DLIB-h-40-8
Created         Tue Jan 09 22:56:08 2001
Name            8051
Partno          xxxx
Revision        00
Date            3/91
Designer        Limbach
```

```
Company          xxxx
Assembly         none
Location         none


================================================================
                         Expanded Product Terms
================================================================

cseprom =>
    !a12 & !a13 & !a14 & !a15

csramh =>
    a15

csraml =>
    a12 & !a14 & !a15
  # !a12 & a13 & !a15
  # !a13 & a14 & !a15
  # a12 & a13 & a14 & !a15

memadr =>
    a15 , a14 , a13 , a12

rdout =>
    rd
  # psen

wrout =>
    wr

cseprom.oe  =>
    1

csramh.oe   =>
    1

csraml.oe   =>
    1

rdout.oe   =>
    1

wrout.oe   =>
    1


================================================================
                         Fuse Plot
================================================================

Pin #19   00000 -----------------------------------
```

```
  00032  -x---x---x---x-------------------
  00064  xxxxxxxxxxxxxxxxxxxxxxxxxxxxxxxxx
  00096  xxxxxxxxxxxxxxxxxxxxxxxxxxxxxxxxx
  00128  xxxxxxxxxxxxxxxxxxxxxxxxxxxxxxxxx
  00160  xxxxxxxxxxxxxxxxxxxxxxxxxxxxxxxxx
  00192  xxxxxxxxxxxxxxxxxxxxxxxxxxxxxxxxx
  00224  xxxxxxxxxxxxxxxxxxxxxxxxxxxxxxxxx
Pin #18  00256 --------------------------------
  00288  x-------------------------------
  00320  xxxxxxxxxxxxxxxxxxxxxxxxxxxxxxxxx
  00352  xxxxxxxxxxxxxxxxxxxxxxxxxxxxxxxxx
  00384  xxxxxxxxxxxxxxxxxxxxxxxxxxxxxxxxx
  00416  xxxxxxxxxxxxxxxxxxxxxxxxxxxxxxxxx
  00448  xxxxxxxxxxxxxxxxxxxxxxxxxxxxxxxxx
  00480  xxxxxxxxxxxxxxxxxxxxxxxxxxxxxxxxx
Pin #17  00512 --------------------------------
  00544  -x---x------x--------------------
  00576  -x------x----x-------------------
  00608  -x--x----x-----------------------
  00640  -x--x---x---x--------------------
  00672  xxxxxxxxxxxxxxxxxxxxxxxxxxxxxxxxx
  00704  xxxxxxxxxxxxxxxxxxxxxxxxxxxxxxxxx
  00736  xxxxxxxxxxxxxxxxxxxxxxxxxxxxxxxxx
Pin #16  00768 --------------------------------
  00800  ---------------------------x------
  00832  ----------------------------x--
  00864  xxxxxxxxxxxxxxxxxxxxxxxxxxxxxxxxx
  00896  xxxxxxxxxxxxxxxxxxxxxxxxxxxxxxxxx
  00928  xxxxxxxxxxxxxxxxxxxxxxxxxxxxxxxxx
  00960  xxxxxxxxxxxxxxxxxxxxxxxxxxxxxxxxx
  00992  xxxxxxxxxxxxxxxxxxxxxxxxxxxxxxxxx
Pin #15  01024 --------------------------------
  01056  --------------------x-----------
  01088  xxxxxxxxxxxxxxxxxxxxxxxxxxxxxxxxx
  01120  xxxxxxxxxxxxxxxxxxxxxxxxxxxxxxxxx
  01152  xxxxxxxxxxxxxxxxxxxxxxxxxxxxxxxxx
  01184  xxxxxxxxxxxxxxxxxxxxxxxxxxxxxxxxx
  01216  xxxxxxxxxxxxxxxxxxxxxxxxxxxxxxxxx
  01248  xxxxxxxxxxxxxxxxxxxxxxxxxxxxxxxxx
Pin #14  01280 xxxxxxxxxxxxxxxxxxxxxxxxxxxxxxxxxxxx
  01312  xxxxxxxxxxxxxxxxxxxxxxxxxxxxxxxxx
  01344  xxxxxxxxxxxxxxxxxxxxxxxxxxxxxxxxx
  01376  xxxxxxxxxxxxxxxxxxxxxxxxxxxxxxxxx
  01408  xxxxxxxxxxxxxxxxxxxxxxxxxxxxxxxxx
  01440  xxxxxxxxxxxxxxxxxxxxxxxxxxxxxxxxx
  01472  xxxxxxxxxxxxxxxxxxxxxxxxxxxxxxxxx
  01504  xxxxxxxxxxxxxxxxxxxxxxxxxxxxxxxxx
Pin #13  01536 Haxxxxxxxxxxxxxxxxxxxxxxxxxxxxxxxxxx
  01568  xxxxxxxxxxxxxxxxxxxxxxxxxxxxxxxxx
  01600  xxxxxxxxxxxxxxxxxxxxxxxxxxxxxxxxx
```

```
 01632  xxxxxxxxxxxxxxxxxxxxxxxxxxxxxxxx
 01664  xxxxxxxxxxxxxxxxxxxxxxxxxxxxxxxx
 01696  xxxxxxxxxxxxxxxxxxxxxxxxxxxxxxxx
 01728  xxxxxxxxxxxxxxxxxxxxxxxxxxxxxxxx
 01760  xxxxxxxxxxxxxxxxxxxxxxxxxxxxxxxx
Pin #12   01792  xxxxxxxxxxxxxxxxxxxxxxxxxxxxxxxx
 01824  xxxxxxxxxxxxxxxxxxxxxxxxxxxxxxxx
 01856  xxxxxxxxxxxxxxxxxxxxxxxxxxxxxxxx
 01888  xxxxxxxxxxxxxxxxxxxxxxxxxxxxxxxx
 01920  xxxxxxxxxxxxxxxxxxxxxxxxxxxxxxxx
 01952  xxxxxxxxxxxxxxxxxxxxxxxxxxxxxxxx
 01984  xxxxxxxxxxxxxxxxxxxxxxxxxxxxxxxx
 02016  xxxxxxxxxxxxxxxxxxxxxxxxxxxxxxxx

LEGEND     X : fuse not blown
           - : fuse blown

_
================================================================
                           Chip Diagram
================================================================


                    ┌─────────────────┐
                    │       8051       │
            x---    │ 1            20  │  ---x Vcc
      a15   x---    │ 2            19  │  ---x !cseprom
      a14   x---    │ 3            18  │  ---x !csramh
      a13   x---    │ 4            17  │  ---x !csraml
      a12   x---    │ 5            16  │  ---x !rdout
            x---    │ 6            15  │  ---x !wrout
      !wr   x---    │ 7            14  │  ---x
      !rd   x---    │ 8            13  │  ---x
    !psen   x---    │ 9            12  │  ---x
      GND   x---    │ 10           11  │  ---x
                    │                  │
                    └─────────────────┘
```

Listing 2.1 *.doc-Datei für PAL16L8


```
================================================================
                           Fuse Plot
================================================================


Syn    02192 - Ac0    02193 -

Pin #19  02048  Pol x   02120  Ac1 -
 00000  --------------------------------
 00032  -x---x---x---x------------------
 00064  xxxxxxxxxxxxxxxxxxxxxxxxxxxxxxxx
 00096  xxxxxxxxxxxxxxxxxxxxxxxxxxxxxxxx
 00128  xxxxxxxxxxxxxxxxxxxxxxxxxxxxxxxx
```

```
00160  xxxxxxxxxxxxxxxxxxxxxxxxxxxxxxxx
00192  xxxxxxxxxxxxxxxxxxxxxxxxxxxxxxxx
00224  xxxxxxxxxxxxxxxxxxxxxxxxxxxxxxxx
Pin #18  02049  Pol x  02121  Ac1 -
00256  --------------------------------
00288  x-------------------------------
00320  xxxxxxxxxxxxxxxxxxxxxxxxxxxxxxxx
00352  xxxxxxxxxxxxxxxxxxxxxxxxxxxxxxxx
00384  xxxxxxxxxxxxxxxxxxxxxxxxxxxxxxxx
00416  xxxxxxxxxxxxxxxxxxxxxxxxxxxxxxxx
00448  xxxxxxxxxxxxxxxxxxxxxxxxxxxxxxxx
00480  xxxxxxxxxxxxxxxxxxxxxxxxxxxxxxxx
Pin #17  02050  Pol x  02122  Ac1 -
00512  --------------------------------
00544  -x---x------x-------------------
00576  -x------x----x------------------
00608  -x--x----x----------------------
00640  -x--x---x---x-------------------
00672  xxxxxxxxxxxxxxxxxxxxxxxxxxxxxxxx
00704  xxxxxxxxxxxxxxxxxxxxxxxxxxxxxxxx
00736  xxxxxxxxxxxxxxxxxxxxxxxxxxxxxxxx
Pin #16  02051  Pol x  02123  Ac1 -
00768  --------------------------------
00800  -------------------------x------
00832  ----------------------------x--
00864  xxxxxxxxxxxxxxxxxxxxxxxxxxxxxxxx
00896  xxxxxxxxxxxxxxxxxxxxxxxxxxxxxxxx
00928  xxxxxxxxxxxxxxxxxxxxxxxxxxxxxxxx
00960  xxxxxxxxxxxxxxxxxxxxxxxxxxxxxxxx
00992  xxxxxxxxxxxxxxxxxxxxxxxxxxxxxxxx
Pin #15  02052  Pol x  02124  Ac1 -
01024  --------------------------------
01056  --------------------x----------
01088  xxxxxxxxxxxxxxxxxxxxxxxxxxxxxxxx
01120  xxxxxxxxxxxxxxxxxxxxxxxxxxxxxxxx
01152  xxxxxxxxxxxxxxxxxxxxxxxxxxxxxxxx
01184  xxxxxxxxxxxxxxxxxxxxxxxxxxxxxxxx
01216  xxxxxxxxxxxxxxxxxxxxxxxxxxxxxxxx
01248  xxxxxxxxxxxxxxxxxxxxxxxxxxxxxxxx
Pin #14  02053  Pol x  02125  Ac1 -
01280  xxxxxxxxxxxxxxxxxxxxxxxxxxxxxxxx
01312  xxxxxxxxxxxxxxxxxxxxxxxxxxxxxxxx
01344  xxxxxxxxxxxxxxxxxxxxxxxxxxxxxxxx
01376  xxxxxxxxxxxxxxxxxxxxxxxxxxxxxxxx
01408  xxxxxxxxxxxxxxxxxxxxxxxxxxxxxxxx
01440  xxxxxxxxxxxxxxxxxxxxxxxxxxxxxxxx
01472  xxxxxxxxxxxxxxxxxxxxxxxxxxxxxxxx
01504  xxxxxxxxxxxxxxxxxxxxxxxxxxxxxxxx
Pin #13  02054  Pol x  02126  Ac1 -
01536  xxxxxxxxxxxxxxxxxxxxxxxxxxxxxxxx
```

```
01568  xxxxxxxxxxxxxxxxxxxxxxxxxxxxxxxxx
01600  xxxxxxxxxxxxxxxxxxxxxxxxxxxxxxxxx
01632  xxxxxxxxxxxxxxxxxxxxxxxxxxxxxxxxx
01664  xxxxxxxxxxxxxxxxxxxxxxxxxxxxxxxxx
01696  xxxxxxxxxxxxxxxxxxxxxxxxxxxxxxxxx
01728  xxxxxxxxxxxxxxxxxxxxxxxxxxxxxxxxx
01760  xxxxxxxxxxxxxxxxxxxxxxxxxxxxxxxxx
Pin #12   02055   Pol x   02127   Ac1 -
01792  xxxxxxxxxxxxxxxxxxxxxxxxxxxxxxxxx
01824  xxxxxxxxxxxxxxxxxxxxxxxxxxxxxxxxx
01856  xxxxxxxxxxxxxxxxxxxxxxxxxxxxxxxxx
01888  xxxxxxxxxxxxxxxxxxxxxxxxxxxxxxxxx
01920  xxxxxxxxxxxxxxxxxxxxxxxxxxxxxxxxx
01952  xxxxxxxxxxxxxxxxxxxxxxxxxxxxxxxxx
01984  xxxxxxxxxxxxxxxxxxxxxxxxxxxxxxxxx
02016  xxxxxxxxxxxxxxxxxxxxxxxxxxxxxxxxx

LEGEND    X : fuse not blown
          - : fuse blown
```

Listing 2.2 Fuse Plot für GAL16V8

2.5 Anschluss an den PC

Zum Betrieb des im (E)EPROM befindlichen Programms DEBUG8051 ist es notwendig, die Schaltung DEBUG8051HW über die serielle Schnittstelle an einen PC anzuschließen. Auf dem PC muss das Programm DEBUG8051PC gestartet werden. Dieses erlaubt es, ein zu debuggendes Anwendungsprogramm ins RAM von DEBUG8051HW zu schreiben und vom PC aus durch dieses Programm zu navigieren. Die möglichen Befehle sind in Kapitel 5 beschrieben.

Für die Übertragung mit der RS232-Schnittstelle werden High-Pegel durch Spannungen von +3V bis +15V, Low-Pegel durch Spannungen von –3V bis –15V repräsentiert. Es ist also eine Umsetzung auf TTL/CMOS-Pegel erforderlich. Komfortablerweise gibt es integrierte Schaltungen, die diese Umsetzung fast ohne externe Beschaltung erledigen (Bild 2.15).

Pin PC-RxD der Umsetzerschaltung muss mit Pin 2 (RxD) der 9-poligen seriellen PC-Schnittstelle, Pin PC-TxD mit Pin 3 (TxD) und Gnd mit Pin 5 (Gnd) verbunden werden.

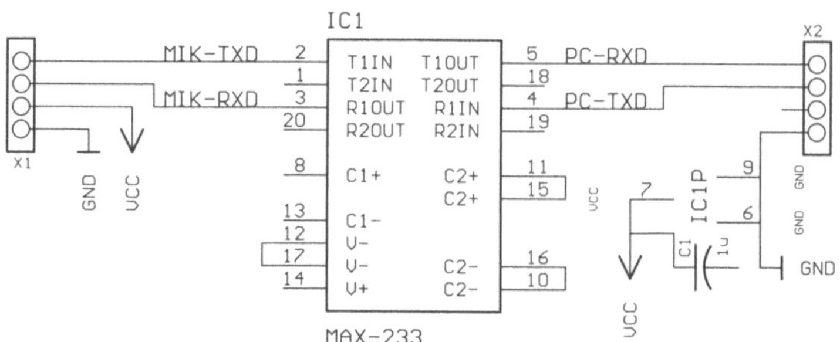

Bild 2.15 Pegelumsetzung mit dem MAX 233

2.6   Mikrocontroller

2.6.1   Funktionnsblöcke des Mikrocontrollers

CPU (Central Processing Unit)

Die CPU ist das wichtigste Element des Mikrocontrollers. Auf sie entfällt die Hauptarbeit bei der Abarbeitung eines Programms. Sie enthält die wichtigen Register Befehlsdekoder und Programmzähler. Der Programmzähler enthält stets die Speicheradresse des nächsten zu lesenden Befehls (Opcode). Dieser wird ins Befehlsregister geladen, wodurch ihm entsprechende Aktionen ausgelöst werden. Hierbei kann es sich um einen Befehl zur Kontrolle des Programmablaufs, einen Datentransferbefehl oder einen Befehl zur arithmetisch/logischen Verknüpfung handeln.

Die Durchführung der arithmetisch/logischen Befehle übernimmt die ALU (Arithmetic Logic Unit). Ihr zugeordnet ist das wichtige Register A (Akkumulator). A enthält immer einen der Operanden und nimmt das Ergebnis der Verknüpfung auf. Einige Bits (Statusflags) des Registers PSW (Program Status Word) enthalten Informationen über das Ergebnis. So zeigt Bit CY (Carry) z. B an, ob bei der durchgeführten Verknüpfung ein Übertrag aufgetreten ist. Obwohl man das Register A von seiner Funktion her der ALU zuordnen muss, ist es im Blockbild des 8051 (Bild 2.16) nicht dort eingezeichnet. Es befindet sich mit den anderen sogenannten „Special Function Registers (SFRs)", wie auch PSW, im internen Datenspeicher.

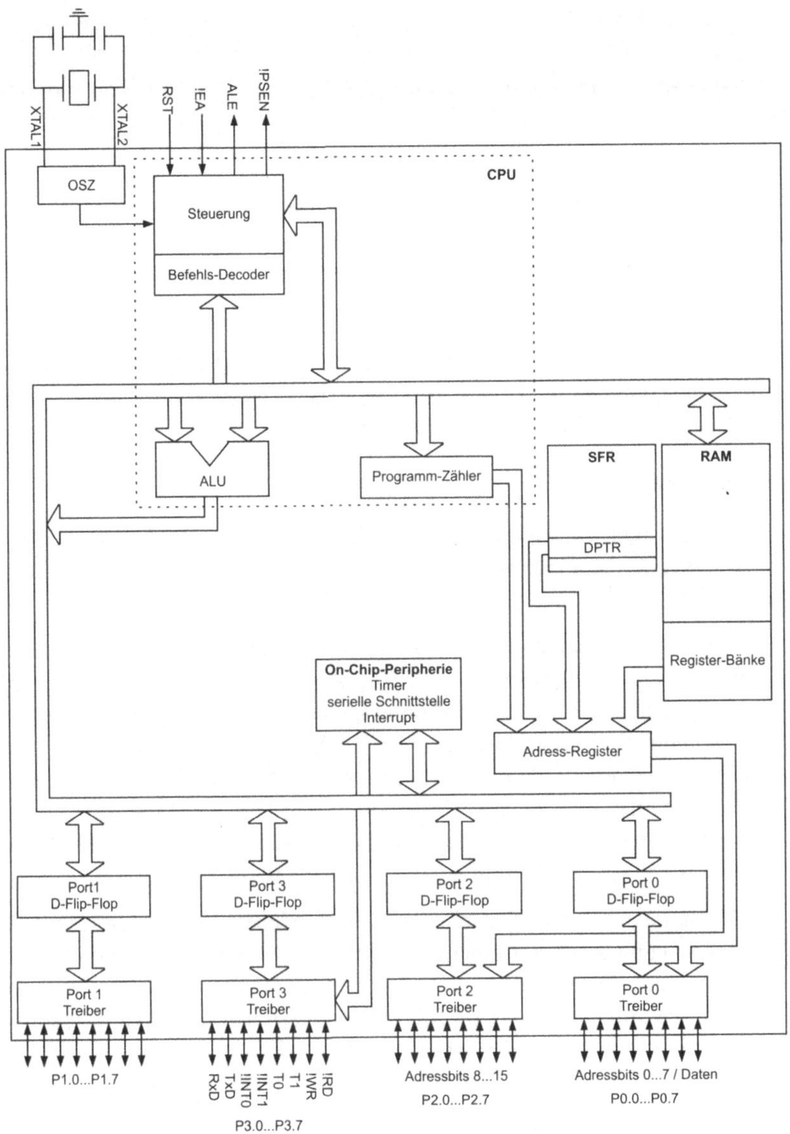

Bild 2.16 Funktionsblöcke des 8051

Die Befehle zur Kontrolle des Programmablaufs sind Verzweigungen, Sprünge, Unterprogrammaufrufe und Returns. Bei einem Sprungbefehl befindet sich nach dem Opcode eine Zieladresse im Programmspeicher. Diese wird in den Programmzähler geladen und die nächste Instruktion von dieser Adresse gelesen.

INTERNER DATENSPEICHER (RAM und SFRs)

Der 80(C)32/89C52 enthält 256 Byte RAM. Dieses ist ausschließlich als Datenspeicher zu benutzen. Ein großer Teil des RAMs wird für besondere Aufgaben benutzt. Für die Programmierung 8051-kompatibler Controller ist es wichtig, die Aufteilung des RAMs zu kennen.

Die SFRs teilen den Adressbereich 80_H-FF_H mit dem RAM. Über die SFRs wird die gesamte Programmierung der On-Chip-Peripherie abgewickelt. Die genaue Beschreibung des internen Datenspeichers folgt in Kapitel 3.4.

ON-CHIP-PERIPHERIE

Wie der Name schon sagt, umfasst die On-Chip-Peripherie die Elemente, die für die Kommunikation des Controllers mit der Außenwelt zuständig sind. Beim 8051 sind das:

1. Die Timer/Counter 0 und 1, die in jeweils vier verschiedenen Timer/Counter Betriebsmodi arbeiten. Beim 80(C)32/89C52 kommt noch Timer 2 hinzu. Im Counter-Modus können Timer 0 und 1 unter anderem ankommende Impulse an den Pins T0 bzw. T1 zählen. Die Pins !INT0, !INT1 können hierbei eine Torfunktion übernehmen. Arbeitet ein Timer/Counter dagegen im Timermodus, wird sein Zählregister in jedem Maschinenzyklus erhöht. Da ein Maschinenzyklus 12 Oszillatorperioden dauert, beträgt seine Zählfrequenz 1/12 der Oszillatorfrequenz.

2. Die serielle Schnittstelle, die drei verschiedene Modi für die asynchrone Übertragung z. B. mit einem PC bietet. Außerdem kann man sie für die synchrone Übertragung verwenden. Diese findet vor allem Anwendung bei der Kommunikation von Mikrocontrollern untereinander oder mit speziellen externen Bauteilen wie A/D-Wandlern.

3. Das Interruptsystem. Das Interruptsystem kann zwei externe Interrupts verarbeiten. Hinzu kommen beim 8051 noch drei, beim 80(C)32/89C52 vier weitere, von der On-Chip-Peripherie ausgelöste, Interrupts.

PORTS

Die Kommunikation des Mikrocontrollers mit der Außenwelt geschieht über Ports. Der „Ur"-80(C)51 und 80(C)32/89C52 verfügen über die Ports P0-P3. Alle Ports können als General-Purpose-Port genutzt werden. Hierbei wird am Port ein Byte ausgegeben, das sich in einem bestimmten Register befindet. Sie können jedoch auch bzw. müssen oft für andere Aufgaben benutzt werden.

P0: Für Zugriffe auf den externen Speicher wird das niedrige Adressbyte an P0 ausgegeben. Mit Hilfe des ALE-Signals kann das Adressbyte in einem externen Baustein gespeichert werden. Danach erfolgt das Lesen bzw. Schreiben von Daten auch über diesen Port. Dies nennt man Adresse/Daten-Multiplex.

P1: P1 besitzt beim 80(C)32/89C52 zwei Eingänge für Timer 2. Ansonsten wird P1 nur als General-Purpose-Port benutzt.

P2: Für Zugriffe auf externe Speicheradressen >256 wird das hohe Adressbyte an P2 ausgegeben.

P3: P3 beinhaltet die Pins, über die die Kommunikation der Außenwelt mit der On-Chip-Peripherie abgewickelt wird.

> RxD/P3.0: Dateneingang für die asynchrone serielle Übertragung mit anderen Geräten. Bei synchroner serieller Übertragung dient dieser Pin als Datenein- und Ausgang.

> TxD/P3.1: Datenausgang für die asynchrone serielle Übertragung. Taktausgang für die synchrone Übertragung.

> !INT0/P3.2: Eingang für das Auslösen eines Interrupts. Kann auch als Tor für Counter 0 verwendet werden. Hierbei werden dann, je nach Zustand dieses Pins, an T0 ankommende Impulse gezählt bzw. nicht gezählt.

> !INT1/P3.3: Eingang für das Auslösen eines Interrupts. Kann auch als Tor für Counter 1 verwendet werden.

> T0/P3.4: Eingang für Counter 0.

> T1/P3.5: Eingang für Counter 1.

> !WR/P3.6: Schreibsignal für externen Datenspeicher.

> !RD/P3.7: Lesesignal für externen Datenspeicher

2.6.2 Pinbeschreibung (ausser Ports)

XTAL1, XTAL2: Zwischen diesen beiden Pins befindet sich ein Inverter. Dieser kann mit zwei Kondensatoren und einem Quarz als Oszillator betrieben werden. Beim 80C51 kann man aber auch das Ausgangssignal eines CMOS-kompatiblen Quarzoszillators an XTAL1 legen. Achtung: Die Richtung des Inverter ist bei N-MOS-Controllern umgekehrt.

!PSEN: Lesesignal für den externen Programmspeicher.

ALE: Wenn das niedrige Adressbyte an P0 ausgegeben wird, erfolgt das ALE-Signal. Die Ausgabe des ALE-Signals wird vor der Adressausgabe an P0 beendet. ALE wird benutzt, um das niedrige Adressbyte in einem externen Baustein zwischenzuspeichern.

!EA: Wird benötigt, um dem Controller mitzuteilen, ob er Instruktionen aus dem internen oder externen Programmspeicher lesen soll. Bei Verwendung des 80(C)32 muss dieser Pin auf Low-Pegel (Bild 2.1 Klemme X7) gelegt werden, da dieser keinen internen Programmspeicher besitzt. Beim AT89C52 wird der Pin auf Low-Pegel gelegt, wenn externer Programmspeicher benutzt werden soll. Er wird auf High-Pegel gelegt, wenn das interne Flash-PEPROM verwendet werden soll.

VCC: Pluspol der Versorgungsspannung.

VSS: Gnd der Versorgungsspannung.

RST: Zum ordnungsgemäßen Programmstart benötigt der Controller ein Reset-Signal. Hierzu muss am RST-Pin länger als zwei Maschinenzyklen ein High-Pegel anliegen. Dies erreicht man, indem der Pin über den Kondensator C1 an Vcc gelegt wird. Intern ist der Pin beim 80C51 über einen Widerstand mit Vss verbunden. Durch diese RC-Kombination erhält der Controller beim Einschalten an diesem Pin eine Spannung in Höhe der Versorgungsspannung. Lädt sich der Kondensator auf, sinkt die Spannung am RST-Pin langsam ab. Über die Klemme X1 von DE-BUG8051HW lässt sich ein Schließer anschließen, so dass sich der Kondensator über den Widerstand R1 entlädt und so ein erneutes Reset-Signal ausgelöst wird.

2.6.3 Maschinenzyklus

Die Arbeit des Mikrocontrollers ist in Maschinenzyklen eingeteilt. Die meisten Befehle des 8051 werden während eines Maschinenzyklus abgearbeitet. Ein Maschinenzyklus besteht aus 12 Oszillator-Perioden. Jeweils 2 Perioden werden als State bezeichnet. Die erste Periode eines States wird als Phase 1, die zweite als Phase 2

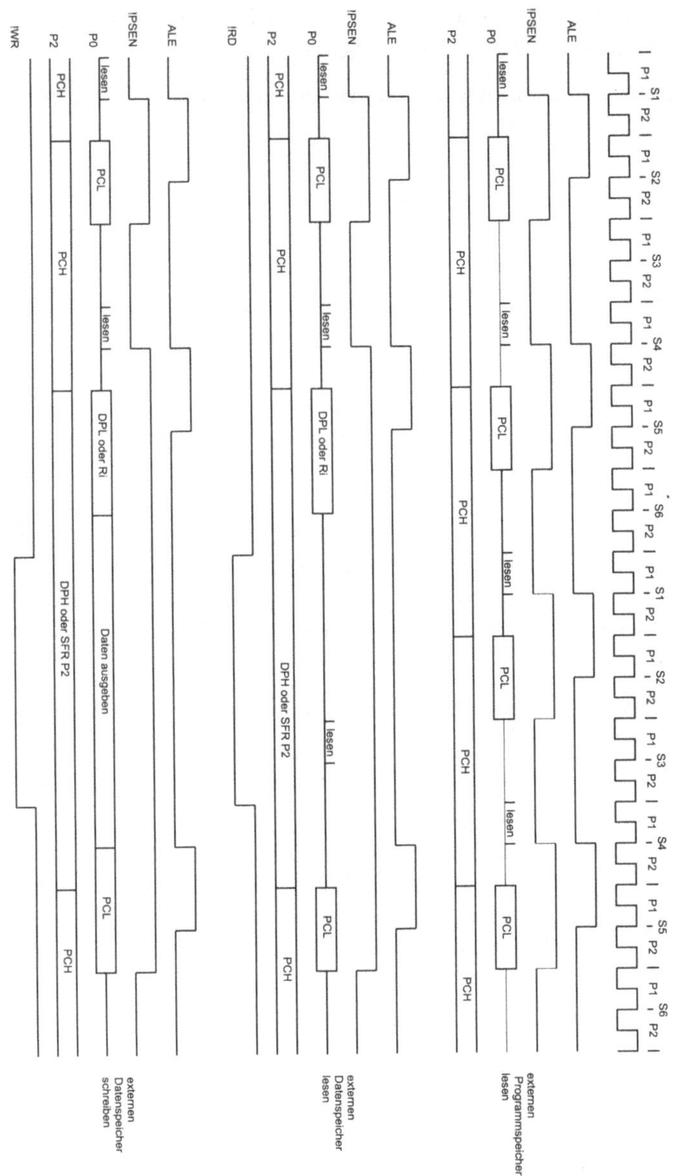

Bild 2.17 Zugriff auf externen Datenspeicher

bezeichnet. Bild 2.17 zeigt die während zweier Maschinenzyklen generierten Steuersignale für den Zugriff auf externe Speicher.

Während eines Maschinenzyklus werden normalerweise zwei Bytes aus dem Programmspeicher gelesen. Manche Befehle (z. B. INC A) benötigen aber nur ein Byte, nämlich ihren Opcode. Das zweite Byte, welches dann schon der Opcode des nächsten Befehls ist, wird trotzdem gelesen, es wird aber ignoriert. Da der Programmzähler nicht inkrementiert wird, wird dieses Byte beim Start des nächsten Maschinenzyklus erneut gelesen.

Die Abarbeitung eines Befehls beginnt damit, dass er während S1P1 in den Befehlskoder geladen wird. Zum Lesen des nächsten Bytes aus dem externen Programmspeicher wird das Highbyte der Adresse an P2, das Lowbyte der entsprechenden Speicherstelle an P0 ausgegeben. Das Lowbyte liegt an P0 über die Dauer des ALE-Signals hinaus an. Das D-Flip-Flop speichert deshalb dieses Adressbyte. Das Adressbyte wird jetzt an P0 nicht mehr benötigt und darf dort auch gar nicht mehr anliegen, wenn die Daten aus dem Programmspeicher gelesen werden. Deshalb wird dessen Ausgabe beendet bevor !PSEN aktiviert wird und damit den Programmspeicher veranlasst, den Inhalt der adressierten Speicherstelle auf den Datenbus zu legen. Dieses Byte wird während S4P1 an P0 gelesen. Daraufhin wird das Lesen der nächsten Speicherstelle durch erneute Aktivierung des ALE-Signals eingeleitet.

Das hohe Adressbyte der angesprochenen Speicherstelle wird von P2 von S2P1 bis S4P2 ausgegeben. Während dieser ganzen Zeit generiert die Adressdekodierung im GAL dafür, dass je nach angesprochener Adresse ein !CS-Signal generiert wird.

Etwas anders sieht die Abarbeitung des MOVX-Befehls, der den Zugriff auf den externen Datenspeicher ermöglicht, aus. Zwar beginnt auch dessen Abarbeitung mit dem Laden seines Opcodes während S1P1 und dem Lesen des nächsten Bytes während S4P1, das jedoch verworfen wird, aus dem Programmspeicher. Im nächsten Maschinenzyklus erfolgt jedoch die Adressierung des Datenspeichers und das Lesen oder Schreiben der entsprechenden Daten. Es erfolgt kein Lesezugriff auf den Programmspeicher.

2.7   Erweiterungen für Port 1

Damit DEBUG8051HW universeller eingesetzt werden kann, werden hier zwei Erweiterungsschaltungen für Port 1 gezeigt. Die LED-Erweiterung leistet gute Dienste für elementare Programme wie Blinklicht oder Zähler.

Die AD-DA-Erweiterung kann man verwenden, um einfach nur Messwerte zu erfassen und zu speichern und um bestimmte Spannungssignale wie z. B. einen Sägezahn zu erzeugen. Sie kann aber auch zur Realisierung eines Reglers benutzt werden.

2.7.1 LED s

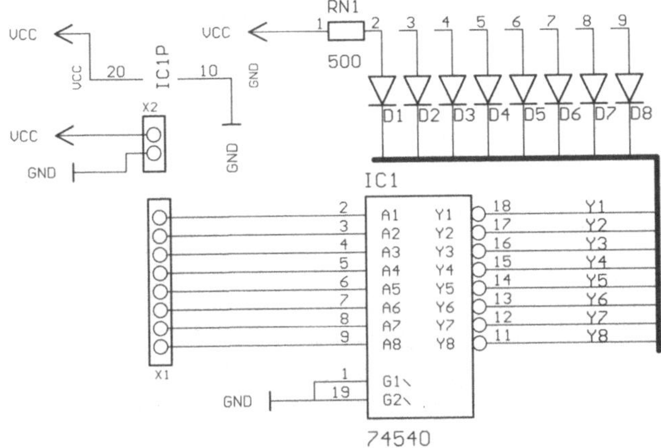

Bild 2.18 LED-Treiber

Die Treiberfähigkeit der P1-Pins reicht nicht aus, um mit ihnen direkt Leuchtdioden zu betreiben. Deshalb werden die P1-Pins an einen invertierenden Bustreiber vom Typ 74LS540 geschlossen. Dessen Ausgangspins können bei Low-Pegel jeweils bis zu 24mA aufnehmen. Leuchtdioden benötigen ca. 10mA. Die Leuchtdioden werden über ein Widerstandsnetzwerk an die Versorgungsspannung angeschlossen. Die Widerstände werden so dimensioniert, dass der Strom in einen Ausgangspin des 74LS540 10mA nicht übersteigt.

2.7.2 AD-Wandler

Als AD-Wandler kommt hier ein MAX187 zum Einsatz. Er hat eine Auflösung von 12 Bit, erlaubt eine maximale Abtastrate von 75kHz, verfügt über eine Abtast-Halte-Schaltung und besitzt eine interne 4,096V Referenzspannungsquelle. Der Eingangsspannungsbereich geht von 0V bis 4,096V. Der MAX187 verfügt über eine SPI-kompatible serielle Schnittstelle. SPI ist eine Standard-Schnittstelle von

Motorola-Controllern und dient der synchronen seriellen Kommunikation mit externen Bausteinen oder mit anderen Mikrocontrollern.

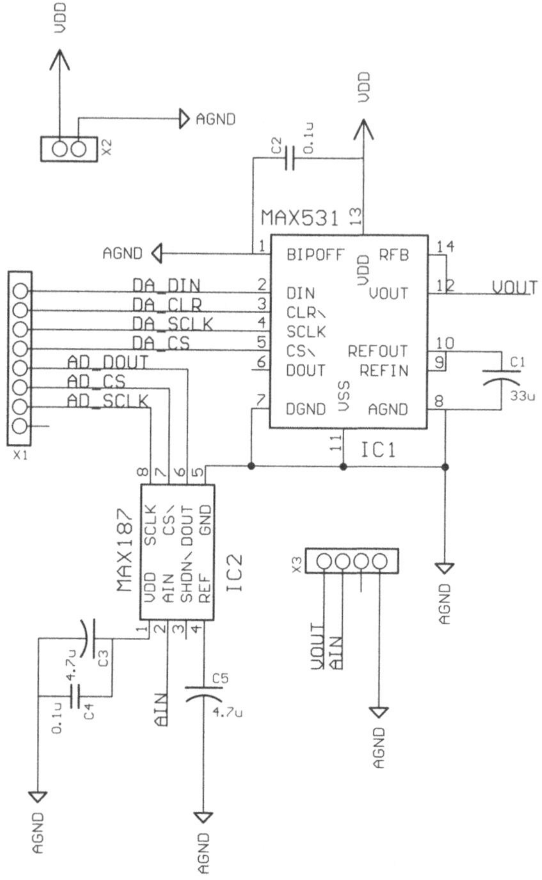

Bild 2.19 AD-DA-Wandler

Bausteine, die über eine SPI-kompatible Schnittstelle verfügen, werden von 8051-kompatiblen Mikrocontrollern normalerweise über deren serielle Schnittstelle, die hierzu im synchronen Übertragungsmodus betrieben wird, angesprochen. Diese Schnittstelle wird aber bei DEBUG8051 zur Kommunikation mit dem PC benötigt. Wenn man eine Kommunikation mit dem PC benötigt und auch externe Bauteile an einer seriellen Schnittstelle ansprechen möchte, muss man einen Mikrocontroller mit zwei seriellen Schnittstellen, wie den SAB80C517 (Infineon), verwenden.

Der 80(C)32/89C52 besitzt jedoch nur eine serielle Schnittstelle, weshalb der AD-Wandler an Port 1 angeschlossen werden muss. Die notwendigen Signale werden über ein kleines Programm erzeugt. Allerdings dauert die Datenübertragung jetzt wesentlich länger, so dass die Schnelligkeit eines Bausteins nicht unbedingt ausgenutzt werden kann.

Elektrisch gesehen gibt es keine Probleme beim Anschluss des MAX187 an den 80(C)32/89C52. An seinen Eingängen akzeptiert er TTL-Pegel, am Datenausgang erfüllt er CMOS-Pegel. Der Datenausgang kann im Low-Pegel 5mA aufnehmen und ist somit wesentlich größer als der Strom I_{TL} des Controllers.

Zur Ansteuerung des AD-Wandlers muss dessen SCLK-Leitung zunächst auf Low-Pegel gelegt werden. Dann wird der Baustein mittels !CS=LOW angewählt. Jetzt muss ein Puls auf der SCLK-Leitung erzeugt werden. Bei der fallenden Flanke dieses Pulses gibt der AD-Wandler das MSB (Most Significant Bit) des Wandlungsergebnisses an DOUT aus. Dieser Pin muss jetzt vom Mikrocontroller gelesen werden.

Die nachfolgenden Pulse auf der SCLK-Leitung lassen den AD-Wandler stets bei der fallenden Flanke die nachfolgenden niederwertigeren Bits ausgeben. Nach dem Auslesen eines Wertes wird !CS wieder auf High-Pegel gelegt. Ein Programm zum Auslesen des AD-Wandlers befindet sich in Kapitel 3.6.2.

2.7.3 DA-Wandler

Der hier eingesetzte DA-Wandler MAX531 hat – wie der AD-Wandler – eine Auflösung von 12 Bit. Er verfügt über eine interne 2.048V Spannungsquelle und kann für Ausgangsspannungen von 0 bis 2.048V oder 0V bis 4.096V konfiguriert werden. Neue Daten können mit einer Frequenz von 40kHz dargestellt werden.

Auch der MAX531 verfügt über eine serielle Schnittstelle. An seinen Dateneingängen akzeptiert er TTL-Pegel.

Um einen neuen Wert in den DA-Wandler zu schreiben, muss sich SCLK zunächst auf LOW-Pegel befinden. Zur Auswahl des Bausteins wird dann auch !CS auf Low-Pegel gelegt. Jetzt muss das höchstwertige Bit an DIN angelegt werden. Dieser Pin wird bei einer steigenden Flanke von SCLK gelesen. Dies wiederholt man für die nachfolgenden 11 niederwertigeren Bits. Ein Beispielprogramm zum Schreiben des DA-Wandlers befindet sich in Kapitel 3.6.3.

für die nachfolgenden 11 niederwertigeren Bits. Ein Beispielprogramm zum Schreiben des DA-Wandlers befindet sich in Kapitel 3.6.3.

3 Die 8051-Programmierung

Dieses Buch soll beim Leser vor allem Grundlagen für eigene Entwicklungen schaffen. Trotzdem wird auf die Programmierung der On-Chip-Peripherie des 8051 mit Hilfe der SFRs (Special Function Registers) nur soweit eingegangen, wie diese für das in Kap. 5.1 entwickelte Programm DEBUG8051 und die weiteren Beispielprogramme dieses Buches eingesetzt wird. Sehr detaillierte Beschreibungen der On-Chip-Peripherie und deren Programmierung findet man in den Datenbüchern der Hersteller (s. Anhang). Diese sind nicht mehr zu verbessern und jeder Versuch, sie verkürzt darzustellen, würde zu einem unvollständigen „Abklatsch" führen.

Für eigene Entwicklungen mit 8051-kompatiblen Mikrocontrollern sollte auch auf jeden Fall das Datenblatt des Herstellers vorliegen, denn die unterschiedliche On-Chip-Peripherie der kompatiblen Controller führt dazu, dass neben den SFRs, die die Kompatibilität mit dem 8051 gewährleisten, noch weitere zur Programmierung der hinzugekommenen On-Chip-Peripherie vorhanden sind. Man benötigt dann natürlich eine Dokumentation, um vom 8051 abweichende Features benutzen zu können.

3.1 Was ist Assembler?

Für die Programmierung des 8051 wird in diesem Buch ausschließlich Assembler benutzt. Ein Assemblerprogramm ist dadurch gekennzeichnet, dass jede mögliche Instruktion genau einem Maschinenbefehl (Opcode) entspricht. Beim Maschinenbefehl, in der für den Controller verständlichen Form, handelt es sich natürlich um eine Kombination aus Nullen und Einsen, da nur diese Art der Zahlendarstellung zur Verarbeitung in Digitalschaltungen geeignet ist. Beim 8051 beträgt die Breite der Maschinenbefehle acht Bit. Für eine bessere Lesbarkeit werden die Maschinenbefehle aber normalerweise nicht als Binärzahl, sondern als Hexadezimalzahl dargestellt. Trotzdem kann man sich als Programmierer natürlich nur schwer merken, dass der Befehl 04h den Inhalt des Akkumulators um eins erhöht. Deshalb werden für das Schreiben eines Assemblerprogramms sogenannte Mnemonics, die die Aktion besser beschreiben, benutzt. So lautet der Mnemonic für den Befehl 04h: INC A (Increment Accumulator). Beim Befehl INC A befindet sich die zu inkrementierende Zahl – der Operand – in Register A. Der Operand bzw. die Operanden, die zur Durchführung einer Instruktion benötigt werden, können sich aber auch in anderen Registern, im Datenspeicher, oder auch mit im Programmspeicher befinden. Je nachdem, wie auf die Operanden zugegriffen wird, unterscheidet der 8051 fünf Adressierungsarten. Grundsätzlich hat aber jede Instruktion die Form „Mnemonic [destination,] source", wobei das „destination"-Feld optional ist und eigentlich nur bei den MOV-Befehlen (Datentransfer) verwendet wird.

Ein Assemblerprogramm besteht aus einer Reihe von Instruktionen, wobei jeder Instruktion noch ein optionales Label vorangestellt werden kann. Labels dienen der Vereinfachung der Programmierung. Möchte man z. B. eine Schleife programmieren, benötigt man eine Sprunganweisung. Statt jedoch die Adresse, zu der gesprungen werden soll, selbst zu bestimmen, bezeichnet man diese mit einem Label und benutzt dieses auch in der Sprunganweisung.

Beispiel:

```
MOV R0, #05h ;Register R0 mit dem Wert 05h laden
MOV R1, #00h ;Register R1 mit dem Wert 00h laden
;R0 dekrementieren und in der Schleife bleiben
;bis R0 gleich Null ist
Loop: INC R1
    DJNZ R0, Loop
```

Die Adressauflösung wird bei der Übersetzung des Programms vorgenommen.

Übrigens wird nicht nur die verwendete Programmiersprache, sondern auch der Übersetzer als Assembler bezeichnet. Für die Programme dieses Buches wurde der frei verfügbare Assembler ASEM-51 verwendet. ASEM-51 erzeugt beim Übersetzen zunächst das Intel-Hex-Format. Dies ist eine ASCII-Datei, die neben der Übersetzung des Programms noch weitere Informationen erhält. Es ist aber noch nicht die für den Controller verständliche Form des Programms. Zu ASEM-51 gehört das Hilfsprogramms HEXBIN. Hiermit kann man das Intel-Hex-Format in eine Binärdatei umwandeln, die dann das Programm in der für den Controller verständlichen Form enthält. Allerdings akzeptieren die meisten (E)EPROM-Brenner das Intel-Hex-Format, sie nehmen die Übersetzung ins Binärformat dann selbst vor.

Neben den Instruktionen, die in übersetzter Form das Maschinenprogramm ausmachen, können in Assemblerprogrammen Pseudo-Instruktionen auftreten. Bei diesen handelt es sich um Anweisungen an den Übersetzer. DEBUG8051 und die Beispielprogramme dieses Buches verwenden folgende Pseudo-Instruktionen:

ORG <expr>

<expr> ist ein mathematischer Ausdruck, dessen Ergebnis eine numerische Konstante sein muss. Die Anweisung ORG setzt den Adresszähler des jeweiligen Speichersegments des Assemblers auf den Wert von <expr>.

In DEBUG8051 wird diese Anweisung benutzt, um einige LCALL-Anweisungen, die für die Bearbeitung von Interrupts benötigt werden, an bestimmte Stellen im EPROM zu schreiben.

```
CSEG AT 0000h   ;Programm (Code Segm.)beginnt an Adresse 0000h
LJMP DEBUGINIT ;Diese Instruktion beginnt an Adresse 0000h
ORG 0023h
LJMP DEBUG ;Diese Instruktion beginnt an Adresse 0023h
END
```

Wenn man dieses Programm übersetzt und die Binärdatei erzeugt, sind in dieser die Bytes 03h bis 0022h mit FFh gefüllt, an den Adressen 0000h-0002h befindet sich die Übersetzung der Instruktion "LJMP DEBUGINIT", and den Adressen 0023h-0025h die Übersetzung der Instruktion "LJMP DEBUG".

<symbol> EQU <expr>

Diese Anweisung sorgt dafür, dass eine symbolische Konstante für den Wert von <expr> definiert wird. Wenn diese im Programm verwendet wird, dann erscheint im übersetzten Programm der entsprechende Wert.

```
DREI EQU 03h
MOV A, #DREI ;schreibt 03h in den Akkumulator
```

<symbol> CODE <expr>
<symbol> DATA <expr>
<symbol> IDATA <expr>
<symbol> BIT <expr>
<symbol> XDATA <expr>

Diese Anweisungen definieren symbolische Adressen für den jeweiligen Speicherbereich. Näheres zu den Speicherbereichen des 8051 finden Sie in Abschnitt 3.4.

```
P0 DATA 080H; symbolische Adresse für Port0
;P0 liegt im internen Rambereich
IT0 BIT 088H; symbolische Adresse für Bit IT0
;IT0 liegt im inernen Rambereich, ist bitadressierbar
```

CSEG [AT <expr>]
DSEG [AT <expr>]
ISEG [AT <expr>]
BSEG [AT <expr>]
XSEG [AT <expr>]

Diese Anweisungen legen fest, in welchem Speicherbereich sich die nachfolgenden
Daten befinden sollen bzw. in welchem Speicherbereich sich nachfolgendes Programm befindet. Wenn [AT <expr>] nicht angegeben wird, behält der Adresszähler
des jeweiligen Bereichs den vorherigen Wert.

```
MESSWERT XDATA 2000h ;Erstmal symbolische Adresse
XSEG AT MESSWERT     ;Daten werden im externen Speicher
                     ;beginnend bei 2000h abgelegt
DS #0Ah              ;10 Bytes ab 2000h reservieren


CSEG AT 7200H        ;Programm beginnt bei Adresse 7200h


STACK DATA 30H       ; 16 Bytes für Stack im int.
DSEG AT STACK        ; Datenspeicher
DS #10H
```

DS <expr>

Diese Anweisung reserviert die durch <expr> festgelegte Anzahl von Bytes im jeweiligen Speicherbereich.

END muss die letzte Anweisung im Programm sein. Danach dürfen nur noch
Kommentare oder Leerzeilen folgen.

Neben den Pseudo-Instruktionen verarbeitet ASEM-51 noch Kontrollanweisungen.
DEBUG8051 und die Beispielprogramme am Ende dieses Kapitels verwenden folgende Kontroll-Anweisungen:

$NOMODE51 weist den Assembler an, keine vordefinierte SFR-Adressen für den
8051 zu verwenden.

$INCLUDE (8052.mcu) weist den Assembler an, die Datei 8052.mcu einzubin-
den. Diese enthält Definitionen für die SFRs des 8051 und zusätzlich für die des
8052 in der Form "P0 DATA 080H" oder "IT0 BIT 088H".

3.2   Adressierungsarten

Je nachdem, wie bei einer Assembler-Instruktion auf die benötigten Daten zugegriffen wird, unterscheidet der 8051 fünf Adressierungsarten. Für jede Adressie-
rungsart wird im Folgenden ein Beispiel mit kurzer Beschreibung gegeben. Auch
eine in Datenbüchern übliche, sehr kurze Form der Befehlsbeschreibung wird gezeigt. Dort bedeutet ein einmal in runden Klammern eingeschlossener Registerna-
me oder eine Adresse „Inhalt des Registers" bzw. „Inhalt der durch die Adresse bezeichneten Speicherstelle". Ein zweimal geklammertes Register R0, R1 oder DPTR
kommt bei indirekter Adressierung vor und bedeutet „Inhalt der durch den Inhalt
von R0, R1 bzw. DPTR adressierten Speicherstelle".

Für die folgenden Erklärungen zu den Adressierungsarten und für die Befehlsbeschreibungen des 8051 in Kap 6 werden folgende Bezeichnungen verwendet:

Rn	Register R0-R7
dadr	8-Bit Adresse für die direkte Adressierung des internen RAM
@Ri	indirekte Adressierung des internen RAM durch R0 oder R1
#const8	8-Bit Konstante bei unmittelbarer Adressierung
#const16	16-Bit Konstante bei unmittelbarer Adressierung
bit	Bitadresse
A	Akkumulator
adr16	16-Bit Zieladresse einer LCALL oder LJMP Instruktion
rel	8-Bit Offset bei SJMP oder bedingten Sprüngen. Das Ziel des Sprungs ist die Adresse der nächsten Instruktion +- rel

Tabelle 3.1 Bezeichnungen bei Befehsbeschreibungen

3.2.1   Unmittelbare Adressierung

Nach dem Lesen des Opcodes werden ein oder zwei weitere Bytes aus dem Programmspeicher gelesen. Hierbei handelt es sich bereits um die Daten, mit denen
der Befehl ausgeführt werden soll. Diese Art der Adressierung kann natürlich nur
angewendet werden, wenn es sich bei den Daten um Konstanten handelt.

Beispiel: MOV A, #const8
Schreibt eine 8-Bit-Konstante nach A.
 (A)←#const8

Bild 3.1 Unmittelbare Adressierung

3.2.2 Direkte Adressierung

Bei der direkten Adressierung geschieht der Zugriff auf die Daten durch die Angabe ihrer Adresse. Diese Art der Adressierung findet Anwendung, wenn sich die Daten immer an derselben Speicheradresse des Datenspeichers befinden, aber selbst variabel sind. Direkte Adressierung ist die einzige Möglichkeit auf die SFRs zuzugreifen.

Beispiel: DEC dadr
Dekrementiert den Inhalt der durch „dadr" bezeichneten Speicherstelle.
(dadr)←(dadr)-1

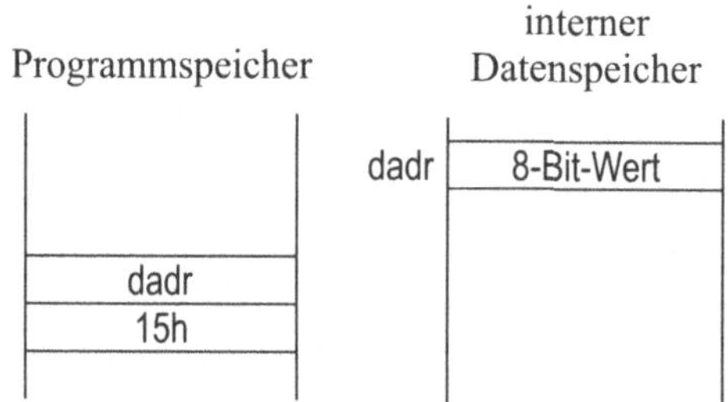

Bild 3.2 Direkte Adressierung

3.2.3 Register Adressierung

Bei der Register Adressierung sind die Operanden in den Registern A, B, R0-R7 oder DPTR enthalten. Die Information, auf welches Register zugegriffen werden soll, ist im Opcode enthalten.

Beispiel: RR A

Rotiert den Inhalt von A nach rechts, d. h. jede einzelne Binärstelle rückt eine Position nach recht. Bit 0 rückt an Bit 7.

$(A_n) \leftarrow (A_{n+1})$ n=0-6

$(A_7) \leftarrow (A_0)$

3.2.4 Indirekte Adressierung

Bei der indirekten Adressierung des internen RAM enthält das in der Anweisung mit „@" gekennzeichnete Register R0 oder R1 der aktuellen Registerbank die Adresse der Daten, auf die der Befehl angewendet werden soll. Durch indirekte Adressierung mit R0 oder R1 kann aber nur auf den internen Datenspeicher zugegriffen werden.

Für die indirekte Adressierung des externen Datenspeichers wird der Befehl MOVX verwendet. Als Register für die indirekte Adressierung des externen Datenspeichers wird DPTR verwendet.

Beispiel: MOV A, @R0

Inhalt der durch Inhalt von R0 bezeichneten Speicherstelle nach A.

$(A) \leftarrow ((R0))$

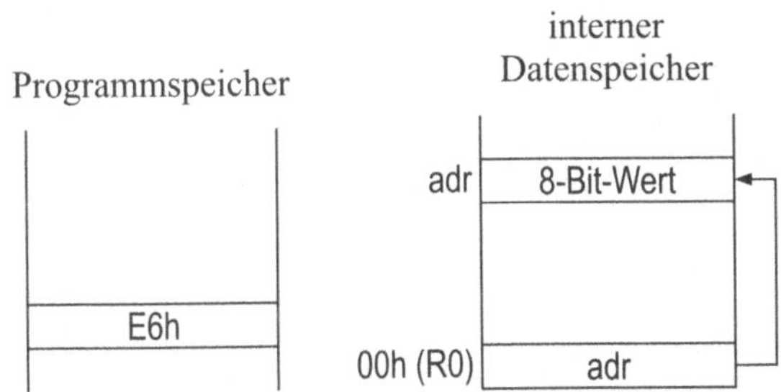

Bild 3.3 Indirekte Adressierung bei MOV A,@R0

Beispiel: MOVX A,@DPTR

Inhalt der durch den Inhalt von DPTR bezeichneten externen Speicherstelle nach A.

$(A) \leftarrow ((DPTR))$

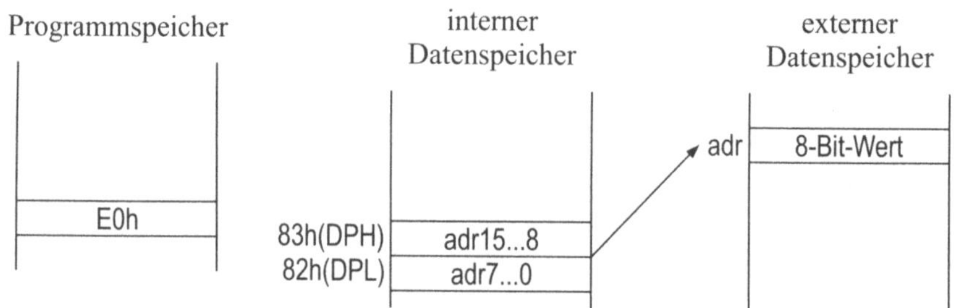

Bild 3.4 Indirekte Adressierung bei MOVX A,@DPTR

3.2.5 Indirekte, indizierte Adressierung

Die indirekte, indizierte Adressierung wird verwendet, um Bytes aus dem Programmspeicher zu lesen. Hierbei enthält das Register PC oder DPTR eine Basisadresse. Die endgültige Adresse des Code-Bytes, auf das zugegriffen werden soll, erhält man als Summe aus diesem Registerinhalt und dem Inhalt von Register A.

Beispiel: MOVC A, @A+DPTR
Schreibt ein Byte aus dem Programmspeicher nach A. Die Adresse des Bytes berechnet sich als Summe des Inhalts von A plus Inhalt von DPTR.
$(A)\leftarrow((DPTR)+(A))$

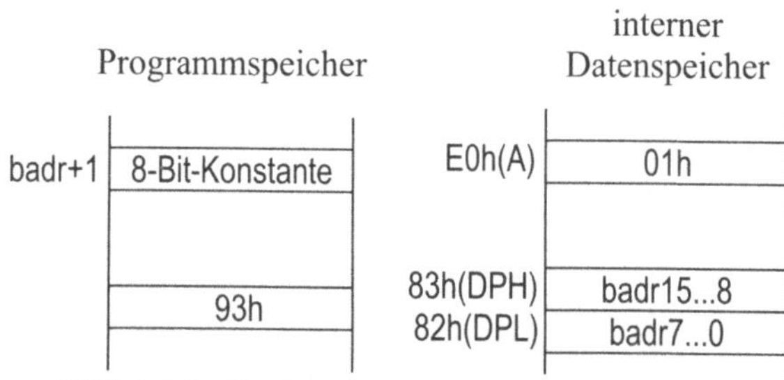

Bild 3.5 Indirekte, indizierte Adressierung

3.3 Unterprogramme

Mehrere Anweisungen, die häufig ausgeführt werden müssen, können zu einem Unterprogramm zusammengefasst werden. Ein Unterprogramm beginnt mit einem Label. Mit Hilfe dieses Labels und einem CALL-Befehl kann dieses Unterprogramm vom Hauptprogramm aus aufgerufen werden. Nach Ausführung des Unterprogramms muss das Hauptprogramm mit der Ausführung des Befehls, der auf den CALL-Befehl folgt, fortgesetzt werden.

Um dies zu erreichen, gibt es den Stack-Mechanismus. Beim Stack handelt es sich nur um einen freien Bereich des internen RAMs, in dem mit Hilfe des Stackpointers (SP) Daten abgelegt werden. Hierzu enthält SP immer die Adresse des letzten gültigen Stackelements. Im allgemeinen Sprachgebrauch wird dies mit: „SP zeigt auf das letzte gültige Stackelement" bezeichnet.

Beim Aufruf von Unterprogrammen mit LCALL oder ACALL, wird zunächst der Programmzähler (PC) inkrementiert, so dass er auf die nächste durchzuführende Instruktion des Hauptprogramms zeigt. Dann wird SP inkrementiert, dann das Lowbyte der Rücksprungadresse auf dem Stack abgelegt, dann wird SP nochmal inkrementiert und das Highbyte der Rücksprungadresse dort abgelegt. Bei der Bearbeitung des Befehls RET, mit der das Unterprogramm abgeschlossen werden muss, wird erst das Highbyte der Rücksprungadresse vom Stack genommen und ins Highbyte des Programmzählers geschrieben. Dann wird SP dekrementiert und das Lowbyte der Rücksprungadresse ins Lowbyte des Programmzählers geschrieben. Danach wird SP noch einmal dekrementiert.

Beispiel: LCALL adr16
An der Speicheradresse 1000h befindet sich die Instruktion LCALL adr16. Da dies ein 3-Byte-Befehl ist, befindet sich der nächste Opcode an Adresse 1003h. Diese Instruktion wird bearbeitet, wenn die Rückkehr aus dem Unterprogramm erfolgt ist. Ihre Adresse wird hierzu auf dem Stack abgelegt.

$(PC)\leftarrow(PC)+3$

$(SP)\leftarrow(SP)+1$

$((SP))\leftarrow(PC7\text{-}0)$

$(SP)\leftarrow(SP)+1$

$((SP))\leftarrow(PC15\text{-}8)$

$(PC)\leftarrow adr15...0$

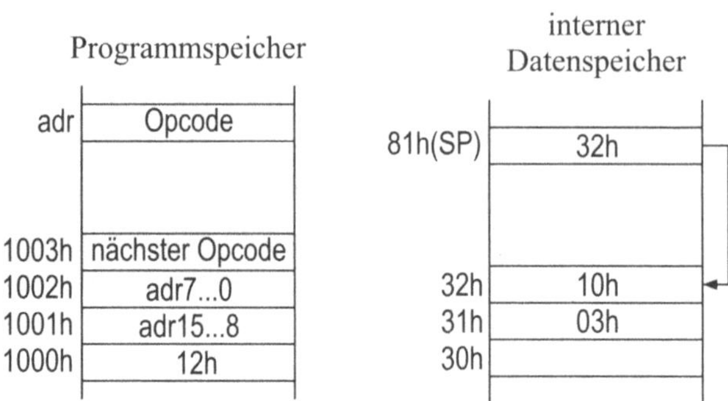

Bild 3.6 Stack während eines Unterprogramms

3.4   Der interne Datenspeicher

Für die Programmierung 8051-kompatibler Controller ist der interne Datenspeicher von großer Bedeutung. Beim 80(C)32/89C52 reicht der Adressraum von 00h-FFh, es stehen aber trotzdem 256+128 Bytes zur Verfügung. Das wird dadurch erreicht, dass die Adressen 80h-FFh doppelt belegt sind. Einerseits befinden sich in diesem Bereich die SFRs (Special Function Registers), über die die Programmierung der gesamten On-Chip Peripherie abgewickelt wird. Zu den SFRs gehören aber auch die der CPU zugeordneten Register A, PSW und SP. Kurz und gut: Zur Programmierung 8051-kompatibler Controller muss man die SFRs kennen. Andererseits befindet sich im Adressraum 80h-FFh noch „normales RAM", das Anwenderprogramme nach eigenem Gutdünken verwenden können. Um die SFRs anzusprechen, muss man direkte Adressierung verwenden, zur Verwendung des parallel liegenden Speichers verwendet man indirekte Adressierung.

Folgende Tabelle gibt einen Überblick über die Lage der SFRs im Speicher. Bei den bitadressierbaren SFRs sind auch die Bitnamen aufgeführt. Bits, die von den Programmen dieses Buches benutzt werden, sind fett gedruckt.

Adr.	Name	Reset	Bitnamen
0080h	P0	FFh	bei DEBUG8051 ist Port0 Adress-/Datenbus
0081h	SP	07h	Stackpointer
0082h	DPL	00h	Datapointer (low)
0083	DPH	00h	Datapointer (high)

Adr.	Name	Reset	Bitnamen							
0087h	PCON	0XXX0000b	SMOD	-	-	-	GF1	GF0	PD	IDL
0088h	TCON	00h	TF1	**TR1**	TF0	TR0	IE1	IT1	IE0	IT0
0089h	TMOD	00h	GATE	**C/!T**	**M1**	M0	GATE	**C/!T**	**M1**	**M0**
008Ah	TL0	00h	Register für Zählerstand							
008Bh	TL1	00h	Register für Zählerstand							
008Ch	TH0	00h	Register für Zählerstand							
008Dh	TH1	00h	Register für Zählerstand							
0090h	P1	FFh	P1.7	P1.6	P1.5	P1.4	P1.3	P1.2	P1.1	P1.0
0098h	SCON	00h	**SM0**	**SM1**	SM2	**REN**	TB8	RB8	**TI**	**RI**
0099h	SBUF	XXh	zu sendendes Zeichen hierher schreiben							
00A0h	P2	FFh	bei DEBUG8051 oberes Adressbyte an Port2							
00A8h	IE	0X000000b	**EA**	-	ET2	**ES**	ET1	EX1	ET0	EX0
00B0h	P3	FFh	bei DEBUG8051 für Sonderfunktionen wie TxD an Port3							
00B8h	IP	XX000000b	-	-	PT2	PS	PT1	PX1	PTD	PX0
00C8h	T2CON	00h	**TF2**	EXF2	**RCLK**	**TCLK**	**EXN2**	**TR2**	C/ !T2	**CPR2**
00CAh	RCAP2L	00h	auto-reload Register für Timer2 (80(C)32/89C52)							
00CBh	RCAP2H	00h	auto-reload Register für Timer2 (80(C)32/89C52)							
00CCh	TL2	00h	Register für Zählerstand (80(C)32/89C52)							
00CDh	TH2	00h	Register für Zählerstand (80(C)32/89C52)							
00D0h	PSW	00h	**CY**	AC	F0	**RS1**	**RS0**	OV	-	**P**
00E0h	A	00h								
00F0h	B	00h								

Tabelle 3.2 Special Function Registers

TMOD:

Wenn man beim 8051 eine Kommunikation mit dem PC über die serielle Schnittstelle benötigt, muss Timer 1 als Baudratengenerator benutzt werden. Wenn also hier Bitnamen aus dem Register TMOD benutzt werden, dann sind die in der oberen Hälfte von TMOD, die zum Setzen des Timermodus von Timer 1 dienen, gemeint. Für den Einsatz als Baudratengenerator wird Timer 1 mit M1=1 und M0=0 im auto-reload Modus betrieben. Mit Bit C/!T=0 wird festgelegt, dass Timer 1 als Timer (nicht als Counter) arbeitet. Im Timer-Modus wird das SFR TL1 in jedem Maschinenzyklus um eins inkrementiert. Da ein Maschinenzyklus 12 Oszillator-Perioden dauert, beträgt die Zählfrequenz 1/12 der Oszillatorfrequenz. Sobald das Register TL1 überläuft, wird der Wert, der sich in TH1 befindet, automatisch nach TL1 geschrieben. Um mit der Oszillatorfrequenz 11,059MHz eine Baudrate von 9600Baud zu generieren, muss der auto-reload Wert in TH1 FDh betragen. Mit Bit TR1=1 aus Register TCON wird Timer 1 gestartet.

SCON:

Mit den Bits SM0=0 und SM1=1 der Schnittstellenmodus so eingestellt, dass sie für die Kommunikation mit dem PC als 8-Bit-UART (Universal Asynchron Receiver Transmitter) arbeitet. Hierbei werden ein Startbit, 8 Datenbits und ein Stopbit mit einer Baudrate, die von Timer 1 zu generieren ist, übertragen. Mit REN=1 wird der Empfang von Zeichen ermöglicht. RI und TI werden gesetzt, wenn das Senden bzw. der Empfang eines Zeichens abgeschlossen ist. Diese Flags können benutzt werden, um einen Interrupt zu generieren. Dazu muss dann aber noch Bit ES aus dem SFR IE gesetzt werden. DEBUG8051 nutzt sowohl die Möglichkeit RI und TI in einer Schleife abzufragen und so einen Sende- bzw. Empfangsvorgang festzustellen als auch die Möglichkeit einen Interrupt auszulösen. Im Beispielprogramm LOGG (Kap 4.10), das auch eine Kommunikation zwischen PC und Mikrocontroller benötigt, wird nur die Möglichkeit genutzt TI und RI abzufragen.

SBUF:

Schreiben ins Register SBUF löst das Senden eines Zeichens aus. Empfangene Zeichen werden aus SBUF gelesen.

T2CON:

Timer 2 ist auf dem „Urtyp" der 8051-Reihe, nämlich dem 8051, nicht enthalten. Auf dem 80(C)32/89C52 sowie vielen anderen 8051-kompatiblen Controllern gibt es ihn aber. Mit RCLK=0, TCLK=0, C/!T2=0, CP/!RL2=1 und EXEN2=0 wird der Betriebsmodus von Timer 2 als Capture Mode festgelegt. In diesem Modus arbeitet

Timer 2 als 16-Bit Zähler, der bei einem Überlauf Bit TF2 setzt. Diese Einstellung von Timer 2 wird im Beispielprogramm XMIN_T2 benötigt (Kap 3.6.1).

SP:

Der Stack spielt eine große Rolle beim Aufruf von Unterprogrammen und der Verarbeitung von Interrupt-Routinen. Grundsätzlich ist ein Stack aber nichts weiter als ein freier RAM-Bereich, in dem auf eine bestimmte Art Daten abgelegt werden. Hierzu zeigt der Stackpointer (SP) immer auf das letzte gültige Element des Stacks, d. h. SP enthält die Adresse des letzten gültigen Stackelements. Bevor ein neues Element auf dem Stack abgelegt wird – z. B. durch die Instruktion PUSH – wird der Stackpointer inkrementiert. Wird ein Element vom Stack genommen, wird erst das Element vom Stack genommen und dann SP dekrementiert.

DPTR (DPH, DPL):

DPTR besteht aus den beiden 8-Bit-Registern DPH und DPL, kann aber wie ein 16-Bit-Register benutzt werden. Mit dem MOVX-Befehl kann man DPTR zur indirekten Adressierung des externen Speichers verwenden und so Daten aus diesem Speicher lesen und auch dorthin schreiben.

P1:

Der Port P1 ist bei DEBUG8051HW für eigene Ausgaben frei. Die Port-Pins geben den Wert im SFR P1 aus.

IE:

Hier befinden sich die Interrupt-Enable Flags. Damit ein bestimmtes Ereignis an der Interrupt-Quelle einen Interrupt auslösen kann, muss das entsprechende Interrupt-Enable-Flag gesetzt werden. Bei DEBUG8051 wird als Interrupt-Quelle nur die serielle Schnittstelle benutzt. Damit diese einen Interrupt ausgelösen kann, muss ES=1 gesetzt werden. Außerdem muss EA=1 gesetzt werden, da sonst alle Interrupts gesperrt sind, unabhängig von den Enable-Flags einzelner Interrupts.

PSW:

Das Bit CY (Carry) wird gesetzt, wenn der Akku von FFh nach (1)00h überläuft oder ein Übergang von 00h nach (1)FFh eintritt. Mit den Bits RS1 und RS0 wählt DEBUG8051 Registerbank 3 von vier verfügbaren aus. Das zu debuggende Anwendungsprogramm darf Registerbank 3 also nicht benutzen, da seine Daten sonst von DEBUG8051 überschrieben würden.

A:

Der Akkumulator enthält bei arithmetischen Operationen einen der Operanden. Auch das Ergebnis wird dort abgelegt.

Der untere Bereich des internen RAMs kann wahlweise direkt und indirekt adressiert werden. Wie in Bild 3.7 zu sehen gliedert er sich in drei Abschnitte:

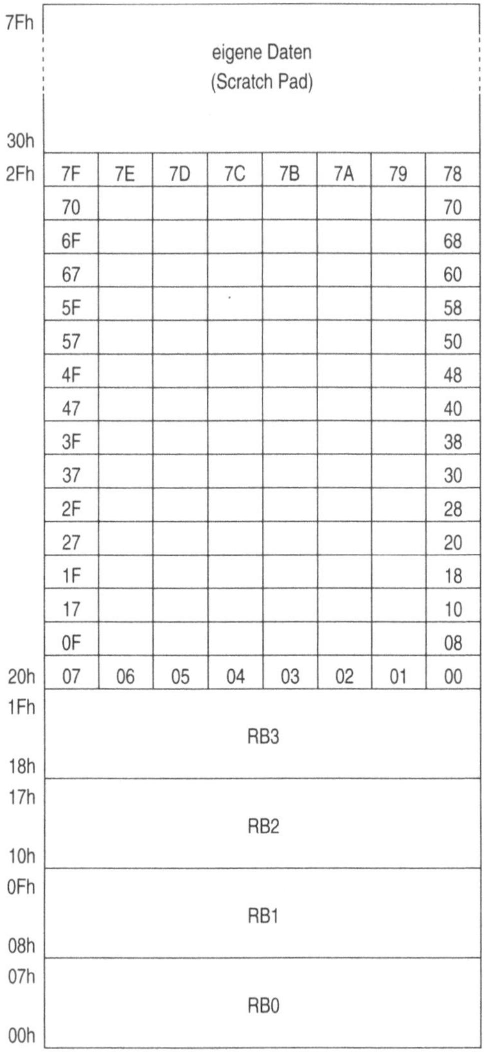

7Fh								
	eigene Daten (Scratch Pad)							
30h								
2Fh	7F	7E	7D	7C	7B	7A	79	78
	70							70
	6F							68
	67							60
	5F							58
	57							50
	4F							48
	47							40
	3F							38
	37							30
	2F							28
	27							20
	1F							18
	17							10
	0F							08
20h	07	06	05	04	03	02	01	00
1Fh								
	RB3							
18h								
17h								
	RB2							
10h								
0Fh								
	RB1							
08h								
07h								
	RB0							
00h								

Bild 3.7 Unterer Bereich des internen RAM (00h-7Fh)

Im Bereich 00h-1Fh befinden sich vier Registerbänke mit jeweils acht Registern, die jeweils als R0, R1, ...,R7 bezeichnet werden. Die Registerbank wird durch die Bits RS1, RS0 im SFR PSW ausgewählt.

Im Bereich von 20h-2Fh befinden sich 128 direkt adressierbare Bits. Die Bits kann man über ihre Bitadressen (00h-7Fh) oder durch Registeradresse und Bitposition ansprechen. (20.0-2F.7).

Der Bereich von 30h-7Fh kann für eigene Daten verwendet werden. Bei DE-BUG8051 und den Beispielprogrammen dieses Buches beginnt der Stack bei Adresse 30h.

3.5　Interrupts

3.5.1　Verarbeitung

Ein Interrupt ist eine Aufforderung an die CPU, das gerade durchgeführte Programm zu unterbrechen und einen LCALL-Befehl in die Interrupt-Service-Routine durchzuführen. Ausgelöst wird ein Interrupt normalerweise durch ein bestimmtes Ereignis an der Interrupt-Quelle. Dies führt zum Setzen des Interrupt-Request-Flags (Bit). Ist das Flag EA aus dem SFR IE, mit dem man die Bearbeitung aller Interrupt-Anforderungen verhindern kann, gesetzt und das Interrupt-Enable-Flag für die Interrupt-Quelle gesetzt, so kommt die CPU im allgemeinen dieser Anforderung nach. Je nachdem, welche Quelle einen Interrupt anfordert, unterscheiden sich die Speicheradressen für den Beginn der Interrupt-Service-Routine.

Quelle	Request-Flag	Type-Flag	Enable-Flag	Priority-Flag	Interrupt-Vektor-Adr.	automatisches Löschen des Request-Bits
Ext. Interrupt 0	TCON : IE0	TCON: IT0	IE: EX0	IP: PX0	0003h	Ja / Nein
Timer 0	TCON:TF0		IE: ET0	IP: PT0	000Bh	Ja
Ext. Interrupt 1	TCON : IE1	TCON: IT1	IE: EX1	IP: PX1	0013h	Ja / Nein
Timer 1	TCON:TF1		IE: ET1	IP: PT1	001Bh	Ja
Serielle Schnittstelle	SCON: TI,RI		IE: ES	IP: PS	0023h	Nein
Timer 2	T2CON: TF2,EXF2		IE : ET2	IP : PT2	002Bh	Nein

Tabelle 3.3 Übersicht Interrupts

Die Interrupt-Request-Flags IE0 oder IE1 werden bei IT0=0 bzw. IT1=0 durch ein LOW an den Eingängen !INT0 bzw. !INT1 gesetzt. Der Interrupt ist dann zustandgesteuert. Sind dagegen IT0=1 bzw. IT1=1, so wird das entsprechende Interrupt-Request-Flag gesetzt, wenn während eines Maschinenzyklus ein HIGH am entsprechenden !INT-Pin anliegt und im darauffolgenden Maschinenzyklus ein LOW. Der Interrupt ist dann flankengesteuert. Bei flankengesteuertem Interrupt wird das Request-Flag IEx automatisch auf Null gesetzt, wenn die Interrupt-Service-Routine aufgerufen wird. Bei zustandgesteuertem Interrupt muss sich das Anwendungsprogramm darum kümmern.

Die Interrupt-Request-Flags für Timer 0 bzw. Timer 1 werden gesetzt, wenn das entsprechende Zählerregister überläuft. Das Interrupt-Request-Flag wird automatisch auf Null gesetzt, wenn die Interrupt-Service-Routine aufgerufen wird.

Die Interrupt-Request-Flags der seriellen Schnittstelle werden gesetzt, wenn ein Zeichen gesendet (TI) oder empfangen (RI) wurde. RI oder TI werden nicht automatisch auf Null gesetzt, wenn die Interrupt-Service-Routine aufgerufen wird. Da die Interrupt-Service-Routine normalerweise auf den Empfang eines Zeichens anders reagiert als auf das Senden, benötigt sie auch noch die Information, welches der Flags den Interrupt angefordert hat.

Das Interrupt-Request-Flag TF2 von Timer 2 wird beim Überlauf des Zählerregisters gesetzt. Das Interrupt-Request-Flag EXF2 kann bei einer negativen Flanke an Pin T2EX gesetzt werden, wenn außerdem EXEN2=1 ist. Ein Timer 2 Interrupt wird angefordert, wenn TF2 oder EXF2 gesetzt ist.

Wie man in Tabelle 3.3 sieht, liegen die Interrupt-Vektor-Adressen im Speicher recht dicht beieinander. Will man mehrere Interrupt-Quellen benutzen, hat man evtl. nicht genug Platz, um die Interrupt-Service-Routinen unterzubringen. Dieses Problem löst man dadurch, dass man an die Stelle des Interrupt-Vektors den Befehl LJMP adr schreibt und somit die eigentliche Interrupt-Service Routine an jede beliebige Stelle des Speichers schreiben kann.

3.5.2 Prioritätsebenen

Der 8051 unterstützt zwei Prioritätsebenen bei der Interruptverarbeitung. Mit den Bits im Register IP kann man für jede Interruptquelle, durch Setzen des entsprechenden Bits auf eins, hohe Priorität wählen. Lässt man das Bit auf Null gesetzt, hat der Interrupt niedrige Priorität.

Stehen zwei Interrupts unterschiedlicher Priorität gleichzeitig an, so wird der mit höherer Priorität zuerst bedient. Außerdem kann ein Interrupt hoher Priorität die Interrupt-Service-Routine eines Interrupts niedriger Priorität unterbrechen. Umgekehrt ist das nicht möglich. Stehen Interrupts gleicher Priorität gleichzeitig an, so werden sie in der Reihefolge abgearbeitet, die in Tabelle 3.3 wiedergegeben ist, d. h. wenn z. B. IE0 und RI gleichzeitig anstehen, wird die Interrupt-Service-Routine von IE0 zuerst abgearbeitet.

3.5.3 Näheres zur Interrupt-Bearbeitung

Die Interrupt-Request-Flags werden während S5P2 jedes Maschinenzyklus aktualisiert. Im nächsten Zyklus werden sie zur Auflösung der Priorität abgefragt. Während der beiden folgenden Maschinenzyklen wird der LCALL-Befehl zur Interrupt-Service-Routine durchgeführt, wenn:

- der gerade in Bearbeitung befindliche Befehl im letzten Maschinenzyklus ist. Dies stellt sicher, dass ein Befehl zu Ende bearbeitet wird, bevor die Interrupt-Service-Routine aufgerufen wird.

- nicht schon ein Interrupt höherer Priorität ansteht bzw. bearbeitet wird.

- der gerade in Bearbeitung befindliche Befehl nicht RETI oder ein Schreibzugriff auf die SFRs IE oder IP ist. Nach einem RETI oder einem Schreibzugriff auf IE oder IP wird mindestens ein weiterer Befehl abgearbeitet, bevor die Interrupt-Service-Routine aufgerufen wird.

Die zuletzt genannte Eigenheit des Prozessors bei der Interrupt-Verarbeitung kann man zur Realisierung eines einfachen Einzelschritt-Modus benutzen und so einen einfachen Debugger programmieren.

3.6 Anwendungsprogramme

Nachfolgend sind einige Beispielprogramme gezeigt, die gut zum Ausprobieren der Hardware DEBUG8051HW und des in Kapitel 5 vorgestellten Debuggers geeignet sind.

3.6.1 Impulse zählen

```
$NOMOD51
$INCLUDE (8052.mcu)
;Datei xmin_t2.a51
```

```
;Bei einer Zählfrequenz von 11,059MHz/12
;benötigt man für eine Verzögerung von
;1s 844=34Ch Timerdurchläufe von 0000-(1)0000

NUMH EQU 03h
NUML EQU 04Ch


;Messwerte werden im externen Speicher
;beginnend bei 2000h gespeichert

MESSWERT XDATA 2000h ;Startadr f. Messwerte
XSEG AT MESSWERT ;Beginnend bei 2000h d. ext. Datenspeichers
DS 6 ;6 Bytes reservieren


;Anzahl durchzuführender Messungen
MESSUNGEN EQU 03h


;Stackbereich
STACK DATA 30H
DSEG AT STACK
DS 10H



CSEG AT 7200H ;Programm beginnt bei Adr 7200h
    MOV SP,#30H
    MOV R1,#MESSUNGEN
    MOV DPTR,#MESSWERT
    ORL TMOD,#05h ;Timer0 als 16-Bit Counter, Timer1 nicht än-
dern
X_MIN: MOV TL0,#00h
    MOV TH0,#00h
    ACALL MINUTE
    MOV A,TL0; Zählwerte speichern
    MOVX @DPTR,A
    INC DPTR
    MOV A,TH0
    MOVX @DPTR,A
    INC DPTR
    DJNZ R1,X_MIN
ENDLESS: JMP ENDLESS ;Endlosschleife Programm zuende

MINUTE:
    MOV R0,#NUMH
```

```
    MOV A,#NUML
    ;Timer 2 initialisieren
    SETB CPRL2 ;Capture mode (T2CON.0)
    CLR CT2   ;Timer mode unnötig weil default
    SETB TR2 ; Timer 2 ein
    SETB TR0 ;Counter 0 ein
LOOP: JNB TF2,LOOP ;einen Durchlauf warten 0,0711s
    CLR TF2
    SUBB A,#01H ;DJNZ setzt keinen Carry!
    JNZ NOT_ZERO
    CJNE R0,#00h, NOT_ZERO
    JMP ENDE
NOT_ZERO:JNC LOOP
    DEC R0
    CLR C    ;Counter 0 aus
    SJMP LOOP
ENDE:
    CLR TR0
    RET
END
```

Listing 3.1 Impulse an T0

Im Hauptprogramm von XMIN_T2.A51 werden zuerst einige Initialisierungen vorgenommen. Timer 0 wird als 16-Bit Zähler betrieben. Aus einer Schleife im Hauptprogramm wird dreimal das Unterprogramm MINUTE aufgerufen. Nach einem Aufruf von Minute wird die Anzahl gemessener Impulse jedes mal im externen Speicher abgelegt.

Im Unterprogramm wird Timer 2 als 16-Bit Timer betrieben. Es zählt 844 mal von 0000h-(1)000h. Damit erhält man eine Zeitverzögerung von einer Minute. Timer 0 zählt während dieser Zeit die Impulse (Zustandwechsel von HIGH nach LOW) an Pin T0. Für die Frequenz des Eingangssignals ist einschränkend zu sagen, dass ein Zustandwechsel nur dann gezählt wird, wenn es während eines (oder mehreren) Maschinenzyklen HIGH und während eines (oder mehreren darauffolgenden) Zyklen LOW ist. Das bedeutet, dass die maximale Frequenz des Eingangssignals für eine korrekte Zählung 1/24 der Oszillatorfrequenz des Mikrocontrollers betragen darf.

Zum Start von DEBUG8051, muss man zuerst einen Reset von DEBUG8051HW durchführen. Dann wird das Programm DEBUG8051PC auf dem PC gestartet. Wenn die Kommunikation korrekt abläuft, kann man jetzt am PC Befehle zum Debuggen des Anwendungsprogramms eingeben. (Um nachfolgende Ausführungen besser zu verstehen, kann man sich mal das Erscheinungsbild von DEBUG8051PC in Kapitel 5 ansehen). Für obenstehendes Programm empfiehlt sich folgende Vorgehensweise:

Erst wird die Datei XMIN_T2.BIN durch den Befehl SENDF XMIN_T2.BIN 7200 in den externen Speicher an die Adresse 7200h von DEBUG8051HW geschrieben. Dann wird der Speicherbereich von 7200h-7240h durch DASMX 7200 7240 disassembliert. Jetzt ist der disassemblierte Code von XMIN_T2 im Disassemblierfenster sichtbar. Mit GO 7200 legt man fest, dass die Abarbeitung des Benutzerprogramms bei Adresse 7200h beginnen soll. Jetzt kann man die ersten Anweisungen der Schleife durch Eingabe von STEPIN abarbeiten. Wenn der rote Balken im Disassemblierfenster anzeigt, dass die nächste Instruktion ACALL MINUTE ist, sollte man den Befehl STEPOV eingeben, um nicht ins Unterprogramm zu springen. Durch einen verschwindenden Cursor und die Anzeige "Kommunikation: Warte...", wird dem Anwender am PC angezeigt, dass der Mikrocontroller jetzt beschäftigt ist. Nach einer Minute meldet sich der Controller wieder und man kann erneut einen Befehl eingeben. Eine gute Idee ist es, sich jetzt den Zählerstand von Counter 0 durch SHOWSFR TH0 bzw. SHOWSFR TL0 anzusehen.

3.6.2 AD-Wandler an P1

```
$NOMOD51
$INCLUDE (8052.mcu)
;Datei ad_test.a51
;max187 an port1


;Signalnamen festlegen
DA_DIN EQU P1.7
DA_CLR EQU P1.6
DA_SCLK EQU P1.5
DA_CS EQU P1.4
AD_DOUT EQU P1.3
AD_CS EQU P1.2
AD_SCLK EQU P1.1


;Adresse zum Abspeichern
;des gelesenen Wertes
DATA_HIGH DATA 59h
DATA_LOW DATA 60h
```

```
;Stackbereich
STACK DATA 30H
DSEG AT STACK
DS 10H

CSEG AT 3000H
    MOV P1,#0FFh
    MOV R2,#08h
    CALL READ_AD
ENDLESS: JMP ENDLESS

READ_AD:
    CLR AD_SCLK
    CLR AD_CS
    SETB AD_SCLK ;Erster Takt
LOOP_1:
    CLR AD_SCLK
    SETB AD_SCLK
    MOV C,AD_DOUT
    RLC A
    DJNZ R2,LOOP_1
    MOV DATA_HIGH,A

    MOV R2,#04
LOOP_2:
    CLR AD_SCLK
    SETB AD_SCLK
    MOV C,AD_DOUT
    RLC A
    DJNZ R2,LOOP_2
    MOV DATA_LOW,A

    SETB AD_CS
    RET
END
```

Listing 3.2 AD-Wandler an P1

Das Programm AD_TEST kommuniziert mit einem AD-Wandler MAX187, der wie in Kapitel 2 gezeigt, an P1 von DEBUG8051HW oder auch andere 8051-kompatible Controller angeschlossen werden kann.

Im Programm AD_TEST werden zunächst, der Funktion bei der Kommunikation mit dem AD-Wandler entsprechende, Namen für die Pins an P1 vergeben. Dann wird AD_SCLK durch die Anweisung „CLR AD_SCLK" auf Low-Pegel gelegt. Mit AD_CS=LOW wird die AD-Wandlung gestartet. Zwischen der Ausgabe des Low-Pegels an Pin AD_CS und des nachfolgenden High-Pegels zur Erzeugung der steigenden Flanke eines Taktes an AD_SCLK vergeht ein Maschinenzyklus. Bei einer Taktfrequenz von 11,059MHz sind das 1,085µs. Diese Zeit ist länger als die Wandlungszeit des AD-Wandlers. In einer ersten Schleife werden die ersten acht Bits des Wandlungsergebnisses gelesen. Hierzu wird mit den Instruktionen

```
MOV C,ADOUT
RLC A
```

der Zustand des Pins AD_OUT in C gespeichert. Die nächste Instruktion bewirkt ein Linksrotieren des Akkumulators. Hierbei wird der Inhalt des Akkus nach links geschoben. Bit 7 wird in C gespeichert. Der alte Inhalt von Bit C wird nach Bit 0 des Akkus geschrieben. Wenn die erste Schliefe durchlaufen ist, befindet sich das höhere Byte des Wandlungsergebnisses im Akku. Dieses Byte wird an der Adresse DATA_HIGH gespeichert. In einer zweiten Schleife werden die letzten vier Bits des Wandlungsergebnisses gelesen. Diese werden in DATA_LOW gespeichert.

Zum Starten von DEBUG8051 geht man vor, wie in 3.6.2 beschrieben. Dann sendet man die Datei AD_TEST.BIN durch den Befehl SENDF AD_TEST.BIN 3000 an DEBUG8051HW, wo sie in den externen Speicher geschrieben wird. Mittels GO 3000 legt man fest, dass die Instruktion an der Adresse 3000h als nächstes ausgeführt werden soll. Am besten lässt man die ersten Instruktionen des Hauptprogramms durch den Befehl STEPIN durchführen. Wenn die nächste Instruktion „CALL READ_AD" ist, sollte man den Befehl STEPOV verwenden, um sich das Abarbeiten der Leseschleife durch STEPIN zu ersparen. Wenn man mal versehentlich mit STEPIN in einem Unterprogramm landet, kann man mit GO XXXX aber auch wieder an eine sinnvolle Adresse im Hauptprogramm zurückkehren und das Unterprogramm dann noch einmal mit STEPOV durchführen lassen.

3.6.3 DA-Wandler an P1

```
$NOMOD51
$INCLUDE (8052.mcu)
;Datei da_test.a51
;max531 an port1
```

```
;Signalnamen festlegen
DA_DIN EQU P1.7
DA_CLR EQU P1.6
DA_SCLK EQU P1.5
DA_CS EQU P1.4
AD_DOUT EQU P1.3
AD_CS EQU P1.2
AD_SCLK EQU P1.1

;Wert für DA-Wandler
;1,024V
DATA_HIGH EQU 40h
DATA_LOW EQU 00h

;Stackbereich
STACK DATA 30H
DSEG AT STACK
DS 10H

CSEG AT 3000H
    MOV SP,#30h
    MOV P1,#0FFh

    CALL WRITE_DA
ENDLESS: JMP ENDLESS

WRITE_DA:
    MOV R2,#08h
    MOV A,#DATA_HIGH
    CLR DA_SCLK
    CLR DA_CS
LOOP_1: RLC A
    MOV DA_DIN,C
    SETB DA_SCLK
    CLR DA_SCLK
    DJNZ R2,LOOP_1

    MOV A,#DATA_LOW
    MOV R2,#04h
LOOP_2: RLC A
    MOV DA_DIN,C
    SETB DA_SCLK
    CLR DA_SCLK
    DJNZ R2,LOOP_2
```

```
    SETB DA_CS
    RET
END
```

Listing 3.3 DA-Wandler an P1

Vor Beginn des Schreibvorgangs wird der Baustein durch DA_CS=LOW angewählt. Dies geschieht durch die Instruktion „CLR DA_SCLK". DA_SCLK muss sich vorher auf LOW befinden. Zum Schreiben des DA-Wandlers wird das höhere Byte des zu setzenden Wertes nach A geschrieben. Mit den Instruktionen

```
RLC A
MOV DA_DIN,C
```

wird dieses Byte bitweise an DA_DIN ausgegeben. DIN wird vom DA-Wandler bei der steigenden Flanke an SCLK gelesen. Die erste Schleife schreibt die acht höherwertigen Bits an den DA-Wandler, in der nachfolgenden Schleife werden die vier niederwertigen Bits geschrieben. Der Schreibvorgang wird durch AD_CS=HIGH beendet. Dies führt zur Aktualisierung des DA-Wandlers.

Für die Durchführung des Programms mit DEBUG8051 empfiehlt sich dieselbe Vorgehensweise wie bei AD_TEST. Nach dem Reset von DEBUG8051HW beträgt die Spannung am Pin VOUT des DA_Wandlers ca. 0V. Nach der Durchführung des Unterprogramms WRITE_DA, liegen dort 1,024V an.

4 Grundlagen Windows-Programmierung

Will man „nur so", d. h. ohne weitere Literatur, mal schnell ein kleines Windows-Programm schreiben, so folgt – wenn man nur über ANSI-C Kenntnisse verfügt – die Enttäuschung auf den Fuß. Denn das Windows-Programm – auch nur klein –, welches man sich wahrscheinlich als Vorlage herausgesucht hat, verfügt nicht einmal über die Funktion *main*. Abgeschreckt durch Warnungen wie „Windows-Programmierung ist nur etwas für absolute Computer-Cracks und wahnsinnig schwierig", gibt man vielleicht auf. Dabei ist das Schreiben eines Windows-Programms nicht unbedingt schwieriger als das eines textbasierten Programms. Anhand dreier Beispiele soll hier der Einstieg in die Windows-Programmierung erleichtert und die Grundlagen zum Verständnis des PC-seitigen Programms von DEBUG8051 geschaffen werden.

Für die Erstellung der Programme dieses und des folgenden Kapitels wurde die Entwicklungsumgebung VisualStudio 97, die den VisualC Compiler 5.0 beinhaltet, benutzt. Die Programme sind in C geschrieben, es werden also keine C++-Kenntnisse benötigt.

Bei der Benutzung neuerer Entwicklungsumgebungen gibt es keine Schwierigkeiten, da bei einer Weiterentwicklung der Win32-API (Application Programming Interface) zwar deren Funktionsumfang evtl. erweitert wird, alte Funktionen bleiben aber zur Gewährleistung der Abwärtskompatibilität erhalten. Die Programme verwenden keinen UNICODE, bei dem ein Zeichen durch 16, statt wie bei ASCII durch 7 Bit repräsentiert wird. Sie sollen deshalb auch ohne die Option UNICODE compiliert werden, sie dürfen also nicht die Zeile #define _UNICODE enthalten.

Die benutzten Funktionen der Win32-API geben anhand ihres Rückgabewertes alle darüber Auskunft, ob sie erfolgreich ausgeführt worden sind. Auf eine Überprüfung dieser Rückgabewerte wird aber hier verzichtet, um die Quelltexte nicht mit immergleichen Abfragen, die vom Wesentlichen ablenken würden, zu überfrachten.

Die Programme wurden unter Win95, Win98 und WinME getestet.

4.1   Das erste Beispiel

Da man Programmieren meiner Ansicht nach am besten anhand von Beispielen lernt, folgt hier gleich das erste. Führt man das Programm aus, erhält man folgende Ausgabe:

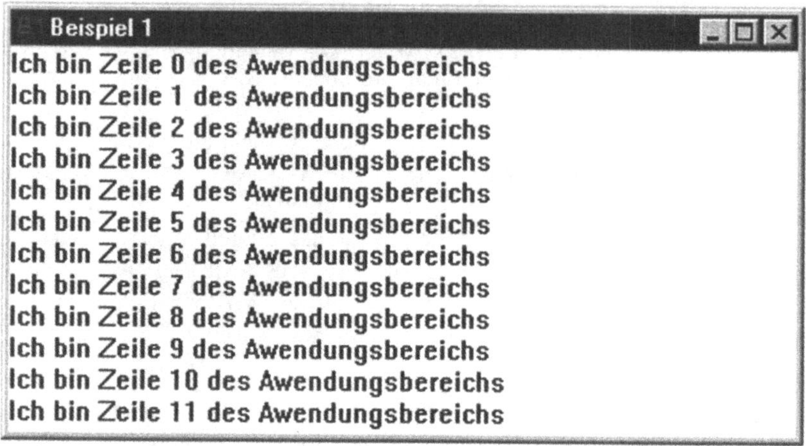

Bild 4.1 Ausgabe des Programms BEISPIEL1

Das Programm stellt bis zu 30 Zeilen mit dem Text „Ich bin Zeile 0", „Ich bin Zeile 1", ..., „Ich bin Zeile 29" dar. Ist das Fenster zu klein, werden einfach weniger Zeilen dargestellt.

Das Programm ist offensichtlich nicht besonders aufregend, aber es genügt schon zur Verdeutlichung einiger grundlegender Programmiertechniken. Das Listing ist sicherlich etwas länger als für diese Ausgabe in einer textbasierten Umgebung notwendig wäre, aber dafür erscheint sie hier in einem Fenster, das man vergrößern, verkleinern und über den Bildschirm ziehen kann.

```
/*---------------------------------------------------------
  Beispiel1.C -- Augabe von bis zu 30 Zeilen mit dem
  Text:   Ich bin Zeile 0
          Ich bin Zeile 1

          ...
          Ich bin Zeile 29


          S. Limbach
```

```c
-------------------------------------------------------*/
#include <windows.h>
#include <stdio.h>
//Für eigenes Icon
#include "resource.h"
#define NUMLINES 30

LRESULT CALLBACK WndProc (HWND, UINT, WPARAM, LPARAM) ;

int WINAPI WinMain (HINSTANCE hInstance, HINSTANCE hPrevInstance,
                    PSTR szCmdLine, int iCmdShow)
{

    HWND        hwnd ;
    MSG         msg ;
    WNDCLASS    wndclass ;

    // Registrierung der Fensterklasse Beispiel1"
    wndclass.style         = CS_HREDRAW | CS_VREDRAW ;
    wndclass.lpfnWndProc = WndProc ;
    wndclass.cbClsExtra    = 0 ;
    wndclass.cbWndExtra  = 0 ;
    wndclass.hInstance     = hInstance ;
    //Für eigenes Icon
    wndclass.hIcon         = LoadIcon (hInstance, MAKEINTRESOURCE(IDI_BEISPIEL1)) ;
    //Für Default-Icon
    //wndclass.hIcon          = LoadIcon (hInstance, IDI_APPLICATION) ;
    wndclass.hCursor       = LoadCursor (NULL, IDC_ARROW) ;
    wndclass.hbrBackground = (HBRUSH) GetStockObject (WHITE_BRUSH) ;
    wndclass.lpszMenuName   = NULL ;
    wndclass.lpszClassName = "Beispiel1";

    if(!RegisterClass (&wndclass))
    {
        //Tritt auf, wenn Programm mit Option UNICODE compiliert
        //wurde und das Betriebssystem dies nicht unterstützt
        MessageBox(NULL,"Fehler beim Registrieren der Fensterklasse",
                  "Beispiel1",MB_ICONERROR);
        return 0;
    }

    // Kreiieren des Fensters mit Titelleiste "Beispiel 1"
    hwnd = CreateWindow ("Beispiel1", "Beispiel 1",
                        WS_OVERLAPPEDWINDOW,
                        CW_USEDEFAULT, CW_USEDEFAULT,
                        CW_USEDEFAULT, CW_USEDEFAULT,
                        NULL, NULL, hInstance, NULL) ;

    ShowWindow (hwnd, iCmdShow) ;
    UpdateWindow (hwnd) ;
```

```c
    while (GetMessage (&msg, NULL, 0, 0))
    {
        TranslateMessage (&msg) ;
        DispatchMessage (&msg) ;
    }
    return msg.wParam ;
}


LRESULT CALLBACK WndProc (HWND hwnd, UINT message, WPARAM wParam, LPARAM lParam)
{
    static int  cxChar, cyChar ; //Höhe und Breite d. benutzten Fonts
    HDC          hdc ;
    int         i ; //Schleifenzähler
    PAINTSTRUCT ps ;
    TEXTMETRIC  tm ;
    int iPaintBeg; //Index der ersten neuzuzeichnenden Zeile
    int iPaintEnd; //Index der letzten anzuzeigenden Zeile
    char szBuffer[50]; //auszugebender Text

    switch (message)
    {
    case WM_CREATE:
        hdc = GetDC (hwnd) ;

        GetTextMetrics (hdc, &tm) ;
        cxChar = tm.tmAveCharWidth;
        cyChar = tm.tmHeight;

        ReleaseDC (hwnd, hdc) ;
        return 0 ;

    case WM_PAINT :
        hdc = BeginPaint (hwnd, &ps) ;

        iPaintBeg = max(0,ps.rcPaint.top/cyChar);
        iPaintEnd = min(NUMLINES-1,ps.rcPaint.bottom / cyChar);

        for (i = iPaintBeg ; i <= iPaintEnd ; i++)
        {
            sprintf(szBuffer,"Ich bin Zeile %d des Awendungsbereichs",i);
            TextOut (hdc, 0, cyChar * i, szBuffer, strlen(szBuffer));
        }
        EndPaint (hwnd, &ps) ;
        return 0 ;

    case WM_DESTROY :
        PostQuitMessage (0) ;
        return 0 ;
    }
```

```
    return DefWindowProc (hwnd, message, wParam, lParam) ;
}
```

Listing 4.1 BEISPIEL1

4.2   WinMain und WndProc

Wie bereits erwähnt, verfügt das Beispielprogramm nicht über die Funktion *main*. Es besteht aus zwei Funktionen, nämlich *WinMain*, deren Name unbedingt „WinMain" lauten muss, und der Fensterprozedur, die häufig „WndProc" heißt, deren Name aber frei wählbar ist.

Neben dieser Tatsache fallen dem ANSI-C Programmierer noch die Ergebnistypen dieser beiden Funktionen ins Auge, nämlich *int* WINAPI bei *WinMain* und LRESULT CALLBACK bei *WndProc*. WINAPI und CALLBACK werden in der von WINDOWS.H eingebundenen Datei WINDEF.H als *__stdcall* definiert. Hierdurch wird dem Compiler mitgeteilt, wie die Parameterübergabe an die Funktion im übersetzten Programm abgewickelt werden muss. LRESULT wird in WINNT.H mittels *typedef long* LONG und *typedef* LONG LRESULT in WINDEF.H als *long* definiert. Nach dieser kurzen Erklärung ist Ihnen das erste Windows-Programm wahrscheinlich schon viel sympathischer.

Die Beziehung eines, vom Programm dargestellten, Fensters zur Fensterprozedur wird über die Fensterklasse hergestellt. Für die Arbeit mit Fensterklassen wird in der einzubindenden Datei WINDOWS.H bzw. in einer der von WINDOWS.H eingebundenen Header-Dateien (nachfolgend nur noch als „die WINDOWS.H Header-Dateien" bezeichnet), die Struktur WNDCLASS deklariert.

Die erste Aufgabe der Funktion *WinMain* besteht dann auch darin, die Elemente der Struktur WNDCLASS zu initialisieren und diese bei Windows anzumelden. WNDCLASS ist folgenderweise deklariert:

```
typedef struct _WNDCLASS{
        UINT        style;
        WNDPROC     lpfnWndProc;
        int         cbClsExtra;
        int         cbWndExtra;
        HANDLE      hInstance;
        HICON       hIcon;
        HCURSOR     hCursor;
        HBRUSH      hbrBackground;
        LPCTSTR     lpszMenuName;
        LPCTSTR     lpszClassName;
} WNDCLASS;
```

Auch vor den merkwürdigen Datentypen in WNDCASS muss man sich nicht erschrecken. Sie werden in den WINDOWS.H Header-Dateien durch *typedef* oder *#define* festgelegt. Bei UINT handelt es sich um eine Abkürzung von *unsigned int*, WNDPROC ist ein Zeiger auf die bereits erwähnte Fensterprozedur, bei den Typen HANDLE, HICON, HCURSOR und HBRUSH handelt es sich um sog. Handles. Dies sind vorzeichenlose 32-Bit Kennziffern, die von verschiedenen Windows-Funktionen zur Identifizierung angeforderter Objekte zurückgegeben werden.

LPCTSTR steht für "long pointer to a constant string".

Durch das Element *style* können diverse Eigenschaften der Fensterklasse festgelegt werden. Hier wird aber stets CS_HREDRAW|CS_VREDRAW verwendet, d. h. das gesamte Fenster wird neugezeichnet, wenn sich die Größe des Fensters in horizontaler oder vertikaler Richtung ändert.

Mittels *cbClsExtra.* und *cbWndExtra* kann weiterer Speicher für die Fensterklasse reserviert werden. Von dieser Möglichkeit machen aber weder die Beispielprogramme dieses Kapitels noch DEBUG8051 Gebrauch.

Da ein Programm mehrfach gestartet werden kann, erhält es eine Instanz-Kennziffer, die an *WinMain* übergeben wird. Diese kopiert man ins Element *hInstance*.

Durch *hIcon, hbrush* und *hCursor* wird das Icon ganz links in der Titelleiste, der Fensterhintergrund und die Form des Cursors festgelegt.

Das Element *lpszClassName* bestimmt den Fensterklassennamen. Ist eine Fensterklasse registriert, so können Fenster der Klasse dieses Namens erzeugt werden.

Durch *lpfnWndProc* wird festgelegt, welche Funktion für das Fenster eintreffende Nachrichten (s. Kap 4.3) behandelt. Dies ist die Fensterprozedur.

Das Registrieren der Fensterklasse geschieht durch Aufruf der Funktion *Register-Class*. Die Adresse der zuvor initialisierten Struktur vom Typ WNDCLASS wird hierzu als einziger Parameter übergeben.

Fenster einer registrierten Fensterklasse können durch Aufruf von *CreateWindow* erzeugt werden. Gemäß ihres Prototyps

```
HWND CreateWindow( LPCTSTR lpClassName, LPCTSTR lpWindowName, DWORD dwStyle,
                int x, int y, int nWidth, int nHeight, HWND hWndParent,
                HMENU hMenu, HANDLE hInstance, LPVOID lpParam );
```

muss an diese Funktion als erster Parameter der Name einer registrierten Fensterklasse übergeben werden. Der zweite Parameter legt den Text in der Titelleiste des

Fensters fest. Durch *dwStyle* können diverse Fenstereigenschaften bestimmt werden. In den Beispielprogrammen dieses Kapitels und DEBUG8051PC hat stets ein Fenster den Stil WS_OVERLAPPEDWINDOW. Dieser ist seinerseits eine Kombination aus verschiedenen Fensterstilen. Das erzeugte Fenster hat bei diesem Stil eine Titelleiste, ein Systemmenü in der linken Ecke der Titelleiste, die Buttons „Vergrößern",„Verkleinern" und „Schließen" in der rechten Ecke der Titelleiste und einen Rahmen, dessen Größe man durch Ziehen mit der Maus verändern kann. Verfügt ein Programm nur über ein Fenster des Stils WS_OVERLAPPEDWINDOW, wird dieses als Anwendungsfenster bezeichnet.

x und *y* sind die Koordinaten der linken oberen Ecke des zu erzeugenden Fensters in Bildschirmkoordinaten. Bei den Bildschirmkoordinaten bildet die linke obere Ecke des Bildschirms den Koordinatenursprung. Eine Erhöhung von *x* führt zu einer Verschiebung des Fensters nach rechts, eine Erhöhung von *y* einer Verschiebung nach unten. Die Bildschirmkoordinaten werden in Pixeln angegeben.

nWidth und *nHeight* sind Breite und Höhe des darzustellenden Fensters in Pixeln.

hWndParent muss angegeben werden, wenn für ein bestimmtes Fenster ein Child-Fenster (s. Kap. 4.8) erzeugt werden soll. BEISPIEL1 besteht nur aus dem Anwendungsfenster, das seinerseits kein Parent-Fenster hat. Deshalb wird für diesen Parameter NULL übergeben.

hMenu kann der Handle zu einem Menü sein. Für diesen Parameter kann aber auch eine Identifikations-Kennziffers (ID) für das Fenster übergeben werden. Nähere Erläuterungen hierzu folgen in BEISPIEL2 und LOGG.

hInstance ist die Programminstanzkennziffer, die an *WinMain* beim Start des Programms übergeben wird.

Mit *lpParam* können weitere Daten übergeben werden. Diese Möglichkeit wird hier aber nicht genutzt.

Das Fenster ist nach dem Aufruf von *CreateWindow* noch nicht sichtbar, sondern existiert nur als interne Datenstruktur. Wurde *CreateWindow* erfolgreich ausgeführt, liefert diese Funktion einen Fensterhandle zurück. Auch dieser Handle ist nichts anderes als eine Kennziffer, die zur Identifizierung des Fensters dient. Diese muss an Funktionen, die sich auf ein bestimmtes Fenster beziehen, als Parameter übergeben werden, sofern es sich nicht um Funktionen der GDI-Schnittstelle (s. Kap 4.4) handelt.

Durch den Aufruf von *ShowWindow*, die den zuvor von *CreateWindow* zurückgelieferten Fensterhandle als Parameter erhält, wird das Fenster auf dem Bildschirm sichtbar. *UpdateWindow* erzeugt eine Nachricht vom Typ WM_PAINT und sorgt so für das Zeichnen des Fensterinhalts. Das Zeichnen ist automatisch auf den Anwendungsbereich des Fensters beschränkt. Der Anwendungsbereich ist der Bereich des Fensters, der nicht von der Titelleiste, Menüleiste, Toolbar oder Fensterrahmen verwendet wird. Kurz: Es ist der Teil des Fensters, den eine Anwendung für eigene Ausgaben verwenden kann. Solange es vom Anwendungsprogramm nicht explizit geändert wird, beziehen sich Funktionen für grafische Ausgaben (s. 4.4) auf die linke obere Ecke des Anwendungsbereichs, der die Koordinaten (0,0) erhält.

Was aber hat es nun mit den Nachrichten auf sich? Windows unterhält für jede Applikation eine Nachrichtenschlange. Für Aktionen des Benutzers, also z. B. ein Druck auf die Tastatur, während sich der Cursor im Anwendungsfenster befindet, wird eine Nachricht erzeugt und in der Nachrichtenschlange abgelegt. Die Anwendung liest die Nachrichten durch Aufruf von *GetMessage* aus der Nachrichtenschlange. Durch *DispatchMessage* wird die richtige Fensterprozedur zur Bearbeitung der Nachricht aufgerufen. Das Ganze geschieht in einer Schleife, die fortgesetzt wird, bis *GetMessage* den Wert Null zurückliefert.

Außer den Nachrichten, die meist durch Benutzeraktionen ausgelöst und in die Nachrichtenschlange gestellt werden, gibt es auch noch Nachrichten, die sofort an die Fensterprozedur gesendet werden. Dies geschieht zum Beispiel dann, wenn ein Fenster durch *CreateWindow* erzeugt wird. Für die Programme in diesem Buch ist es aber relativ unbedeutend, ob eine Nachricht an die Fensterprozedur gesendet wird, oder ob sie aus der Nachrichtenschleife stammt.

Üblicherweise haben die Fensterprozeduren folgenden Prototyp:

```
LRESULT CALLBACK WndProc(HWND hwnd, UINT message, WPARAM wParam, LPARM lParam);
```

Entsprechend erhält die Fensterprozedur als Argumente den Handle des Fensters, für das die Nachricht bestimmt ist, die Art der Nachricht und die Parameter *wParam* und *lParam*, deren Bedeutung von der Art der Nachricht abhängig ist.

Die Aufgabe der Fensterprozedur ist es, die Nachrichten unabhängig von ihrer Reihenfolge zu verarbeiten. Sie besteht größtenteils aus einer *switch*-Anweisung, in deren *case*-Zweigen die Werte des Parameters *message* mit den WM_-Konstanten, die die Nachrichtenart kennzeichnen, verglichen werden. Von der Fensterprozedur nicht bearbeitete Nachrichten werden einfach an *DefWindowProc*, die sich um die entsprechende Bearbeitung kümmert, weitergegeben.

Zusammengefasst kann man den Ablauf von BEISPIEL1 folgenderweise beschreiben: Zunächst wird in WinMain die benötigte Fensterklasse „Beispiel1" registriert. Durch die Aufrufe der API-Funktionen *CreateWindow* und *ShowWindow* wird das Anwendungsfenster der Fensterklasse „Beispiel1" angelegt und auf dem Bildschirm dargestellt. Der Aufruf von *CreateWindow* löst das Senden einer WM_CREATE-Nachricht an die Fensterprozedur *WndProc* aus. Auch die von *UpdateWindow* ausgelöste WM_PAINT-Nachricht wird direkt an *WndProc*, die daraufhin erstmalig den Fensterinhalt zeichnet, gesendet.

Danach liest *WndMain* durch Aufruf von *GetMessage* Nachrinchten aus der für BEISPIEL1 bestimmten Nachrichtenschleife. Diese werden durch *DispatchMessage* an *WndProc* weitergeleitet.

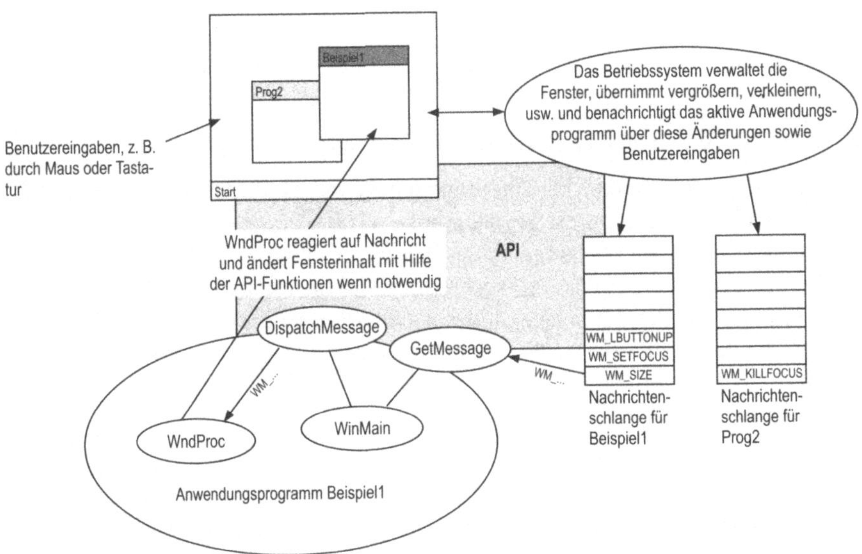

Bild 4.2 Ablauf von Beispiel1 nach Erzeugung und Darstellung des Anwendungsfensters

4.3   Nachrichten

Für die Arbeit mit Nachrichten wird in den WINDOWS.H Header-Dateien die Struktur MSG deklariert:

```
typedef struct tagMSG {     // msg
        HWND        hwnd;
        UINT        message;
        WPARAM      wParam;
        LPARAM      lParam;
        DWORD       time;
        POINT       pt;
}MSG;
```

hwnd ist der Handle des Fensters, für das die Nachricht bestimmt ist.

message kennzeichnet die Nachrichtenart. Hierfür sind in den WINDOWS.H Header-Dateien Konstanten, die mit WM_ beginnen, definiert.

wParam und *lParam* enthalten zusätzliche Informationen, die für die Verarbeitung der Nachricht benötigt werden. Die genaue Bedeutung dieser Elemente hängt von der Art der Nachricht ab.

time enthält die Uhrzeit, zu der das Ereignis, für das die Nachricht generiert wurde, aufgetreten ist.

pt enthält die Koordinaten des Cursors zum Zeitpunkt des Ereignisses.

Im Folgenden werden die, in den Programmen dieses Kapitels und die in DEBUG8051PC verwendeten, Nachrichten kurz erklärt. Für alle Nachrichten werden die Parameter *hwnd* und *message* an die Fensterprozedur übergeben. Dies sind der Handle des Fensters, für das die Nachricht bestimmt ist, und die Nachrichtenart. Weiterhin werden die Parameter *wParam* und *lParam* übergeben. Diese werden hier nur erläutert, wenn sie in den Programmen dieses Buches auch verwendet werden.

WM_PAINT

Die Nachricht, die wahrscheinlich von jedem Fenster (genauer: seiner Fensterprozedur) bearbeitet wird, ist WM_PAINT, denn sonst bleibt das Fenster enttäuschend leer, nur gefüllt mit der Farbe, die durch den Element *hbrBackground* der Fensterklasse festgelegt wird. Diese Nachricht wird dann generiert, wenn der Anwendungsbereich eines Fensters teilweise oder ganz neu gezeichnet werden muss. Dies ist z. B. dann der Fall, wenn:

ein Fenster von einer anderen Anwendung überdeckt wurde und dann wieder sichtbar wird,

sich die Größe eines Fenster ändert und die entsprechenden Flags im Parameter *style* der Fensterklasse gesetzt sind, die Anwendung *UpdateWindow* aufruft und einen entsprechenden Fensterhandle übergibt.

Die Bearbeitung einer WM_PAINT-Nachricht wird von folgendem Funktionspaar umrahmt.

```
hdc=BeginPaint(hwnd,&ps);
//Programm führt eigene Zeichenoperationen durch
EndPaint(hwnd,&ps);
```

Der Aufruf von *BeginPaint* bereitet das Fenster, in das gezeichnet werden soll, auf das Zeichnen vor. Sie sorgt dafür, dass nicht über die Grenzen des neuzuzeichnenden Bereichs hinaus gezeichnet wird und füllt den Fensterhintergrund entsprechend des Elements *hbrBackground* der Fensterklasse. An *BeginPaint* muss der Handle des Fensters, in das gezeichnet werden soll, und die Adresse einer Struktur vom Typ PAINTSTRUCT übergeben werden. Diese enthält nach dem Aufruf von *BeginPaint* Zeicheninformationen. Hier wird aber nur das Element *rcPaint* vom Typ RECT benutzt, das die Koordinaten des neuzuzeichnenden Bereich enthält. Diese Koordinaten werden in Pixeln angegeben und beziehen sich auf die linke obere Ecke des Anwendungsbereichs des Fensters.

Der Rückgabewert von *BeginPaint* ist ein Device-Handle (s. Kap. 4.4), der von den Funktionen der GDI-Schnittstelle, die zum Zeichnen benutzt werden, benötigt wird.

EndPaint beendet das Zeichnen

WM_CREATE:
Diese Nachricht wird an die Fensterprozedur des, durch Aufruf von *CreateWindow* erzeugten, Fensters gesendet. Da die Fensterprozedur diese Nachricht nur einmal erhält, kann man sie gut zur Initialisierung statischer Variablen einsetzen.

WM_SIZE:
```
LOWORD(lParam); // Breite des Anwendungsbereichs
HIWORD(lParam); // Höhe des Anwendungsbereichs
```

Die Fensterprozedur erhält die Nachricht WM_SIZE, wenn sich die Größe des Fensters geändert hat. Die neue Höhe und Breite des Anwendungsbereichs werden in *lParam* übergeben.

Häufig werden die neue Höhe und Breite als Reaktion auf WM_SIZE nur in statischen Variablen festgehalten, um die Ausgabe bei der nächsten Bearbeitung von WM_PAINT entsprechend zu skalieren. Bei Textfenstern sollte man die Nachricht WM_SIZE benutzen, um die Anzahl darzustellender Zeilen festzuhalten.

WM_GETMINMAXINFO:

(LPMINMAXINFO) lParam; // Adresse von MINMAXINFO-Struktur

Die Fensterprozedur erhält diese Nachricht, wenn die Größe des Fensters gerade geändert werden soll. Durch Setzen der entsprechenden Elemente der Struktur vom Typ MINMAXINFO kann man z. B. eine Mindestgröße des Fensters festlegen und so verhindern, dass der Anwender das Fenster darüber hinaus verkleinert.

WM_VSCROLL:

LOWORD(wParam); // Info, was Benutzer mit Scrollbar gemacht hat

Diese Nachricht erhalten nur Fenster mit einer vertikalen Bildlaufleiste. LO-WORD(wParam) informiert darüber, was genau mit der Bildlaufleiste passiert ist, also zum Beispiel, ob die Schiebemarke am oberen oder unteren Ende der Leiste steht, oder ob sie gerade gezogen wird.

WM_LBUTTONUP:

xPos = LOWORD(lParam); // horizontale Position des Cursors
yPos = HIWORD(lParam); // vertikale Position des Cursors

Diese Nachricht erhält ein Fenster, wenn der Benutzer die linke Maustaste loslässt, während sich die Maus im Anwendungsbereich des Fensters befindet. *lParam* enthält *x*- und *y*-Position der Cursorspitze, bezogen auf die linke obere Ecke des Anwendungsbereichs.

WM_SETFOCUS:

Diese Nachricht erhält ein Fenster, wenn es den Eingabefokus erhält. Dies geschieht bei Anwendungsfenstern normalerweise dadurch, dass sie mit der Maus angeklickt werden. Bei Fenstern mit Titelleiste wird diese jetzt farbig statt grau dargestellt. Wenn ein Fenster den Eingabefokus hat, dann heißt das, dass es jetzt alle Nachrichten über Tastatureingaben erhält. Bei einem Fenster, das Texteingaben erlaubt, kann man diese Nachricht verwenden, um den Cursor bzw. das Caret (s. Kap. 4.9.1) anzeigen zu lassen.

WM_DESTROY:

Der Anwender hat den Close-Button in der Menüleiste gedrückt. Die Fensterprozedur sollte auf diese Nachricht mit dem Aufruf von *PostQuitMessage* reagieren. Dies hat zur Folge, dass eine WM_QUIT-Nachricht in die Nachrichtenschlange gestellt wird. Nach dem Abholen dieser Nachricht durch *GetMessage* ist deren Rückgabewert Null, weshalb die Nachrichtenschleife verlassen und die Anwendung beendet wird.

WM_KEYDOWN:

wParam //virtueller Tastencode

Diese Nachricht wird für Tastendrücke, die nicht für das System bestimmt sind, erzeugt. Der virtuelle Tastencode zur Identifizierung der gedrückten Taste bzw. Tastenkombination ist in *wParam* enthalten. Der virtuelle Tastencode ist ein sprach- und layoutunabhängiger Bezeichner für Tasten, die ein nicht darstellbares Zeichen erzeugen. Das bedeutet, dass zum Beispiel (für die recht häufige) Betätigung der Enter-Taste auf jedem Windows-Rechner dieser Welt der virtuelle Tastencode VK_ENTER erzeugt wird. Tatsächlich wird auch für den Druck auf Tasten, die ein druckbares Zeichen erzeugen, ein virtueller Tastencode erzeugt. Man sollte aber nicht versuchen, ein druckbares Zeichen über den virtuellen Tastencode zu identifizieren, sondern hierfür eine WM_CHAR-Nachricht erzeugen lassen. Für die virtuellen Tastencodes von Tasten, die kein druckbares Zeichen erzeugen, existieren in den WINDOWS.H Header-Dateien vordefinierte Konstanten, die mit VK_ beginnen.

WM_CHAR:

wParam //Code der gedrückten Taste

Wenn eine Tastenkombination gedrückt worden ist, die ein druckbares Zeichen ergibt, kann eine WM_CHAR-Nachricht (s. Kap. 4.9.1) erzeugt werden. Sofern das Anwendungsprogramm nicht mit der Option UNICODE compiliert worden ist, werden nur die unteren 8 Bit von *wParam* zur Speicherung des ASCII-Codes des Zeichens benutzt.

WM_COMMAND:

LOWORD(wParam) // ID des gewählten Menüpunktes

Wenn ein Menüpunkt gewählt wird, erhält das Fenster, zu dem das Menü gehört, eine Nachricht vom Typ WM_COMMAND. LOWORD(wParam) enthält die ID des gewählten Menüpunktes. Diese wird beim Anlegen des Menüs mit dem Menüeditor von VisualStudio vergeben. Das Programm benötigt diese Kennziffer, um den gewählten Menüpunkt zu identifizieren. Wird ein Kontrollelement in einem Dialog bearbeitet, erhält die Dialogprozedur eine WM_COMMAND-Nachricht. (s. 4.10.2)

4.4   Die GDI –Schnittstelle (Graphics Device Interface)

Die meisten Funktionen für grafische Ausgaben im Anwendungsbereich von Fenstern sind Bestandteil der GDI-Schnittstelle von Windows. Die GDI-Schnittstelle ermöglicht es dem Anwendungsprogrammierer, geräteunabhängige Programme zu schreiben. Will dieser z. B. ein Rechteck darstellen, verwendet er dazu die Funktion *DrawRect*, unabhängig von benutzter Grafikkarte und Bildschirm. Die Kommunikation mit dem geräteabhängigen Treiber wird der GDI überlassen.

Bevor ein Programm Zeichenaktionen ausführen kann, muss es einen Gerätekontext (Device Handle) anfordern. Dieser ist zum einen die Erlaubnis, Ausgaben auf einem Ausgabegerät durchzuführen, zum anderen wird dieser Handle an die Zeichenfunktionen übergeben und teilt diesen so mit, wo die Ausgabe erscheinen soll. Desweiteren kann man im Gerätekontext einige Eigenschaften setzen, die von den Zeichenfunktionen benutzt werden und die Ausgabe einer Funktion wie *Rectangle* verändern. (Das Rechteck bleibt ein Rechteck, aber es wird z. B. mit einer anderen Farbe gefüllt oder die Umrisslinie wird gestrichelt dargestellt). Eine Eigenschaft, die von den Programmen in diesem Buch zwar nicht geändert wird, soll hier erwähnt werden, damit beim Lesen der Original-Funktionsdokumentationen keine Verwirrung auftritt. Dort ist nämlich häufig von „logischen Einheiten" (logical units) die Rede. Wenn die Eigenschaft „Koordinatensystem" des Gerätekontext nicht explizit durch Aufruf der Funktion *SetMapMode* geändert wird, handelt es sich dabei um Pixel.

Zur Anforderung eines Gerätekontext werden hier zwei Möglichkeiten verwendet:

```
hdc=BeginPaint(hwnd,&ps);
//Zeichenfunktionen
EndPaint(hwnd,&ps);

hdc=GetDC( );
....
ReleaseDC( );
```

BeginPaint wird ausschließlich als Reaktion auf WM_PAINT verwendet. Der zurückgegebene Gerätekontext-Handle erlaubt ausschließlich Zeichenoperationen im ungültigen Rechteck des Fensters, dessen Koordinaten nach Aufruf von *BeginPaint* auch im Element *rcPaint* der übergebenen Struktur *ps* zu finden sind.

Ein mit *GetDC* angeforderter Handle ermöglicht Ausgaben im gesamten Anwendungsbereich des Fensters. Nach Bearbeitung einer Nachricht muss der Handle wieder freigegeben werden. Wurde er mit *BeginPaint* angefordert, geschieht dies durch *EndPaint*, bei Anforderung mit *GetDC* durch *ReleaseDC*.

Da sich die Programme dieses Buches größtenteils auf Textausgaben beschränken, werden nur wenige Funktionen der GDI-Schnittstelle verwendet.

HGDIOBJ SelectObject(HDC hdc, HGDIOBJ hgdiobj):
Mit dieser Funktion können verschiedene Eigenschaften im Gerätekontext gesetzt werden. Der erste zu übergebende Parameter ist der Gerätekontext-Handle, beim zweiten handelt es sich um den Handle eines GDI-Objekts. Bei diesen Objekten kann es sich um vordefinierte Objekte handeln, die man mit *GetStockObject* erhält, oder um selbst erzeugte. In den Beispielprogrammen wird nur ein Objekt selbst erzeugt, hierbei handelt es sich um einen Font.

SelectObject wird benutzt, um diesen Font zu setzen. Der Handle des vorher gesetzten Fonts wird von *SelectObject* zurückgegeben. Diesen Handle kann man sich in einer Variable merken, um die Eigenschaft nach dem Zeichnen wieder auf den Vorgabewert zu setzen.

BOOL DeleteObject(HGDIOBJ *hObject*)
Selbst erzeugte Objekte muss man wieder löschen, wenn sie nicht mehr benötigt werden. Häufig findet man in Programmen folgende verschachtelte Funktionsaufrufe:

DeleteObject(SelectObject(hdc,GetStockObject(SYSTEM_FONT)));

Durch Aufruf von *GetSockObject*(SYSTEM_FONT), erhält man einen Handle zum vordefinierten Systemfont, durch *SelectObject* wird die Fonteigenschaft im Gerätekontext entsprechend gesetzt. *SelectObject* liefert den Handle des vorher gesetzten, z. B. selbst erzeugten, Fonts zurück. Dieser wird an *DeleteObject* übergeben und löscht so auch noch den selbst erzeugten Font.

int SetBkMode(HDC hdc, int iBkMode);
SetBkMode setzt die Eigenschaft Hintergrundmodus des Gerätekontexts. *iBkMode* kann die Werte TRANSPARENT oder OPAQUE annehmen. Beim Wert TRANSPARENT bleibt der Hintergrund einer Figur oder eines Texts unverändert. Beim Wert OPAQUE wird der Hintergrund entsprechend der gesetzten Hintergrundfarbe des Gerätekontext gezeichnet.

int FillRect(HDC hDC, CONST RECT *lprc, HBRUSH hbr)
FillRect füllt ein Rechteck, dessen Lage und Größe durch *lprc* festgelegt wird. Mit *hbr* bestimmt man Füllfarbe und Füllmuster des Rechtecks.

BOOL TextOut(HDC hdc, int nXStart, int nYStart, LPCTSTR lpString , int cbString)
Diese Funktion gibt den durch *lpString* festgelegten String an der duch *nXStart* und *nYStart* bestimmten Position aus. Die Koordinaten beziehen sich auf die linke obe-

re Ecke des Anwendungsbereichs des Fensters für das der Gerätekontext angefordert wurde.

4.5   Die Fensterprozedur von BEISPIEL1

Jetzt alles gesagt, um die Fensterprozedur von BEISPIEL1 verständlich zu machen. Um aber noch evtl. bestehende Unklarheiten auszuräumen, hier noch einige Erläuterungen:

Als Reaktion auf WM_CREATE wird die Breite und Höhe des vorgegebenen Fonts ermittelt und in statischen Variablen festgehalten. Diese beiden Fontmaße stehen somit bei der Bearbeitung anderer Nachrichten zur Verfügung.

Bei der Bearbeitung von WM_PAINT werden aus den Koordinaten des ungültigen Fensterbereichs die Indizes der ersten und letzten neuzuzeichnenden Zeile ermittelt. Daraufhin erfolgt die Ausgabe der entsprechenden Zeilen in einer Schleife mit der Funktion *TextOut*.

4.6   Compilieren und Linken der Beispiele

Der einfachste Weg eine Quellcodedatei mit VisualC++ in ein ausführbares Programm zu verwandeln besteht darin, erst einmal einen neuen Arbeitsbereich anzulegen. Da für die Entwicklung der Programme dieses Buches die englischsprachige Version von VisualC++ verwendet wurde, werden für die nachfolgenden Ausführungen die englischen Menü- und Dialogbezeichnungen verwendet. Auf die explizite Übersetzung jedes Punktes wird verzichtet, da diese für jeden, der sich mit Computern beschäftigt, trivial sein dürfte. Zum Anlegen eines Arbeitsbereichs wird im Menü FILE der Punkt NEW ausgewählt. Im auftauchenden Dialogfeld „New", wählt man die Registerkarte „Projects" und wählt dort den Punkt „Win32 Application". Zum Übersetzen von BEISPIEL1.C, wählt man als Projektnamen am besten „BEISPIEL1". VisualStudio legt jetzt mindesten zwei Dateien an: Den Arbeitsbereich BEISPIEL1.DSW und das Projekt BEISPIEL1.DSP. Eine vorhandene Quellcodedatei fügt man dem Projekt am einfachsten über das Workspace-Fenster hinzu. Falls es nicht sichtbar ist, wählt man aus dem Menü VIEW den Punkt WORKSPACE. Dort klickt man auf die Registerkarte „FileView". In diesem Fenster klickt man mit der rechten Maustaste auf den Punkt „BEISPIEL1 Files". Im sich öffnenden Kontextmenü wählt man ADD FILES TO PROJEKT. Im folgenden Dialog muss die hinzuzufügende Datei gewählt werden. Jetzt kann man im Menü BUILD des VisualStudios, den Punkt BUILD BEISPIEL1.EXE auswählen.

4.7   Hinzufügen eines Programmicons

Nachdem nun die Grundlagen für das erste eigene Windows-Programm geschaffen worden sind, soll nun noch gezeigt werden, wie man dieses Programm noch durch ein eigenes Icon schmücken kann. Zunächst fügt man dem Programm ein Resourcenscript hinzu. Hierzu wird aus dem Menü FILE der Punkt NEW ausgewählt. Im Dialogfeld „New" wird von der Registerkarte „File" der Punkt „Resource Script" gewählt. Eine gute Wahl für den Namen ist BEISPIEL1. Man muss darauf achten, dass im Dialogfeld der Punkt „Add File to Project an"gewählt ist. Quittiert man den Dialog mit OK, werden die Dateien BEISPIEL1.RC und RESOURCE.H angelegt. Im Workspace-Fenster wird die Registerkarte „ResourceView" hinzugefügt. Auf dieser Registerkarte kann man den Punkt „BEISPIEL1 resources" mit der rechten Maustaste anklicken. Im auftauchenden Kontextenü wählt man IMPORT, falls man ein bereits in einer *.ico-Datei gespeichertes Icon hinzufügen will. Zum Erstellen eines eigenen Icons wählt man INSERT und im Dialog „Insert Resource"den Punkt „Icon". Wenn man den Dialog mit NEW abschließt, öffnet sich automatisch der Icon-Editor von VisualStudio. Hier kann man jetzt kreativ sein und ein Programmicon entwerfen. Nach dem Schließen des Icon-Editors enthält die Registerkarte „ResourceView" des Workspace-Fensters einen neuen Ordner namens „Icon" mit dem Eintrag IDI_ICON1. Wenn man diesen Eintrag mit der rechten Maustaste anklickt, öffnet sich ein Kontextmenü. Wählt man hier PROPERTIES (Eigenschaften), kann man die vorgegebene ID (ID Identification, hier IDI_ICON1) und den Dateinamen, in der das Icon gespeichert wird, ändern. Als ID kann man entweder eine numerische Konstante (ohne Anführungszeichen) oder eine Stringkonstante (mit Anführungszeichen) wählen. Die Information über die Datei, in der sich das Icon befindet wird in BEISPIEL1.RC gespeichert, die vergebene ID wird – falls es sich um eine numerische Konstante handelt - in RESOURCE.H definiert.

Auszug aus BEISPIEL1.RC:

```
/////////////////////////////////////////////////////////////////////////
//
// Icon
//


// Icon with lowest ID value placed first to ensure application icon
// remains consistent on all systems.
IDI_BEISPIEL1        ICON   DISCARDABLE     "beispiel1.ico"
#endif   // German (Germany) resources
/////////////////////////////////////////////////////////////////////////
```

Auszug aus RESOURCE.H:

```
,#define IDI_BEISPIEL1           101
```

Damit das Icon dann auch wirklich von BEISPIEL1 verwendet wird, muss man das Icon noch mit der Fensterklasse des Anwendungsfensters verbinden.

```
wndclass.hIcon       = LoadIcon (hInstance, MAKEINTRESOURCE(IDI_BEISPIEL1));
```

4.8   Das zweite Beispiel

Auch das zweite Beispiel erfüllt außer der Demonstration einiger Programmiertechniken noch keinen besonderen Zweck. Das Programm erzeugt diesmal vier Fenster: das Anwendungsfenster mit Titelleiste und üblichen Buttons, ein Fenster, in dem man eine der ausgegebenen Textzeilen durch Anklicken mit der Maus markieren kann (nachfolgend Klickfenster genannt), ein Fenster, das nur für die Ausgabe des Textes „Angeklickte Zeile:" sorgt, und ein Fenster, das anzeigt welche Textzeile im Klickfenster mit der Maus markiert wurde. Da im Klickfenster stets alle auszugebenden Zeilen darstellbar sein sollen, ist es mit einer Scrollmöglichkeit ausgestattet.

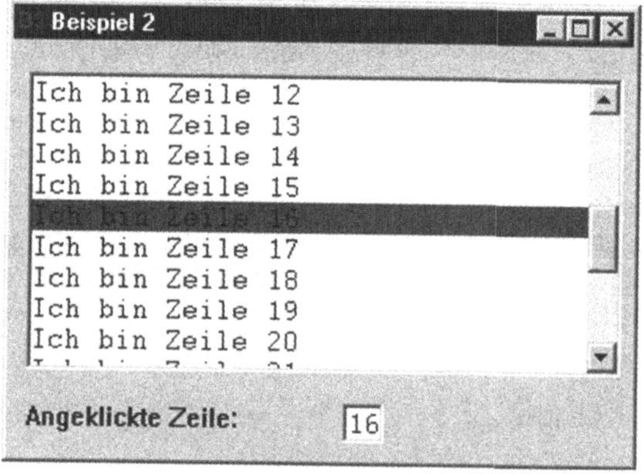

Bild 4.3 Ausgabe von BEISPIEL2

Die drei Fenster, die sich im Anwendungsfenster befinden und keine eigene Titelleiste und Rahmen haben, sind Child-Fenster des Anwendungsfensters. Child-Fenster liefern einen wichtigen Beitrag zur Modularisierung von Programmen. Sie haben eigene Fensterprozeduren, die genau wie die Fensterprozedur des Anwendungsfensters Nachrichten über Größenänderungen, Benutzereingaben − schlicht über alles, wofür Windows Nachrichten verwendet − informiert werden.

Entsprechend der erweiterten Möglichkeiten des Programms ist auch das Listing etwas länger und ist auf die Dateien MAIN.C, CLICK.C, LINE.C und CONST.H verteilt

```
/*------------------------------------------------------------
  Projekt: Beispiel2     Datei: main.c

  Das Programm eröffnet 4 Fenster: das Anwendungsfenster,
  das Klickfenster, ein statisches Fenster mit dem Text:
  "Angeklickte Zeile:" und das Zeilenanzeigefenster.
  Das Klickfenster zeigt Zeilen mit folgendem Text an:
        Ich bin Zeile 0
        Ich bin Zeile 1

        ...
        Ich bin Zeile 29
  Das Fenster kann gescrollt werden. Mit der linken Maustaste
  kann man eine Zeile markieren. Diese wird rot unterlegt.
  Im Zeilenanzeigefenster wird angezeigt, welche Zeile markiert
  worden ist.

            S. Limbach
  ------------------------------------------------------------*/
#include <windows.h>
#include <stdio.h>
#include "resource.h"
#include "const.h"


LRESULT CALLBACK WndProc (HWND, UINT, WPARAM, LPARAM) ;
LRESULT CALLBACK ClickWndProc (HWND, UINT, WPARAM, LPARAM) ;
LRESULT CALLBACK LineWndProc (HWND, UINT, WPARAM, LPARAM) ;

int WINAPI WinMain (HINSTANCE hInstance, HINSTANCE hPrevInstance,
                    PSTR szCmdLine, int iCmdShow)
{
    HWND        hwnd ;
    MSG         msg ;
    WNDCLASS    wndclass ;

    wndclass.style         = CS_HREDRAW | CS_VREDRAW ;
    wndclass.lpfnWndProc   = WndProc ;
    wndclass.cbClsExtra    = 0 ;
    wndclass.cbWndExtra    = 0 ;
    wndclass.hInstance     = hInstance ;
    wndclass.hIcon         = LoadIcon (hInstance, MAKEINTRESOURCE(IDI_BEISPIEL2)) ;
    wndclass.hCursor       = LoadCursor (NULL, IDC_ARROW) ;
    wndclass.hbrBackground = (HBRUSH)(MENU_COLOR+1);
    wndclass.lpszMenuName  = NULL ;
    wndclass.lpszClassName = "Beispiel2" ;
```

```
        if(!RegisterClass (&wndclass))
        {
            //Tritt auf, wenn Programm mit Option UNICODE compiliert
            //wurde und das Betriebssystem dies nicht unterstützt
            MessageBox(NULL,"Fehler beim Registrieren der Fensterklasse",
                        "Beispiel2",MB_ICONERROR);
            return 0;
        }

        // Klickfenster registrieren
        wndclass.lpfnWndProc = ClickWndProc;
        wndclass.hIcon = NULL;
        wndclass.lpszClassName = "Click";
        wndclass.hbrBackground = (HBRUSH) GetStockObject (WHITE_BRUSH) ;
        RegisterClass (&wndclass);

        // Anzeigefenster registrieren
        wndclass.lpfnWndProc = LineWndProc;
        wndclass.lpszClassName = "Line";
        RegisterClass (&wndclass);

        // Anwendungsfenster anlegen
        hwnd = CreateWindow ("Beispiel2", "Beispiel 2",
                            WS_OVERLAPPEDWINDOW,
                            CW_USEDEFAULT, CW_USEDEFAULT,
                            CW_USEDEFAULT, CW_USEDEFAULT,
                            NULL, NULL, hInstance, NULL) ;

        ShowWindow (hwnd, iCmdShow) ;
        UpdateWindow (hwnd) ;

        while (GetMessage (&msg, NULL, 0, 0))
        {
            TranslateMessage (&msg) ;
            DispatchMessage (&msg) ;
        }
        return msg.wParam ;
}

LRESULT CALLBACK WndProc (HWND hwnd, UINT message, WPARAM wParam, LPARAM lParam)
{
        static int cxChar,cyChar, //Fontbreite,Fonthöhe
                cxClient,cyClient; //Größe d. Anwendungsbereichs (Anwendungsfenster)
        static int cxEdge,cyEdge; //Maße 3D-Kante
        static int cxmin,cymin;  //Mindestgröße Anwendungsbereich
        int cxClick,cyClick; //Maße Klickfenster
        int yStat,cxStat; //Maße u. Position statisches Fenster
        int xLine; //Position Zeilenfenster
        HDC             hdc ;
        TEXTMETRIC  tm ;
```

```c
static HWND hClickWin,hLineWin,hStatWin;
HINSTANCE hInstance;
RECT rInt;
int ret;
MINMAXINFO *lpmmi;

switch (message)
{
case WM_CREATE:

    hInstance = (HINSTANCE)GetWindowLong(hwnd,GWL_HINSTANCE);

    //Child-Fenster ohne Größenfestlegung registrieren
    hClickWin=CreateWindowEx(WS_EX_CLIENTEDGE,"Click",NULL,
        WS_CHILDWINDOW|WS_VISIBLE|WS_VSCROLL,
        0,0,0,0,hwnd,(HMENU)ID_Click,hInstance,NULL);

    hLineWin=CreateWindowEx(WS_EX_CLIENTEDGE,"Line",NULL,
        WS_CHILDWINDOW|WS_VISIBLE,
        0,0,0,0,hwnd,(HMENU)ID_Line,hInstance,NULL);

    hStatWin=CreateWindow("STATIC","Angeklickte Zeile:",
        WS_CHILDWINDOW|SS_SIMPLE|WS_VISIBLE,
        0,0,0,0,hwnd,NULL,hInstance,NULL);

    hdc = GetDC (hwnd) ;
    SelectObject (hdc, CreateFont (0, 0, 0, 0, 0, 0, 0, 0,
                        DEFAULT_CHARSET, 0, 0, 0, FIXED_PITCH, NULL)) ;

    GetTextMetrics (hdc, &tm) ;
    cxChar = tm.tmAveCharWidth ;
    cyChar = tm.tmHeight;

    cxEdge=GetSystemMetrics(SM_CXEDGE);
    cyEdge=GetSystemMetrics(SM_CYEDGE);

    //Mindestgröße d. Anwendungsbereichs
    rInt.top=0;
    rInt.left=0;
    rInt.right=12*cxChar+2*cxEdge;
    rInt.bottom=7*cyChar+4*cyEdge;
    ret=AdjustWindowRect(&rInt,WS_OVERLAPPEDWINDOW,FALSE);
    cxmin=rInt.right-rInt.left;
    cymin=rInt.bottom-rInt.top;

    DeleteObject (SelectObject (hdc, GetStockObject (SYSTEM_FONT))) ;
    ReleaseDC (hwnd, hdc) ;

    return 0 ;
```

```c
        case WM_GETMINMAXINFO:
            lpmmi=(LPMINMAXINFO)lParam;
            lpmmi->ptMinTrackSize.y=cymin;
            lpmmi->ptMinTrackSize.x=cxmin;
            return(0);

        case WM_SIZE:
            cxClient = LOWORD (lParam) ;
            cyClient = HIWORD (lParam) ;

            //Childfenster an geänderte Größe anpassen
            cyClick=cyClient-4*cyChar+2*cyEdge;
            cxClick=cxClient-2*cxChar+2*cxEdge;
            MoveWindow(hClickWin,cxChar,cyChar,cxClick,cyClick,TRUE);
            yStat=2*cyChar+cyClick;
            cxStat=cxChar*strlen("Angeklickte Zeile:");
            MoveWindow(hStatWin,cxChar,yStat,cxStat,cyChar,TRUE);
            xLine=2*cxChar+cxStat;
            MoveWindow(hLineWin,xLine,yStat,2*cxChar+2*cxEdge,cyChar+2*cyEdge,TRUE);
            return(0);

        case WM_DESTROY :
            PostQuitMessage (0) ;
            return 0 ;
        }
        return DefWindowProc (hwnd, message, wParam, lParam) ;
}


/*----------------------------------------------------------
  Projekt: Beispiel2     Datei: click.c
  Fensterprozedur für das Klickfenster
             S. Limbach
  ---------------------------------------------------------*/
#include <windows.h>
#include <stdio.h>
#include "const.h"

LRESULT CALLBACK ClickWndProc (HWND hwnd, UINT message, WPARAM wParam, LPARAM lParam)
{
    static int cxChar, cyChar, //Fontgröße
               cxClient, cyClient; //Anwendungsbereich
    HDC     hdc ;
    int     i, y,x;
    int     iVertPos, //Index erste Zeile im Fenster (bezogen auf Daten)
            iPaintBeg, //Index erste ungültige Zeile (bezogen auf Daten)
            iPaintEnd ; //Index letzte ungültige Zeile (bezogen auf Daten)
    PAINTSTRUCT ps ;
    SCROLLINFO  si ;
    TEXTMETRIC  tm ;
```

```c
HWND hwndLine,hwndParent;
static int iActLine, //Index markierte Zeile
      iOldActLine; //Index zuvor markierte Zeile
static char szLines[NUMLINES][LINELENGTH];
RECT rect;
HBRUSH hRedBrush;

switch(message){

case WM_CREATE:
    for(i=0;i<NUMLINES;i++)
        sprintf(szLines[i],"Ich bin Zeile %d",i);

    iActLine=-1;
    iOldActLine=-1;

    hdc = GetDC (hwnd) ;
    //netten Font anlegen
    SelectObject (hdc, CreateFont (0, 0, 0, 0, 0, 0, 0, 0,
                   DEFAULT_CHARSET, 0, 0, 0, FIXED_PITCH, NULL)) ;
    GetTextMetrics (hdc, &tm) ;
    cxChar = tm.tmAveCharWidth ;
    cyChar = tm.tmHeight;
    //netten Font wieder löschen, Systemfont (Vorgabe) benutzen
    DeleteObject (SelectObject (hdc, GetStockObject (SYSTEM_FONT))) ;
    ReleaseDC (hwnd, hdc) ;
    return(0);

case WM_SIZE:
    cxClient = LOWORD (lParam) ;
    cyClient = HIWORD (lParam) ;

// Bereich und Seitengröße der vertikalen Bildlaufleiste
    si.cbSize = sizeof (si) ;
    si.fMask= SIF_RANGE | SIF_PAGE ;
    si.nMin = 0 ;
    si.nMax = NUMLINES - 1 ;
    si.nPage    = cyClient / cyChar ;
    SetScrollInfo (hwnd, SB_VERT, &si, TRUE) ;

    return 0 ;

case WM_VSCROLL:
    // vertikale Bildlaufleiste abfragen
    si.cbSize = sizeof (si) ; // obligatorische Größenangabe
    si.fMask= SIF_ALL ;   // alle Felder abfragen
    GetScrollInfo (hwnd, SB_VERT, &si) ;

    // Position für späteren Vergleich festhalten
    iVertPos = si.nPos ;
```

```c
switch (LOWORD (wParam))
{
case SB_TOP:
     si.nPos = si.nMin ;
     break ;

case SB_BOTTOM:
     si.nPos = si.nMax ;
     break ;

case SB_LINEUP:
     si.nPos -= 1 ;
     break ;

case SB_LINEDOWN:
     si.nPos += 1 ;
     break ;

case SB_PAGEUP:
     si.nPos -= si.nPage ;
     break ;

case SB_PAGEDOWN:
     si.nPos += si.nPage ;
     break ;

case SB_THUMBTRACK:
     si.nPos = si.nTrackPos ;
     break ;

default:
     break ;
}
// Position erst setzen und dann wieder abfragen. So kann man
//Überprüfungen sparen

si.fMask = SIF_POS ;
SetScrollInfo (hwnd, SB_VERT, &si, TRUE) ;
GetScrollInfo (hwnd, SB_VERT, &si) ;

// Wenn sich die Position geändert hat: Fensterinhalt rollen und aktualisieren
if (si.nPos != iVertPos)
{
     ScrollWindow (hwnd, 0, cyChar * (iVertPos - si.nPos), NULL, NULL) ;
     UpdateWindow (hwnd) ;
}
return 0 ;

case WM_LBUTTONUP:
```

```c
x=LOWORD(IParam);
y=HIWORD(IParam);

// Positionsabfrage der vertikalen Bildlaufleiste
si.cbSize = sizeof (si) ;
si.fMask  = SIF_POS ;
GetScrollInfo (hwnd, SB_VERT, &si) ;
iVertPos = si.nPos ;

// Index neu markierter Zeile berechnen
iActLine=iVertPos+y/cyChar;

// zuvor markierte Zeile ungültig erklären
rect.left=0;
rect.top=cyChar*(iOldActLine-iVertPos);
rect.right=cxClient+1;
rect.bottom=rect.top+cyChar+1;
InvalidateRect(hwnd,&rect,TRUE);

// markierte Zeile ungültig erklären
rect.left=0;
rect.top=cyChar*(iActLine-iVertPos);
rect.right=cxClient+1;
rect.bottom=rect.top+cyChar+1;
InvalidateRect(hwnd,&rect,TRUE);

// keine Zeile markieren
if(iOldActLine == iActLine) iActLine=-1;
else iOldActLine=iActLine;
UpdateWindow(hwnd);

// Zeilenanzeigefenster informieren
hwndParent=GetParent(hwnd); //Parent-Fenster: hier das Applikationsfenster
hwndLine=GetDlgItem(hwndParent,ID_Line);
SendMessage(hwndLine,MYOWNMSG,iActLine,0);
InvalidateRect(hwndLine,NULL,TRUE);
UpdateWindow(hwndLine);
return (0);

case WM_PAINT :
    hdc = BeginPaint (hwnd, &ps) ;

    SelectObject (hdc, CreateFont (0, 0, 0, 0, 0, 0, 0, 0,
            DEFAULT_CHARSET, 0, 0, 0, FIXED_PITCH, NULL)) ;
    // Positionsabfrage der vertikalen Bildlaufleiste
    si.cbSize = sizeof (si) ;
    si.fMask= SIF_POS ;
    GetScrollInfo (hwnd, SB_VERT, &si) ;
    iVertPos = si.nPos ;
```

```c
            // Welche Zeilen müsssen tatsächlich ausgegeben werden?
            iPaintBeg = max (0, iVertPos + ps.rcPaint.top / cyChar) ;
            iPaintEnd = min (NUMLINES - 1, iVertPos + ps.rcPaint.bottom / cyChar) ;

            for (i = iPaintBeg ; i <= iPaintEnd ; i++)
            {

                y=cyChar * (i-iVertPos);

                //rotes Rechteck für aktuelle Zeile
                if( i==iActLine ){
                    hRedBrush=CreateSolidBrush(RGB(255,0,0));
                    y=cyChar*(iActLine-iVertPos);

                    rect.top=y;
                    rect.left=0;
                    rect.bottom=y+cyChar;
                    rect.right=cxClient+1;

                    FillRect(hdc,&rect,hRedBrush);
                    SetBkMode(hdc,TRANSPARENT);
                    TextOut(hdc,0,y,szLines[i],lstrlen(szLines[i]));
                    SetBkMode(hdc,OPAQUE);
                }

                else TextOut (hdc, 0, y, szLines[i], strlen(szLines[i]));


            }
            DeleteObject (SelectObject (hdc, GetStockObject (SYSTEM_FONT))) ;
            EndPaint (hwnd, &ps) ;
            return 0 ;

        }

        return DefWindowProc (hwnd, message, wParam, lParam) ;
}


/*----------------------------------------------------
  Projekt: Beispiel2     Datei: line.c
  Fensterprozedur für das Zeilenanzeigefenster
            S. Limbach
  ---------------------------------------------------*/
#include <windows.h>
#include <stdio.h>
#include "const.h"
LRESULT CALLBACK LineWndProc (HWND hwnd, UINT message, WPARAM wParam, LPARAM lParam)
{
    static char szLine[3];
```

```c
PAINTSTRUCT ps;
HDC hdc;

switch(message){
//neu markierte Textzeile in String
case MYOWNMSG:
    if(wParam==-1)
        szLine[0]='\0';
    else
        sprintf(szLine,"%d",wParam);
    return(0);

case WM_PAINT:
    hdc=BeginPaint(hwnd,&ps);
    SelectObject (hdc, CreateFont (0, 0, 0, 0, 0, 0, 0, 0,
                DEFAULT_CHARSET, 0, 0, 0, FIXED_PITCH, NULL)) ;
    TextOut(hdc,0,0,szLine,strlen(szLine));
    DeleteObject (SelectObject (hdc, GetStockObject (SYSTEM_FONT))) ;

    EndPaint(hwnd,&ps);
    return(0);
}

return DefWindowProc (hwnd, message, wParam, lParam) ;
}

/*-----------------------------------------------------
  Projekt: Beispiel2     Datei: const.h
  Definitionen der Konstanten
            S. Limbach
  ---------------------------------------------------*/
#define NUMLINES 30
#define LINELENGTH 50

#define MYOWNMSG 0x401

#define ID_Click 01
#define ID_Line 02
```

Listing 4.2 BEISPIEL2

4.8.1 Fensterklassen und Fensterprozeduren von BEISPIEL2

Für die Fenster dieses Programms werden zunächst in *WinMain* drei Fensterklassen registriert. Die Klasse „Beispiel2" für das Anwendungsfenster, „Click" für das Klickfenster und „Line" für das Zeilenanzeigefenster. Die Fensterprozeduren heißen entsprechend *WndProc*, *ClickWndProc* und *LineWndProc*. Für das Klickfenster und das Zeilenanzeigefenster werden im Parameter *hMenu* Identifikations-Kennziffern (ID_Click und ID_Line) vergeben. Anhand dieser ID's ist es möglich, den Handle eines Child-Fensters durch Aufruf der Funktion *GetDlgItem* an fast jeder Stelle des Programms zu ermitteln.

Für das Fenster, das nur den Text „Angeklickte Zeile:" ausgibt, existiert eine vordefinierte Klasse mit dem Namen „STATIC". Um Fenster dieser Klasse zu erzeugen, muss man nur *CreateWindow* aufrufen und als ersten Parameter (*lpClassName*) diesen Namen übergeben. Der zweite Parameter (*lpWindowName*) wird in diesem Fenster als Text dargestellt. Das Schreiben einer Fensterprozedur erübrigt sich.

Erzeugt wird in *WinMain* jedoch nur das Anwendungsfenster. Die Child-Fenster werden in der Funktion *WndProc* bei der Bearbeitung der Nachricht WM_CREATE erzeugt. Dies hat den Vorteil, dass man die Handles der Child-Fenster in statischen Variablen festhalten kann. Diese benötigt man z. B. dann, wenn die Größe des Applikationsfensters verändert wird und man deswegen die Positionierung der Child-Fenster ändern möchte. Man könnte die Handles der Child-Fenster zwar auch anhand deren Identifikations-Kennziffern ermitteln, was aber nun unnötig ist.

Da das Klickfenster und das Zeilenanzeigefenster in das Anwendungsfenster hereingesetzt erscheinen sollen, wird für die Erzeugung dieser beiden Fenster die Funktion *CreateWindowEx* verwendet. Die zu übergebenden Parameter sind dieselben, die auch an *CreateWindow* übergeben werden, außer dass als erster Parameter noch *dwExStyle* benötigt wird. Für den hier erwünschten Effekt lautet dieser WS_EX_CLIENTEDGE. Da das Klickfenster und das Zeilenanzeigefenster Child-Fenster des Anwendungsfensters sein sollen, muss für den Parameter *hwndParent* der Handle des Anwendungsfensters an die Funktion *CreateWindowEx* übergeben werden.

Desweiteren wird bei der Bearbeitung der Nachricht WM_CREATE die Mindestgröße des Applikationsfensters berechnet. Dazu wird zuerst die gewünschte Größe des Anwendungsbereichs berechnet und dann *AdjustWindowRect* zur Ermittlung der benötigten Gesamtfenstergröße (mit Rahmen und Titelleiste) aufgerufen.

Durch Bearbeitung der Nachricht WM_GETMINMAXINFO wird dafür gesorgt, dass die Mindestgröße des Applikationsfensters nicht unterschritten wird.

Die eigentliche Positionierung der Child-Fenster findet erst bei der Bearbeitung der Nachricht WM_SIZE durch Aufruf der Funktion *MoveWindow* statt. So können die

Größen und Positionen der Child-Fenster stets an die Größe des Anwendungsfensters angepasst werden.

Nach der Erzeugung und Darstellung der Fenster liest *WinMain* die Nachrichten für BEISPIEL2 aus der Nachrichtenschlange. *DispatchMessage* sorgt dafür, dass jede Nachricht beim richtigen Child-Fenster ankommt. Wenn der Anwender also die linke Maustaste im Klickfenster loslässt, erhält *ClickWndProc* die Nachricht WM_LBUTTONUP, geschieht dies dagegen im Zeilenanzeigefenster, erhält *LineWndProc* diese Nachricht. Die Funktion *ClickWndProc* reagiert auf eine WM_LBUTTONUP-Nachricht dadurch, dass sie durch Aufruf von *SendMessage* eine eigene Nachricht (MYOWNMSG) an *LineWndProc* sendet. Hierdurch wird es möglich, die Nummer der angeklickten Zeile im Zeilenanzeigefenster darzustellen (s. 4.8.2).

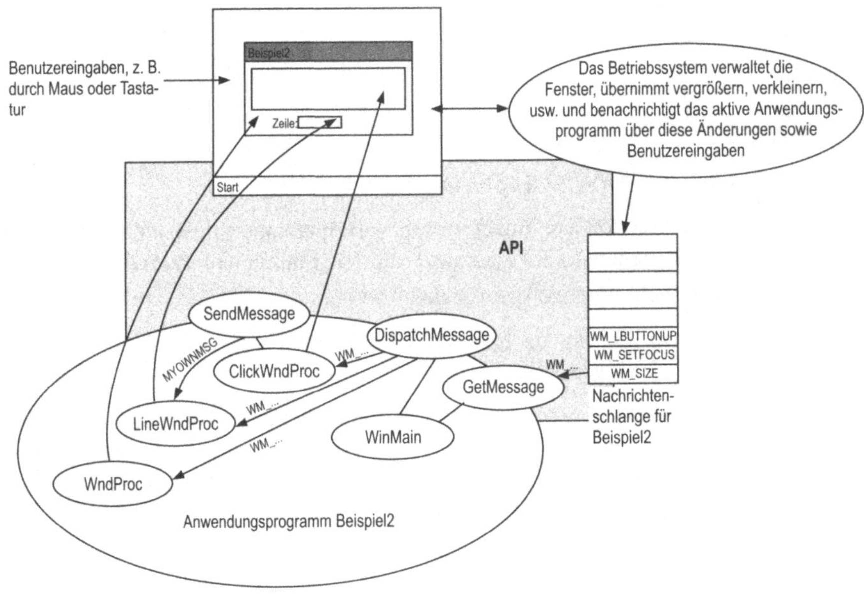

Bild 4.4 Ablauf von BEISPIEL2 nach Erzeugung und Darstellung der benötigten Fenster

4.8.2 Der Scrolleffekt des Klickfensters

Die Erzeugung eines Fensters mit einer vertikalen Schiebeleiste ist denkbar einfach. Der gewünschte Stil des Fensters wird einfach noch mit WS_VSCROLL bitweise ODER-verknüpft und als Parameter *dwStyle* an *CreateWindow* übergeben.

Zur Arbeit mit der Schiebeleiste muss dieser ein Wertebereich zugeordnet werden, so dass jeder möglichen Markenposition ein Wert entspricht. Hierzu wird in der Fensterprozedur des zu scrollenden Fensters – im Fall von BEISPIEL2 ist das die Funktion *ClickWndProc* – eine Struktur vom Typ SCROLLINFO, die folgenderweise deklariert ist, initialisiert:

```
typedef struct tagSCROLLINFO { // si
        UINT      cbSize;
        UINT      fMask;
        int       nMin;
        int       nMax;
        UINT      nPage;
        int       nPos;
        int       nTrackPos;
} SCROLLINFO;
```

cbSize muss gleich *sizeof*(SCROLLINFO) gesetzt werden.

fMask ist eine bitweise ODER-Verknüpfung verschiedener Konstanten. Der Wert legt fest, welche Schiebeleisten-Parameter von den Funktionen *SetScrollInfo* oder *GetScrollInfo* gesetzt bzw. abgefragt werden sollen.

nMin entspricht einer am oberen Ende der Schiebeleiste stehenden Marke. Dieser Wert wird häufig zu Null gesetzt.

nMax entspricht einer am unteren Ende der Leiste stehenden Marke. Der Wert gibt die letzte maximal benötigte Scrollposition an. Bei Textfenstern, die zeilenweise gescrollt werden sollen, ist dies die Anzahl darzustellender Zeilen minus eins (also der Index der letzten Zeile).

nPage legt die Seitengröße fest. Bei Textfenstern ist das meist die Anzahl der Zeilen pro Seite.

nPos enthält den Wert für die aktuelle Markenposition bei losgelassener Marke. Bei Textfenstern, die zeilenweise gescrollt werden sollen, ist das der Index der ersten Zeile im Fenster.

nTrackPos enthält den Wert für die Markenposition, während diese gezogen wird.

Um den Wertebereich zu setzen, wird die Funktion *SetScrollInfo* aufgerufen und die Adresse einer initialisierten Struktur vom Typ SCROLLINFO als Parameter übergeben.

Die Anzahl tatsächlich benötigter Scrollpositionen ist übrigens nicht konstant, sondern von der Größe des Fensters abhängig, wie Bild 4.5 und Bild 4.6 zeigen:

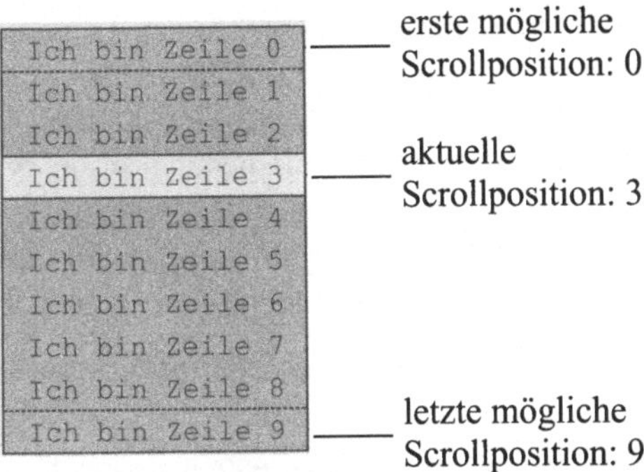

Bild 4.5 Zehn darzustellende Zeilen im einzeiligen Fenster

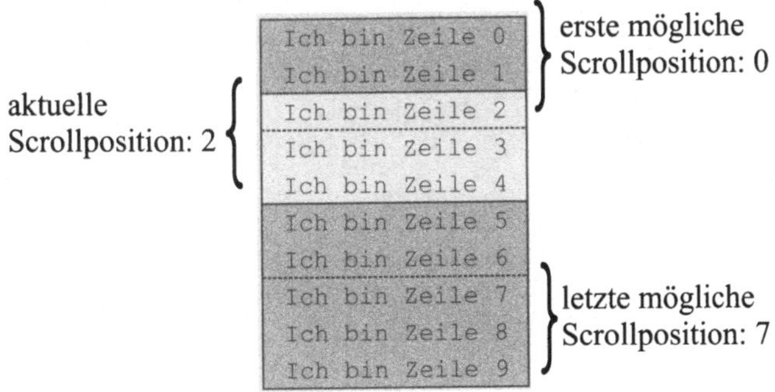

Bild 4.6 Zehn darzu   lreizeiligen Fenster

Im ersten Beispiel werden zehn Textzeilen in einem einzeiligen Fenster dargestellt. Wie man sieht, gibt es zehn verschiedene sinnvolle Scrollpositionen, die von 0-9 numeriert werden.

Im zweiten Beispiel sollen die zehn Textzeilen in einem dreizeiligen Scrollfenster dargestellt werden. Hier gibt es nur noch acht verschiedene sinnvolle Scrollpositionen, die von 0-7 numeriert werden.

Hierzu braucht man aber keine weiteren Überlegungen anzustellen. Das Element *nMax* der an *SetScrollInfo* zu übergebenden Struktur vom Typ SCROLLINFO wird mit der Anzahl darzustellender Zeilen minus eins initialisiert. Bei einer Größenänderung des Scrollfensters wird einfach die Anzahl der Zeilen pro Seite neu berechnet und ins Element *nPage* der angelegten SCROLLINFO-Struktur geschrieben. *SetScrollInfo* berechnet die letzte benötigte Scrollposition nach der Formel *nMax-nMin-nPage+1* neu und setzt dann den Wertebereich für die Schiebeleiste entsprechend. Übrigens erhalten Fenster auch beim ersten Auftauchen auf dem Bildschirm eine Nachricht vom Typ WM_SIZE. Deshalb ist es nicht notwendig, den Wertebereich der Schiebeleiste bereits bei der Bearbeitung von WM_CREATE zu setzen.

Nachdem jetzt schon so oft die Funktion *SetScrollInfo* erwähnt worden ist, hier noch ihr Prototyp:

```
int SetScrollInfo( HWND hwnd, int fnBar, LPSCROLLINFO lpsi, BOOL fRedraw )
```

hwnd ist der Handle des Fensters, dessen Schiebeleistenparameter gesetzt werden sollen.

fnBar zeigt, an ob die Parameter der horizontalen oder vertikalen Schiebeleiste gesetzt werden sollen.

lpsi enthält die Parameter für die Schiebeleiste.

fRedraw teilt der Funktion mit, ob die Schiebeleiste nach der Parameteränderung neu gezeichnet werden soll.

Zwei weitere Funktionen finden noch Verwendung bei der Realisierung des Scrolleffekts:

```
int GetScrollInfo( HWND hwnd, int fnBar, LPSCROLLINFO lpsi)
```

hwnd ist der handle des Fensters, dessen Schiebeleistenparameter gelesen werden sollen.

fnBar zeigt an, ob die Parameter der horizontalen oder vertikalen Schiebeleiste gelesen werden sollen.

Die Schiebeleistenparameter werden nach *lpsi* geschrieben.

```
BOOL ScrollWindow( HWND hWnd, int XAmount, int YAmount, CONST RECT *lpRect, CONST RECT *lpClipRect );
```

hwnd ist der handle des Fensters, dessen Inhalt gescrollt werden soll.

Xamount, Yamount geben (normalerweise in Pixeln) an, wie weit der Fensterinhalt gescrollt werden soll. Zum Scrollen des Fensterinhalts nach oben – also Bewegung der Schiebemarke nach unten – muss das Vorzeichen negativ sein.

lpRect und *lpClipRect* werden in den Programmen dieses Buches stets NULL gesetzt und zeigen so an, dass der gesamte Anwendungsbereich des Fensters gescrollt werden soll.

Nachdem nun dargestellt ist, wie man Schiebeleistenparameter setzt und abfragt, muss jetzt geklärt werden, was noch notwendig ist, um einen Scrolleffekt zu programmieren:

Die Fensterprozedur des Scrollfensters muss die Nachricht WM_VSCROLL bearbeiten. Der an die Fensterprozedur übergebene Parameter *wParam* informiert darüber, was der Benutzer mit der Schiebeleiste angestellt hat. Zu Beginn der Bearbeitung dieser Nachricht wird die alte Scrollposition, die bei zeilenweise zu scrollenden Textfenstern dem Index der ersten Zeile im Fenster entspricht, mit *GetScrollInfo* abgefragt und in einer Variablen (BEISPIEL2: *iVertPos*) festgehalten. Entsprechend der in LOWORD(wParam) enthaltenen Information darüber, wie weit die Schiebemarke bewegt wurde, wird der Parameter *nPos* der definierten Struktur vom Typ SCROLLINFO (Beispiel 2: *si*) entsprechend geändert. Danach wird dieser Parameter der Bildlaufleiste durch Aufruf von *SetScrollInfo* entsprechend gesetzt. So braucht man sich um Plausibilitätsprüfungen nicht selbst zu kümmern. Allerdings kann dann auch ein anderer Positionswert gesetzt worden sein als das Programm in *nPos* geschrieben hat. Deshalb muss man dann noch einmal *GetScrollInfo* abfragen. Ist die Position gegenüber der alten Position geändert, scrollt man das Fenster entsprechend durch Aufruf von *ScrollWindow*. Da *ScrollWindow* den Bildschirminhalt nach oben bzw. unten umkopiert, ist nur der neu hinzugekommene Bereich des Scrollfensters ungültig. Bild 4.7 zeigt diesen Zusammenhang.

Das Neuzeichnen ungültiger Fensterbereiche geschieht nach wie vor bei der Bearbeitung der Nachricht WM_PAINT. Mit Hilfe der Koordinaten des ungültigen Fensterbereichs stellt man fest, welche Zeilen im Fenster neu gezeichnet werden müssen. Hierzu muss man dann aber noch den Index der ersten dargestellten Zeile im Fenster (entspricht der Scrollposition) addieren, um den richtigen Zeilenindex zu erhalten. In BEISPIEL2 geschieht diese Berechnung durch *iVertPos+rcPaint.top/cyChar*.

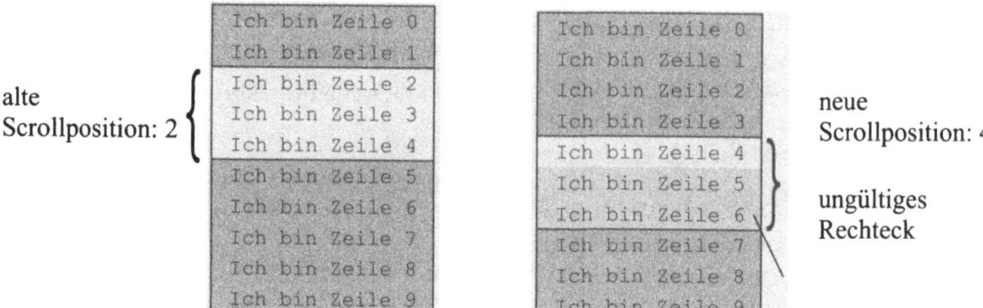

Bild 4.7 Scrollen eines Fensters

Die Fensterprozedur des Klickfensters (*ClickWndProc*) von BEISPIEL2 vergleicht
bei der Bearbeitung der WM_PAINT-Nachricht die Indices neu zu zeichnender
Zeilen mit dem Wert von *iActLine* (Index der vom Benutzer markierten Zeile). Entspricht der Index einer zu zeichnenden Zeile dem Wert von *iActLine*, so wird über
die Zeile noch ein rotes Rechteck gezeichnet.

Das Markieren einer Zeile geschieht in Zusammenarbeit mit der Nachricht
WM_LBUTTONUP. Diese Nachricht erhält eine Fensterprozedur, wenn der Benutzer im Fenster die linke Maustaste losgelassen hat. In BEISPIEL2 wird der Index der markierten Zeile berechnet und in *iActLine* festgehalten. Die Rechtecke, die
die neue zu markierende Zeile und die zuvor markierte Zeile umgeben, werden ungültig erklärt. Zum Abschluss der Bearbeitung von WM_LBUTTONUP wird durch
Aufruf von *UpdateWindow* noch eine WM_PAINT-Nachricht ausgelöst. Dadurch
wird dann die neu markierte Zeile neu (mit rotem Rechteck) und die alte neu (aber
ohne rotes Rechteck) gezeichnet.

Der Abschnitt WM_LBUTTONUP erfüllt noch eine weitere Aufgabe: Er sendet
eine Nachricht an das Zeilenanzeigefenster. Bei dieser Nachricht handelt es sich
aber nicht um eine der vordefinierten Nachrichten, sondern um eine eigene. Zu deren Identifikation kann man Konstanten wählen, die über dem Wert der Konstanten
WM_USER liegen. Zum Versenden der Nachricht benutzt man *SendMessage*, deren Prototyp lautet:

```
LRESULT SendMessage( HWND hWnd, UINT Msg, WPARAM wParam, LPARAM lParam );
```

hWnd ist der Handle des Fensters, für das die Nachricht bestimmt ist.

Msg enthält die Nachrichtenart.

wParam und *lParam* enthalten die Nachrichtenparameter. Bei eigenen Nachrichten kann man dort jeden Datentyp hineinschreiben, den man in 32 Bit unterbringen kann.

Für den Typ der eigenen Nachricht wird einfach MYOWNMSG definiert. Als Parameter *wParam* wird der Index der markierten Zeile verschickt.

Die Fensterprozedur des Zeilenanzeigefensters *LineWndProc* reagiert auf die Nachricht MYOWNMSG, indem sie den anzuzeigenden String entsprechend des übergebenen Parameters *wParam* ändert. Das eigentliche Neuzeichnen geschieht wie üblich im Abschnitt WM_PAINT.

4.9 BEISPIEL3: Tastatureingaben

BEISPIEL3 besteht wieder nur aus dem Anwendungsfenster (Fensterklasse: „Beispiel3") und einem Child-Fenster (Fensterklasse: „Input"). Im Child-Fenster kann der Benutzer stets in der unteren Zeile Text eingeben. Schließt er eine Zeile mit der Return-Taste ab, wird der eingegebene Text eine Zeile nach oben geschoben. Der Benutzer kann dann wieder neuen Text eingeben. Ein solches Texteingabefenster wird in DEBUG8051PC zur Eingabe von Befehlen für den Debugger verwendet.

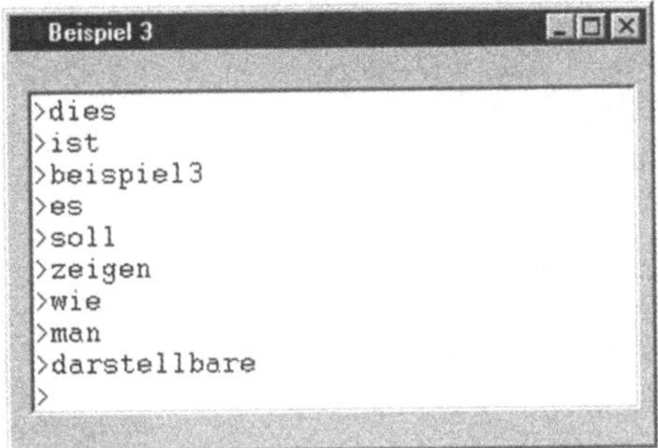

Bild 4.8 Ein einfaches Texteingabefenster

Das Listing ist wieder wesentlich kürzer als das von BEISPIEL2:

```
/*----------------------------------------------------------
   Beispiel3.C Ein einfaches Texteingabefenster
                     Silvia Limbach
   ----------------------------------------------------*/
#include <windows.h>
```

```c
#include <stdio.h>
#include "resource.h"

#define MAXINPLINES 10
#define MAXLETTERS 30
#define ID_Input 0x01

void rotate_befehlptr(char *bptr[]);
LRESULT CALLBACK WndProc (HWND, UINT, WPARAM, LPARAM) ;
LRESULT CALLBACK InputWndProc (HWND hwnd, UINT message, WPARAM wParam, LPARAM IParam);

int WINAPI WinMain (HINSTANCE hInstance, HINSTANCE hPrevInstance,
                    PSTR szCmdLine, int iCmdShow)
{

    HWND        hwnd ;
    MSG         msg ;
    WNDCLASS    wndclass ;

    //Anwendungsfenster registrieren

    wndclass.style          = CS_HREDRAW | CS_VREDRAW ;
    wndclass.lpfnWndProc = WndProc ;
    wndclass.cbClsExtra     = 0 ;
    wndclass.cbWndExtra  = 0 ;
    wndclass.hInstance      = hInstance ;
    wndclass.hIcon          = LoadIcon (hInstance,MAKEINTRESOURCE(IDI_BEISPIEL3)) ;
    wndclass.hCursor        = LoadCursor (NULL, IDC_ARROW) ;
    wndclass.hbrBackground = (HBRUSH) (COLOR_MENU+1);
    wndclass.lpszMenuName   = NULL ;
    wndclass.lpszClassName = "Beispiel3";

    if(!RegisterClass (&wndclass))
    {
        //Tritt auf, wenn Programm mit Option UNICODE compiliert
        //wurde und das Betriebssystem dies nicht unterstützt
        MessageBox(NULL,"Fehler beim Registrieren der Fensterklasse",
                "Beispiel3",MB_ICONERROR);
        return 0;
    }

    //Eingabefenster registrieren
    wndclass.lpfnWndProc=InputWndProc;
    wndclass.hIcon=NULL;
    wndclass.lpszClassName="Input";
    wndclass.hbrBackground=(HBRUSH)GetStockObject(WHITE_BRUSH);
    RegisterClass(&wndclass);

    hwnd = CreateWindow ("Beispiel3", "Beispiel 3",
                WS_OVERLAPPEDWINDOW,
```

```c
                     CW_USEDEFAULT, CW_USEDEFAULT,
                     CW_USEDEFAULT, CW_USEDEFAULT,
                     NULL, NULL, hInstance, NULL) ;

     ShowWindow (hwnd, iCmdShow) ;
     UpdateWindow (hwnd) ;
     while (GetMessage (&msg, NULL, 0, 0))
     {
          TranslateMessage (&msg) ;
          DispatchMessage (&msg) ;
     }
     return msg.wParam ;
}


LRESULT CALLBACK WndProc (HWND hwnd, UINT message, WPARAM wParam, LPARAM lParam)
{
     static HWND hInputWin; //Handle Eingabefenster
     static int cxChar,cyChar, //Breite,Höhe Font
          cxEdge,cyEdge, //Maße der Kante f. 3D-Effekt
          cxmin,cymin, //Mindestgröße d. Anwendungsbereichs d. Applikationsfensters
          cxClient,cyClient; //aktuelle Anwendungsbereichsgröße
     int cxInput,cyInput,yInput; //Größe und y-Position d. Eingabefensters
     HDC           hdc ;
     TEXTMETRIC  tm ;
     HINSTANCE hInstance;
     int ret;
     RECT rInt;
     MINMAXINFO *lpmmi;

     switch(message){
     case WM_CREATE:
          hInstance = (HINSTANCE)GetWindowLong(hwnd,GWL_HINSTANCE);

          hInputWin=CreateWindowEx(WS_EX_CLIENTEDGE,"Input",NULL,
               WS_CHILDWINDOW|WS_VISIBLE,
               0,0,0,0,hwnd,(HMENU)ID_Input,hInstance,NULL);
          hdc = GetDC (hwnd) ;
          SelectObject (hdc, CreateFont (0, 0, 0, 0, 0, 0, 0, 0,
                              DEFAULT_CHARSET, 0, 0, 0, FIXED_PITCH, NULL)) ;


          GetTextMetrics (hdc, &tm) ;
          cxChar = tm.tmAveCharWidth ;
          cyChar = tm.tmHeight;

          cxEdge=GetSystemMetrics(SM_CXEDGE);
          cyEdge=GetSystemMetrics(SM_CYEDGE);

          //Mindestgröße für Applikationsfenster berechnen
```

```
        rlnt.top=0;
        rlnt.left=0;
        rlnt.right=12*cxChar+2*cxEdge;
        rlnt.bottom=3*cyChar+2*cyEdge;
            //Fenstergröße aus Anwendungsfenstergröße berechnen
        ret=AdjustWindowRect(&rlnt,WS_OVERLAPPEDWINDOW,FALSE);
        cxmin=rlnt.right-rlnt.left;
        cymin=rlnt.bottom-rlnt.top;

        DeleteObject (SelectObject (hdc, GetStockObject (SYSTEM_FONT))) ;
        ReleaseDC (hwnd, hdc) ;

        return 0 ;

    case WM_SIZE:
        cxClient = LOWORD (lParam) ;
        cyClient = HIWORD (lParam) ;
        //Eingabefenster hat eine Maximalgröße. Bei weiterer Vergrößerung
        //des Anwendungsfensters wird das Eingabefenster nicht weiter vergrößert
        cylnput=min(cyClient-2*cyChar+2*cyEdge,MAXINPLINES*cyChar+2*cyEdge);
        cxlnput=min(cxClient-2*cxChar+2*cxEdge,MAXLETTERS*cyChar+2*cxEdge);
        ylnput=cyClient-cyChar-cylnput;
        MoveWindow(hlnputWin,cxChar,ylnput,cxlnput,cylnput,TRUE);
        return(0);

    case WM_SETFOCUS:
        //Eingabefocus ans Eingabefenster weiterreichen
        SetFocus(hlnputWin);
        return(0);

    case WM_GETMINMAXINFO:
        //Mindestgröße für Appliktationsfenster
        lpmmi=(LPMINMAXINFO)lParam;
        lpmmi->ptMinTrackSize.y=cymin;
        lpmmi->ptMinTrackSize.x=cxmin;
        return(0);

    }
    return DefWindowProc (hwnd, message, wParam, lParam) ;

}

LRESULT CALLBACK InputWndProc (HWND hwnd, UINT message, WPARAM wParam, LPARAM lParam)
{
    static int  cxChar, cyChar ;
    HDC         hdc ;
    PAINTSTRUCT ps ;
    TEXTMETRIC  tm ;
    static int iBegPaint, //Index erste, letzte ungültige Zeile (bezogen auf Daten)
        iEndPaint,
```

```
    iVertPos; //Index erste Zeile im Fenster (bezogen auf Daten)
static int xCaret,yCaret; //Caretposition
static int cxClient,cyClient; //Größe Anwendungsbereich
//static int cxMax,cyMax; //Maximalgröße d. Eingabefensters
static int cLines; //Azahl Zeilen im Fenster
static char befehle[MAXINPLINES] [MAXLETTERS];  //Datenspeicherung
static char *befehlptr[MAXINPLINES];              // für Scrollen
int i; //Initialisierungsschleife
char ch; //eingegebener Buchstabe

switch (message)
{
case WM_CREATE:
    for(i=0;i<MAXINPLINES;i++)
        befehlptr[i]=befehle[i];

    hdc=GetDC(hwnd);
    SelectObject (hdc, CreateFont (0, 0, 0, 0, 0, 0, 0, 0,
                DEFAULT_CHARSET, 0, 0, 0, FIXED_PITCH, NULL)) ;

    GetTextMetrics(hdc,&tm);
    cxChar=tm.tmAveCharWidth;
    cyChar=tm.tmHeight;

    DeleteObject (SelectObject (hdc, GetStockObject (SYSTEM_FONT))) ;
    ReleaseDC(hwnd,hdc);
    xCaret=1;
    yCaret=0;

    befehlptr[MAXINPLINES-1][0]='>';

    return 0 ;


case WM_SETFOCUS:
    CreateCaret(hwnd,NULL,cxChar,cyChar);
    SetCaretPos(xCaret*cxChar,yCaret*cyChar);
    ShowCaret(hwnd);
    return(0);

case WM_KILLFOCUS:
    HideCaret(hwnd);
    DestroyCaret();
    return(0);

case WM_SIZE:
    cxClient=LOWORD(lParam);
    cyClient=HIWORD(lParam);
    cLines=cyClient/cyChar;
    yCaret=cLines-1;
```

```c
        iVertPos=MAXINPLINES-cLines;
        if(hwnd==GetFocus()) SetCaretPos(xCaret*cxChar,yCaret*cyChar);

        return(0);

    case WM_KEYDOWN:
        switch(wParam){
        //Cursortasten
        case VK_LEFT:
            if(xCaret>1)
                xCaret--;
            break;
        case VK_RIGHT:
            if(xCaret<MAXLETTERS-1)
                xCaret++;
            break;


        }
        SetCaretPos(xCaret * cxChar,yCaret * cyChar);
        return 0;


    case WM_CHAR:
        switch(wParam){
        case 0x0d: //Carriage Return
            befehlptr[MAXINPLINES-1][xCaret]='\0';
            rotate_befehlptr(befehlptr);
            befehlptr[MAXINPLINES-1][0]='>';
            befehlptr[MAXINPLINES-1][1]='\0';
            ScrollWindow(hwnd,0,-cyChar,NULL,NULL);
            xCaret=1;
            break;

        default:
                ch=(TCHAR)wParam;
                HideCaret(hwnd);
                hdc=GetDC(hwnd);
                SelectObject (hdc, CreateFont (0, 0, 0, 0, 0, 0, 0, 0,
                        DEFAULT_CHARSET, 0, 0, 0, FIXED_PITCH, NULL)) ;

                if(xCaret<MAXLETTERS){
                    befehlptr[MAXINPLINES-1][xCaret]=ch;
                    TextOut(hdc,xCaret*cxChar,yCaret*cyChar,&ch,1);
                    xCaret++;
                }

                ShowCaret(hwnd);
                DeleteObject (SelectObject (hdc, GetStockObject (SYSTEM_FONT))) ;
                ReleaseDC(hwnd,hdc);
                break;
```

```c
        }
        SetCaretPos(xCaret * cxChar,yCaret * cyChar);
        return(0);


    case WM_PAINT :

        hdc=BeginPaint(hwnd,&ps);
        SelectObject (hdc, CreateFont (0, 0, 0, 0, 0, 0, 0, 0,
                    DEFAULT_CHARSET, 0, 0, 0, FIXED_PITCH, NULL)) ;

        iBegPaint = max (0, iVertPos + ps.rcPaint.top / cyChar) ;
        iEndPaint = min (MAXINPLINES-1,iVertPos + ps.rcPaint.bottom / cyChar);

        for(i=iEndPaint;i>=iBegPaint;i--){
            TextOut(hdc,0,(i-iVertPos)*cyChar,befehlptr[i],strlen(befehlptr[i]));
        }
        DeleteObject (SelectObject (hdc, GetStockObject (SYSTEM_FONT))) ;
        EndPaint(hwnd,&ps);
        return(0);

    case WM_DESTROY :
        PostQuitMessage (0) ;
        return 0 ;
    }
    return DefWindowProc (hwnd, message, wParam, lParam) ;
}


void rotate_befehlptr(char *bptr[])
{
    int i;
    char *bufferptr;
    //Befehle umkopieren
    bufferptr=bptr[0];
    for(i=0;i<MAXINPLINES-1;i++)
    bptr[i]=bptr[i+1];
    bptr[MAXINPLINES-1]=bufferptr;
    bptr[MAXINPLINES-1][0]='\0';
}
```

Listing 4.3 BEISPIEL3

4.9.1 Tastennachrichten und Zeichennachrichten

Unter Windows gibt es stets ein aktives Fenster das – falls es eine besitzt – durch
eine hervorgehobene Titelleiste gekennzeichnet wird. Nur dieses aktive Fenster o-
der eins seiner Child-Fenster wird über Tastendrücke informiert. Genauer: Nur das

Fenster das den Eingabefokus hat, erhält Nachrichten über Tastendrücke. Dies sind die Nachrichten WM_KEYDOWN, WM_KEYUP, WM_SYSKEYDOWN und WM_SYSKEYUP. WM_SYSKEYUP und WM_SYSKEYDOWN werden üblicherweise für Tastendrücke in Kombination mit der ALT-Taste erzeugt und sind eigentlich für das System bestimmt. Deshalb werden diese Nachrichten in Anwendungsprogrammen normalerweise nicht bearbeitet. Jedoch bekommt man evtl. auch nicht die Bearbeitung der Nachrichten WM_KEYDOWN und WM_KEYUP in der Fensterprozedur zu sehen. Dies ist z. B. dann der Fall, wenn sich ein Fenster ausschließlich für druckbare Zeichen interessiert.

Dafür enthält die Nachrichtenschleife eines Programms, das sich für druckbare Zeichen interessiert, den Aufruf *TranslateMessage*.

```
while (GetMessage (&msg, NULL, 0, 0))
{
    TranslateMessage (&msg) ;
    DispatchMessage (&msg) ;
}
```

Falls die eingegebene Tastenkombination ein druckbares Zeichen ergibt, übersetzt *TranslateMessage* die Nachrichten vom Typ WM_KEYDOWN und WM_SYSKEYDOWN in Nachrichten vom Typ WM_CHAR und WM_SYSCHAR. Diese werden so in die Nachrichtenschlange eingefügt, dass der nächste Aufruf von *GetMessage* sie erhält.

Der mitgelieferte Zeichencode wird bei den WM_CHAR-Nachrichten als *wParam* übergeben. Falls das Programm ohne die Option UNICODE compiliert wird, werden von *wParam* nur 8 Bit zur Übermittlung des ASCII-Codes des eingegeben Zeichens benutzt.

Praktischerweise werden jedoch für Betätigungen der <Tab>, <Return> und <Rücktaste> sowie einige andere WM_CHAR-Nachrichten erzeugt, so dass für die Realisierung allereinfachster Editierungsmöglichkeiten in eigenen Programmen die Bearbeitung von WM_CHAR ausreichen würde.

Interessiert sich ein Programm jedoch z. B. für die Cursortasten, dann muss auch WM_KEYDOWN bearbeitet werden. Diese Nachricht liefert den sogenannten virtuellen Tastencode der gedrückten Taste in *wParam*. Für die virtuellen Tastencodes von Tasten, deren Betätigung kein druckbares Zeichen erzeugt, sind Konstanten, die mit VK_ beginnen, zur Identifikation der gedrückten Taste definiert.

Nachdem nun geklärt ist, wie ein Anwendungsprogramm auf Tastendrücke reagieren kann, interessiert jetzt noch, wie der Cursor, der normalerweise anzeigt, wo der nächste Buchstabe in einem Fenster erscheinen wird, erzeugt werden kann. Dieser Cursor wird, um Verwechslungen mit dem Mauscursor zu vermeiden, als Caret bezeichnet. Wenn ein Fenster den Eingabefokus erhält, wird es darüber durch eine WM_SETFOCUS-Nachricht informiert. Auf diese Nachricht sollte die Anwendung mit *CreateCaret* reagieren und so ein Caret mit den gewünschten Eigenschaften erzeugen. Um das Caret sichtbar zu machen, muss aber noch ein Aufruf von *ShowCaret* folgen. Ausnahmsweise erfolgt die Ausgabe des eingegeben Zeichens normalerweise innerhalb der Bearbeitung von WM_CHAR und nicht bei WM_PAINT, um keine Verzögerung zwischen Tastendruck und Ausgabe des Zeichens entstehen zu lassen. Man sollte das Caret dann aber vor Ausgabe des Zeichens mit *HideCaret* verstecken, damit sich das Caret und die Ausgabe nicht stören. Nach der Ausgabe wird das Caret mit *ShowCaret* wieder angezeigt. Da sich alle Fenster einer Anwendung ein Caret teilen, muss ein Fenster das Caret mit *DestroyCaret* freigeben, wenn es den Eingabefokus verliert. Über den Verlust des Eingabefokus wird es mit einer WM-KILLFOCUS-Nachricht informiert.

In BEISPIEL3 erhält zunächst das Anwendungsfenster den Eingabefokus. Da sich jedoch das Eingabefenster um die Bearbeitung von Zeichennachrichten kümmern soll, gibt WndProc den Eingabefokus weiter an dieses Fenster. Die Fensteprozedur des Eingabefensters (*InputWndProc*) übernimmt alle weiteren Aufgaben für die Darstellung des Carets und die Darstellung der eingegebenen Zeichen.

4.9.2 Fensterprozedur des Eingabefensters

Zur Speicherung der eingegebenen Textzeilen wird in der *InputWndProc* von BEISPIEL3 das Feld *char befehle[MAXINPLINES][MAXLETTERS]* und der Vektor *char *befehlptr[MAXINPLINES]* definiert. Jedes Element von *befehlptr* zeigt auf einen Zeilenbeginn im Feld *befehle*.

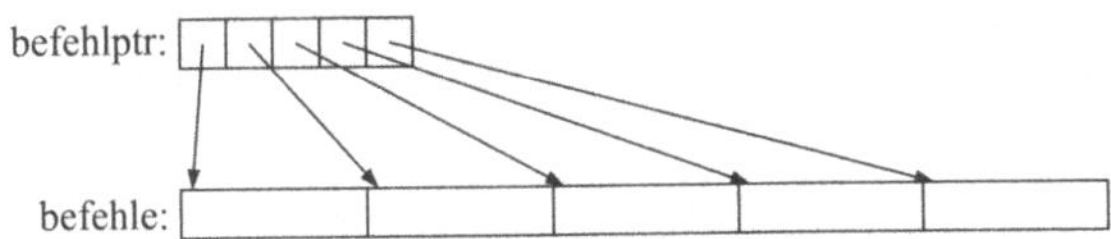

Bild 4.9 a) *befehle* **und** *befehlptr* **vor Eingabe der ersten Zeile**

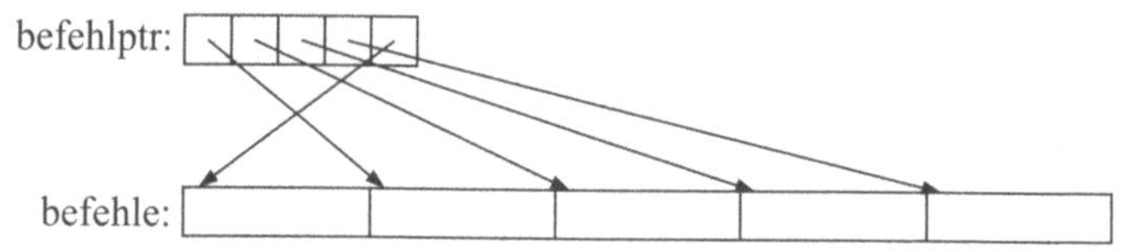

Bild 4.9 b) *befehle* **und** *befehlptr* **nach Eingabe der ersten Zeile**

Die zuletzt eingegebene Zeile befindet sich immer im durch *befehlptr[MAXINPLINES-1]* adressierten Vektor. Allerdings rotieren nach einer abgeschlossenen Eingabe die in *befehlptr* enthaltenen Zeiger. Sind MAXINPLINES Zeilen eingegeben, so überschreibt die nächste Zeile die zuerst eingegebene.

Das „Wegschieben" der zuerst eingegebenen Zeilen nach oben erreicht man durch Aufruf der Funktion *ScrollWindow*. Dies verschiebt den Fensterinhalt eine Zeile nach oben.

Das Neuzeichnen ungültig gewordener Fensterbereiche geschieht wieder bei der Bearbeitung von WM_PAINT. Dort wird festgestellt, welche Zeilen neu gezeichnet werden müssen. Diese werden dann von unten nach oben neu gezeichnet. Die auszugebenden Zeilen werden durch *befehlptr[MAXINPLINES-1]*, *befehlptr[MAXINPLINES-2]*, ... adressiert.

4.10 Messdatendarstellung

Mikrocontrollersysteme kann man gut als Datenerfassungssyteme einsetzen, wenn eine direkte Datenerfassung durch einen PC nicht möglich oder nicht gewünscht ist. Die erfassten Daten sollen nach Abschluss der Messung häufig an einen PC gesendet und dort dargestellt werden. Ein Programm zum Auslesen von Messdaten aus einem Mikrocontrollersystem und zur Visualisierung dieser Daten wird in den folgenden Abschnitten dargestellt. Bild 4.10 zeigt das Programm LOGG aus der Sicht des Anwenders.

Ein Unterschied zu den vorangegangenen Beispielprogrammen fällt sofort auf: LOGG verfügt über ein Menü und über Dialoge. Vor der Realisierung eines solchen Programms legt man am besten als Erstes fest, welche Menüpunkte und Dialoge das Programm benötigt und wie darauf reagiert wird.

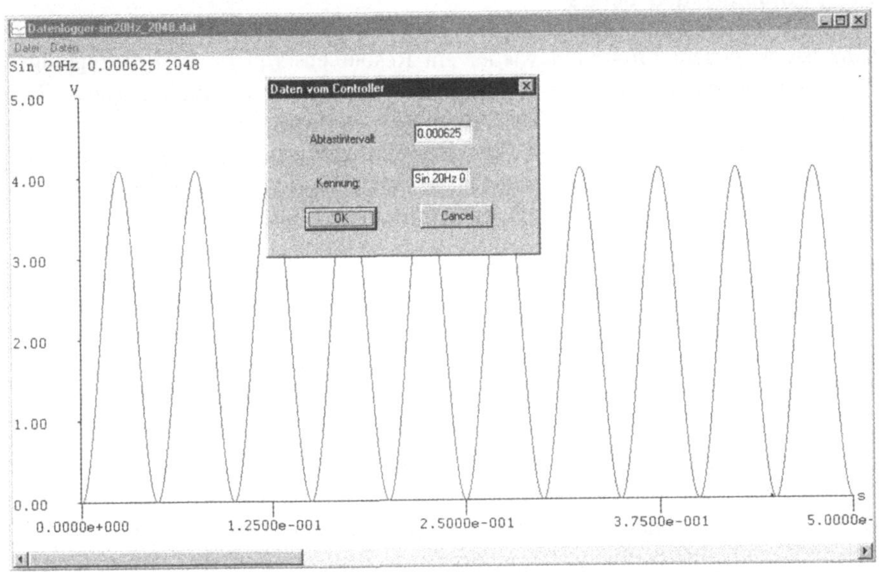

Bild 4.10 Darstellung von Messdaten mit LOGG

LOGG verfügt über die Menüpunkte DATEI und DATEN. Klickt der Anwender mit der linken Maustaste auf DATEI öffnet sich ein Popup-Menü mit den Einträgen ÖFFNEN..., SPEICHERN UNTER... und BEENDEN, beim Klick auf DATEN öffnet sich ein Popup-Menü mit dem Eintrag DATEN VOM CONTROLLER.... Wählt der Anwender diesen Punkt, erscheint der Dialog „Daten vom Controller". Hier muss der Anwender angeben, in welchem zeitlichen Abstand die Messwerte erfasst wurden. Weiterhin besteht die Möglichkeit für das Signal einen Text als Kennung einzugeben. Dieser wird dann mit den Daten angezeigt. Wird der Dialog mit OK abgeschlossen, werden die Daten vom Mikrocontroller gelesen und dargestellt. Für eine spätere Ansicht können die Daten gespeichert werden. Während der Dialog „Daten vom Controller" für das Programm LOGG (vom Programmierer) selbst angelegt werden muss, erscheinen bei Auswahl von ÖFFNEN... oder SPEICHERN UNTER... die Standarddialoge „Öffnen" oder „Speichern unter".

4.10.1 Einbinden des Menüs

Zunächst wird dem Programm wieder ein Resourcenskript (s. 4.7) hinzugefügt. Wenn dies geschehen ist, dann ist im Workspace-Fenster die Registerkarte „ResourceView" sichtbar. Um eine Resource hinzuzufügen, klickt man den Ordner „LOGG resources" mit der rechten Maustaste an. Im sich öffnenden Kontextmenü geht man auf den Punkt INSERT, wählt im Dialog „Insert Resource" den Punkt „Menu" und schließt den Dialog mit NEW ab.

Man befindet sich jetzt automatisch im Menüeditor von VisualStudio und kann dort sehr leicht ein Menü kreieren. Die Punkte in der Menüleiste kann man mit der rechten Maustaste anklicken, im sich öffnenden Kontextmenü wählt man den Punkt PROPERTIES (Eigenschaften) und gelangt so zum Dialog „Menu Item Properties". Hier muss man für die Punkte in der Menüleiste nur eine Beschriftung (Caption) angeben. Damit ein Anklicken des Menüpunkts durch den Anwender ein Popup-Menü öffnet, muss der Wahlpunkt „Popup" angewählt sein. Um einen Menüpunkt im Popup-Menü zu erstellen, muss man genau wie zum Erstellen der Punkte der Menüleiste in den Dialog „Properties" gelangen. Dort muss wiederum eine Beschriftung und außerdem eine ID angegeben werden. Im Fall von Menüeinträgen sollte man eine Bezeichnung verwenden, die sich aus dem Präfix IDM_ und der Funktion des Menüeintrags zusammensetzt. Über diese ID wird dem Programm, welches das Menü später verwendet, mitgeteilt welcher Menüpunkt gewählt wurde. Für den Menüpunkt SPEICHERN UNTER... ist IDM_SAVE_FILE_AS eine gute Wahl. Dies führt man für alle Menüpunkte, die man benötigt, durch.

Damit das Menü auch im Programm dargestellt werden kann, muss noch ein Name vergeben werden. Hierzu klickt man im Menü-Editor von VisualStudio mit der rechten Maustaste neben die Punkte der Menüleiste. Im Dialog „Properties" vergibt man eine ID. Genau wie bei einem Programmicon kann man hier eine numerische Konstante oder einen String als Bezeichner eingeben.

Die Informationen über das Aussehen des Menüs werden im Resourcenscript (hier: LOGG.RC) gespeichert, die vergebenen ID´s in RESOURCE.H definiert.

Auszug aus LOGG.RC:

```
/////////////////////////////////////////////////////////////////////
//
// Menu
//

LOGGMENU MENU DISCARDABLE
```

```
BEGIN
  POPUP "Datei"
  BEGIN
    MENUITEM "Öffnen...",              IDM_OPEN_FILE
    MENUITEM SEPARATOR
    MENUITEM "Speichern unter...",      IDM_SAVE_FILE_AS, GRAYED
    MENUITEM "Beenden",                IDM_APP_EXIT
  END
  POPUP "Daten"
  BEGIN
    MENUITEM "vom Controller...",       IDM_DATA_CONTROLLER
  END
END
```

Auszug aus RESOURCE.H:

```
#define IDM_OPEN_FILE          40001
#define IDM_SAVE_FILE          40002
#define IDM_DATA_CONTROLLER        40004
#define IDM_APP_EXIT           40005
```

Wenn ein Fenster mit einem einzigen Menü auskommt, kann man das Applikationsfenster mit der Programmzeile

```
wndclass.lpszMenuName  =  "Loggmenu";
```

über die Fensterklasse mit dem Menü verbinden.

Im Programm LOGG befindet sich das Menü im Hauptapplikationsfenster, dessen Fensterprozedur *WndProc* heißt. Genau wie bei den vorhergehenden Beispielen werden innerhalb dieser Fensterprozedur die benötigten Childfenster kreiert und bei Größenänderungen an das Hauptfenster angepasst. Bei LOGG sind dies ein Fenster (*hShowData800Win*) zur Darstellung von mehr als 800 Messpunkten, in dem der Anwender durch die Daten scrollen kann, und ein weiteres (*hShowDataWin*) zur Darstellung von weniger als 800 Messpunkten. Allerdings hat *WndProc* jetzt noch eine weitere Aufgabe: Sie muss auf die Anwahl von Menüpunkten reagieren und dafür sorgen, dass entsprechend des gewählten Menüpunktes, die Daten im richtigen Child-Fenster dargestellt werden.

Bei Anwahl eines Menüpunktes durch den Anwender erhält *WndProc* eine Nachricht vom Typ WM_COMMAND. In LOWORD(wParam) ist die im Menüeditor von VisualStudio vergebene ID für den gewählten Menüpunkt enthalten. So kann ein Programm einen gewählten Menüpunkt identifizieren und entsprechend reagieren. Handelt es sich beim gewählten Menüpunkt z. B. um DATEN VOM CONTROLLER..., dann reagiert das Programm mit der Darstellung des Dialogs „Daten vom

Controller". Wenn dieser mit OK abgeschlossen wird, werden die Daten vom Controller gelesen und dargestellt. Dies führt natürlich zur Frage, wie ein Dialog erstellt wird und wie Benutzereingaben innerhalb eines Dialogs verarbeitet werden. Diese Fragen werden im folgenden Abschnitt beantwortet.

4.10.2 Die Dialoge

Auch Dialoge führt man am einfachsten über das ResourceView-Fenster in ein bestehendes Projekt ein. Man klickt mit der rechten Maustaste „LOGG resources" an, wählt im Kontextmenü wieder INSERT. Im Dialog „Insert Resource" wählt man diesmal „Dialog" und beendet ihn mit NEW. Jetzt wird der Dialogeditor automatisch geöffnet. Mittels Drag&Drop kann man Steuerelemente in den zu erstellenden Dialog ziehen. Sollte das Fenster mit den Steuerelementen nicht sichtbar sein, klickt man mit der rechten Maustasten in die Menüleiste von VisualStudio und klickt den Punkt „Controls" an. Der einzige selbst definierte Dialog von LOGG verfügt über zwei statische Fenster, die nur der Beschriftung von zwei Editierfenstern dienen, sowie die Schaltflächen OK und CANCEL. Für die statischen Fenster wird nur eine Beschriftung vergeben. Hierzu wird das zu beschriftende Fenster mit der rechten Maustaste angeklickt, im Kontextmenü PROPERTIES gewählt und im Dialog „Text Properties", der anzuzeigende Text eingegeben. Für die Editierfenster werden im Dialog „Edit Properties" zusätzlich die ID's IDC_EDIT_KENNUNG und IDC_EDIT_INTERVALL vergeben. Für die OK- bzw. CANCEL-Schaltfläche sind die ID's IDOK und IDCANCEL vorgegeben. Diese Vorgabe sollte man auch nicht ändern.

Im Properties-Fenster des gesamten, neu erstellten Dialogs, das man durch Anklicken des Dialogfensters mit der rechten Maustaste und Auswahl des Punktes PROPERTIES öffnet, kann man als ID wieder wahlweise eine Stringkonstante oder eine numerische Konstante vergeben. Hier wird dem Dialog die ID "Loggdialog" zugewiesen.

Die Informationen über das Aussehen des Dialogs werden in LOGG.RC gespeichert, die ID's werden in RESOURCE.H definiert.

Auszug aus LOGG.RC:

```
/////////////////////////////////////////////////////////////////////////////
//
// Dialog
//

LOGGDIALOG DIALOG DISCARDABLE 0, 0, 186, 95
```

```
STYLE DS_MODALFRAME | WS_POPUP | WS_CAPTION | WS_SYSMENU
CAPTION "Daten vom Controller"
FONT 8, "MS Sans Serif"
BEGIN
  DEFPUSHBUTTON   "OK",IDOK,25,66,50,14
  PUSHBUTTON      "Cancel",IDCANCEL,105,65,50,14
  LTEXT           "Abtastintervall:",IDC_STATIC,29,20,47,8
  LTEXT           "Kennung:",IDC_STATIC,33,47,32,8
  EDITTEXT        IDC_EDIT_INTERVALL,101,16,40,12,ES_AUTOHSCROLL
  EDITTEXT        IDC_EDIT_KENNUNG,99,43,40,12,ES_AUTOHSCROLL
END
```

Auszug aus RESOURCE.H:

```
#define IDC_EDIT_INTERVALL        1000
#define IDC_EDIT_KENNUNG          1002
```

Damit der Dialog erzeugt wird, wenn der Benutzer des Programms LOGG den Menüpunkt DATEN VOM CONTROLLER... anwählt, wird von *WndProc* als Reaktion auf diese Benutzeraktion die Funktion *DialogBoxParam* aufgerufen. Diese hat folgenden Prototyp:

```
int DialogBoxParam( HINSTANCE hInstance, LPCTSTR lpTemplateName, HWND hWndParent,
                    DLGPROC lpDialogFunc, LPARAM dwInitParam );
```

hInstance ist der Handle auf die Programminstanz.

lpTemplateName entspricht der ID des Dialogs. Falls eine Stringkonstante als Bezeichner gewählt wurde, wird diese übergeben. Wurde eine numerische Konstante gewählt, wird diese durch das Makro MAKEINTRESOURCE( ) in einen Zeiger auf eine Stringkonstante umgewandelt.

hWndParent bezeichnet das Parent-Fenster des Dialogs. In LOGG wird hierfür der Handle des Anwendungsfensters übergeben.

lpDialogFunc ist ein Zeiger auf die Dialogprozedur. Deren Funktion wird im nächsten Absatz behandelt.

dwInitParam enthält einen Parameter, der beim Aufbau eines Dialogs im Rahmen einer WM_INITDIALOG-Nachricht als *lParam* an die Dialogprozedur übergeben wird.

Die Darstellung des Dialogs und die Verarbeitung von Benutzereingaben wird von einer für den jeweiligen Dialog vordefinierten Fensterprozedur übernommen. Nur wenige Nachrichten an ein Dialogfenster werden in der, im Anwendungsprogramm enthaltenen, Dialogprozedur bearbeitet, deren Adresse als vorletzter Parameter an *DialogBoxParam* übergeben wird.

Dialogprozeduren haben folgenden Prototyp:

```
BOOL CALLBACK Df8051Dlg(HWND hDlg,UINT message,WPARAM wParam, LPARAM lParam);
```

hwnd ist der Handle des Dialogfensters, für das die Nachricht bestimmt ist.

message bestimmt die Nachrichtenart.

wParam und *lParam* enthalten Informationen, die von der Nachrichtenart abhängig sind.

Die Dialogprozedur für den Dialog „Daten vom Controller" des Programms LOGG heißt *Df8051Dlg* und bearbeitet die Nachrichten WM_INITDIALOG und WM_COMMAND. Zum Erzeugen des Dialogs wird an *DialogBoxParam* als letzter Parameter ein Zeiger auf eine in *WndProc* lokal definierte Struktur vom Typ *static* MCData übergeben. Wenn das Dialogfenster die Nachricht WM_INITDIALOG erhält, ist dieser Zeiger in *lParam* enthalten. Er wird in einer statischen Variablen festgehalten.

Wenn ein Benutzer ein Kontrollelement in einem Dialog betätigt, erhält die Dialogprozedur eine Nachricht vom Typ WM_COMMAND. In LOWORD(wParam) ist die ID des Kontrollelementes enthalten. *Df8051Dlg* kümmert sich nur um Betätigungen der OK oder der CANCEL-Schaltfläche. Wenn der OK-Button betätigt wurde, werden die Strings aus den Editierfenstern des Dialogs mit Hilfe von *Get-WindowText* gelesen und dann überprüft. War die Eingabe korrekt, wird sie in die Struktur vom Typ MCData, deren Adresse bei WM_INITDIALOG übergeben wurde, kopiert. Für bearbeitete Nachrichten liefert die Dialogprozedur TRUE, für nicht bearbeitete Nachrichten FALSE zurück. Der Dialog wird mit *EndDialog* beendet. *EndDialog* erwartet zwei Parameter. Der erste ist ein Handle auf das Dialogfenster, der zweite ist ein Integer-Wert, der als Rückgabewert an *WndProc* weitergereicht wird. Bei Abschluss des Dialogs „Daten vom Controller" durch OK erhält *WndProc* also den Rückgabewert TRUE. In der in *WndProc* definierten Struktur *mcdata* sind dann die im Dialog eingegebenen Daten enthalten. Diese werden für die Darstellung der Daten benötigt und an die Funktion *init_paint*, die feststellt, welches Fenster dargestellt und neugezeichnet werden muss, übergeben.

Bei den Dialogen „Speichern unter" und „Öffnen" handelt es sich um Standarddialoge. Um den Dialog „Öffnen" darzustellen, muss das Anwendungsprogramm die Funktion *GetOpenFileName* aufrufen. Diese erwartet als Argument eine Struktur vom Typ OPENFILENAME, die diverse Informationen, wie z. B. die Default-Dateierweiterung, enthält. Die Struktur *ofn* vom Typ OPENFILENAME ist in der zum Programm LOGG gehörenden Quelltextdatei DIALOG.C als *static* definiert. Die Initialisierung der meisten Elemente dieser Struktur wird durch die Funktion *LogFileInitialize* ausgeführt, die aufgerufen wird, wenn *WndProc* die Nachricht WM_CREATE erhält. Nur die Elemente *hwndOwner*, *lpstrFile* und *lpstrFileTitle* werden erst vor der Ausführung von *GetOpenFileName* initialisiert. Hierzu ruft *WndProc* die Funktion *LogOpenFileDlg* auf. Der Handle auf das Applikationsfenster, ein Vektor der den Dateinamen (ohne Pfad) und ein Vektor, der den Dateinamen mit Pfad aufnehmen kann, werden übergeben, und die noch fehlenden Initialisierungen vorgenommen.

```
BOOL LogOpenFileDlg(HWND hwnd ,PSTR pstrFileName, PSTR pstrFileTitle)
{
    ofn.lStructSize=sizeof(OPENFILENAME);

    ofn.hwndOwner = hwnd;
    ofn.lpstrFile = pstrFileName;
    ofn.lpstrFileTitle = pstrFileTitle;
    ofn.Flags =  OFN_HIDEREADONLY | OFN_FILEMUSTEXIST;

    return GetOpenFileName(&ofn); //Erzeugen d. Dialogs
}
```

Nach der Durchführung von *LogOpenFileDlg* ist der Name der zu öffnenden Datei (mit Pfad) im, von *WndMain* für *pstrFileName* übergebenen, Vektor enthalten. Der Dateiname ohne Pfad befindet sich im, für *pstrFileTitle* übergebenen, Vektor.

4.10.3 Die Daten und ihre Darstellung

Bei der Verwendung eines Mikrocontrollersystems als Datenlogger nimmt dieses, häufig ohne Verbindung an einen PC, über eine gewisse Zeit in bestimmten Zeitabständen Daten auf. Hierbei kann das Mikrocontrollersystem – falls zwischen den Messungen längere Zeitabstände liegen – in einem Stromsparmodus betrieben werden. Beim 8051 bietet sich hierfür der Idle-Mode an. Er wird dann zur Aufnahme eines Messwerts von einem externen, stromverbrauchsarmen Timer-Baustein durch einen externen Interrupt wieder in den Normalbetrieb versetzt.. In diesem Fall hat das Mikrocontrollersystem aber nicht unbedingt die Information darüber, in welchem zeitlichen Abstand Messwerte genommen werden.

LOGG geht davon aus, dass die Messwerte von einem AD-Wandler mit einer Auflösung größer 8 Bit und kleiner oder gleich 16 Bit stammen. Der Eingangsspannungsbereich (AD_PHYS_BEREICH) und die Auflösung des Wandlers (AD_DIGITAL_BEREICH) werden in LOGG.H definiert. Diese Werte werden benötigt, um die vom Controller übermittelten 2-Byte-Werte in Spannungen umzuwandeln. Wenn die Messdaten aus dem Controller gelesen werden sollen, muss der Benutzer im Dialog „Daten vom Controller" zuerst den zeitlichen Abstand der Messwerte eingeben. Schliesst er ihn mit OK ab, ruft *WndProc* die Funktion *get_data* auf. Diese öffnet die serielle Schnittstelle mit Hilfe der API-Funktion *CreateFile*. Dann wird *init_com* aufgerufen, um einige Parameter der seriellen Schnittstelle zu setzen. Die Überprüfung der Kommunikation wird in *init_handshake* durchgeführt. Hierzu werden drei Bytes an den Controller gesendet und jedesmal ein Echo erwartet. Das Auslesen der Daten geschieht innerhalb der Funktion *read_controller*. Der Controller sendet zuerst die Anzahl der erfassten Messwerte. *Read_Controller* rechnet dies um in Blöcke mit 256 Bytes und Restbytes und sendet diese Werte an den Controller. Danach sendet der Controller die aufgenommenen Messwerte in 256-Byte-Blöcken. Nach jedem Block erwartet er eine Quittung vom PC. Sind alle Blöcke übertragen, sendet der Controller noch die Restbytes. Nach dem Lesevorgang wandelt *read_controller* die Messwerte in Spannungswerte um. Die Funktionen zur Darstellung der Messwerte greifen nur noch auf diese Spannungswerte zurück.

Zum Testen von LOGG ohne angeschlossenen Controller besteht die Möglichkeit die Quelltexte so compilieren zu lassen, dass Daten aus einer Testdatei gelesen werden.

Wenn der Benutzer die eingelesen Messdaten in einer Datei speichert, dann wird zunächst eine Struktur vom Typ MCData (Definition in LOGG.H) in diese Datei geschrieben. Diese enthält den zeitlichen Abstand zweier Messpunkte, die Anzahl der Messpunkte und eine Kennung, für die der Anwender einen beliebigen Text eingeben kann. Danach folgen die Daten jeweils als Float-Zahl.

Bei der Darstellung der Daten benutzt LOGG für die x-Achse stets eine Länge von 800 Pixeln, für die y-Achse eine von 400 Pixeln. Wenn der Benutzer das Fenster verkleinert, werden die dargestellten Daten nicht verkleinert, sondern es ist dann nur ein Ausschnitt der Daten sichtbar. Damit auch für Daten mit mehr als 800 Messpunkten mindestens ein Pixel zur Verfügung steht, unterscheidet Logg zwischen Messreihen mit mehr oder mit weniger als 800 Pixeln. Wenn der Anwender eine Datei geöffnet oder Daten vom Controller gelesen hat, wird von *WndProc* die Funktion *init_paint* aufgerufen. Diese kopiert zunächst die, für die Darstellung der Daten, benötigten Werte in die globale Struktur *skalInfo* vom Typ SKALInfo. Je nachdem, wie viele Messdaten dargestellt werden müssen, wird das entsprechende Fenster dargestellt und ein Neuzeichnen dieses Fensters ausgelöst. Die Fensterprozeduren der Darstellungsfenster *ShowDataProc* oder *ShowData800Proc* rufen beide zunächst *get_skalierung* auf, um eine sinnvolle Skalierung festzulegen. *Get_skalierung* schreibt die für die Skalierung benötigten Werte nach *skalInfo*. Danach übernimmt die jeweilige Fensterprozedur das Zeichnen des Koordinatensystem und der Daten.

4.10.4 Einige API-Funktionen zur Programmierung der seriellen Schnittstelle

Zur Kommunikation über die serielle Schnittstelle muss man diese zunächst mit der Win32-API-Funktion *CreateFile* – an die hierzu der Name der zu öffnenden Schnittstelle als erster Parameter übergeben wird – öffnen. Solange die Schnittstelle nicht für „Overlapped-IO" geöffnet wird, birgt sowohl *CreateFile* als auch die Funktionen *ReadFile* und *WriteFile*, die zum Lesen und Schreiben der seriellen Schnittstelle benötigt werden, auch für Windows-Neulinge keine Schwierigkeiten. „Overlapped-IO" wird für länger dauernde IO-Operationen verwendet. Ist eine Schnittstelle für „Overlapped-IO" geöffnet, erfolgt nach dem Aufruf von *ReadFile* oder *WriteFile* sofort die Rückkehr in die aufrufende Funktion auch wenn der Schreib- oder Lesevorgang noch andauert. Die aufrufende Funktion muss dann aber feststellen, wann die betreffende Operation abgeschlossen ist. Da die Schreib- und Leseoperationen von LOGG aber recht kurz sind, ist es nicht nötig, „Overlapped-IO" zu verwenden. Deshalb wird als letzter Parameter (es handelt sich um einen Zeiger auf eine Struktur vom Typ OVERLAPPED) an *WriteFile* und *ReadFile* in LOGG stets NULL übergeben.

Der Rückgabewert von *CreateFile* ist ein Handle, der von Funktinen, die auf die serielle Schnittstelle zugreifen, benötigt wird. Nach dem Öffnen der seriellen Schnittstelle muss man für eine fehlerfreie Übertragung noch einige Schnittstellenparameter setzen. Dies geschieht mit Hilfe einer Struktur vom Typ DCB. Die Elemente dieser Struktur werden entsprechend der gewünschten Schnittstellenparameter gesetzt. Für die gängigsten Parameter – Baudrate, Anzahl Stop- und Datenbits und Paritätsbit – , verwendet man am einfachsten die Funktion *BuildComDCB*, die die betreffenden Elemente der Struktur dann setzt. Für andere Eigenschaften müssen die Strukturelemente selbst gesetzt werden. Da LOGG außer den Leitungen TxD, RxD und Gnd keine weiteren Leitungen zur Kommunikation mit dem Mikrocontroller verwendet, werden alle Elemente der DCB-Struktur, die sich auf die Signale CTS (clear to send), DTR (data terminal ready) und DSR (data set ready) beziehen, auf „nicht kontrollieren" gesetzt. Auch das Protokoll XON/XOFF, bei der die empfangende der sendenden Schnittstelle durch das Senden eines Zeichens mitteilt, dass ihr Empfangspuffer voll ist, wird nicht genutzt, da alle Zeichen von 0x00 bis 0xFF Daten sein können und somit kein Zeichen für XON/XOFF zur Verfügung steht. Nach der entsprechenden Initialisierung der DCB-Struktur werden die Schnittstellenparameter durch *SetCommState* gesetzt.

Danach muss noch der zeitliche Rahmen für die Übertragung festgelegt werden. Hierfür wird eine Struktur vom Typ COMMTIMEOUTS initialisiert und dann an *SetCommTimeout* übergeben. *Init_com* setzt das Element *ReadIntervalTimeout* auf 0 und zeigt damit an, dass für die Zeit, die maximal zwischen dem Empfang zweier Zeichen verstreichen darf, kein Wert festgelegt werden soll. LOGG legt nur die Zeit für den gesamten Lesevorgang fest. Hierzu wird *ReadTimeoutMultiplier* auf 1(ms) gesetzt und *ReadTotalTimeoutConstant* auf 256(ms) gesetzt. Die maximale Dauer eines Lesevorgang ergibt sich aus: *ReadTimeoutMultiplier * Anzahl Bytes + ReadTotalTimeoutConstant*.

4.10.5 Listing LOGG

```
/*-------------------------------------------------------------
  Projekt: LOGG   Datei:main.c
  S. Limbach


  Registrierung der Fensterklassen für den
  Datenlogger. Fensterprozedur des Anwendungsfensters
  -----------------------------------------------------------*/

#include <windows.h>
#include <stdio.h>
#include "resource.h"
#include "logg.h"

LRESULT CALLBACK WndProc (HWND hwnd, UINT message, WPARAM wParam, LPARAM lParam);
void DoCaption(HWND hwnd,char *szTitle);
void init_paint(HWND hShowDataWin,HWND hShow800DataWin,MCData *mcdata);
short AskAboutSave(HWND hwnd,char *szTitleName);

extern BOOL LogOpenFileDlg(HWND hwnd ,PSTR pstrFileName, PSTR pstrTitle);
extern BOOL LogSaveFileAsDlg(HWND hwnd ,PSTR pstrFileName, PSTR pstrTitle);
extern void LogFileInitialize(HWND hwnd);
extern BOOL CALLBACK Df8051Dlg(HWND hDlg,UINT message,WPARAM wParam, LPARAM lParam);

extern LRESULT CALLBACK ShowDataProc (HWND, UINT, WPARAM, LPARAM) ;
extern LRESULT CALLBACK ShowData800Proc (HWND, UINT, WPARAM, LPARAM) ;

extern int get_data(MCData *mcdata);
```

```c
extern int write_file(char *szFilename,MCData *mcdata);
extern int read_file(char *szFilename,MCData *mcdata);

extern SKALInfo skalInfo;
extern float *data;

char szAppName[]= "Datenlogger";

int WINAPI WinMain (HINSTANCE hInstance, HINSTANCE hPrevInstance,
                    PSTR szCmdLine, int iCmdShow)
{

    HWND         hwnd ;
    MSG          msg ;
    WNDCLASS     wndclass ;

    // Registrierung der Fensterklasse Datenlogger"
    wndclass.style          = CS_HREDRAW | CS_VREDRAW ;
    wndclass.lpfnWndProc = WndProc ;
    wndclass.cbClsExtra    = 0 ;
    wndclass.cbWndExtra  = 0 ;
    wndclass.hInstance     = hInstance ;
    wndclass.hIcon          = LoadIcon (hInstance, "Loggicon") ;
    wndclass.hCursor        = LoadCursor (NULL, IDC_ARROW) ;
    wndclass.hbrBackground = (HBRUSH) GetStockObject (WHITE_BRUSH) ;
    wndclass.lpszMenuName   = "Loggmenu" ;
    wndclass.lpszClassName = szAppName;

    if(!RegisterClass (&wndclass))
    {
        //Tritt auf, wenn Programm mit Option UNICODE compiliert
        //wurde und das Betriebssystem dies nicht unterstützt
        MessageBox(NULL,"Fehler beim Registrieren der Fensterklasse",
                   szAppName,MB_ICONERROR);
        return 0;
    }

    //Fenster für Messungen <= 800 Messpunkte
    wndclass.lpfnWndProc = ShowDataProc;
    wndclass.hIcon = NULL;
    wndclass.lpszClassName = "ShowData";
    RegisterClass (&wndclass);

    //Fenster für Messungen > 800 Messpunkte
    wndclass.lpfnWndProc = ShowData800Proc;
    wndclass.hIcon = NULL;
    wndclass.lpszClassName = "ShowData800";
    RegisterClass (&wndclass);

    // Kreiieren des Fensters mit Titelleiste "Beispiel 1"
```

```c
    hwnd = CreateWindow ("Datenlogger", "Datenlogger",
                WS_OVERLAPPEDWINDOW ,
                CW_USEDEFAULT, CW_USEDEFAULT,
                900, 550,
                NULL, NULL, hInstance, NULL) ;

    ShowWindow (hwnd, iCmdShow) ;
    UpdateWindow (hwnd) ;
    while (GetMessage (&msg, NULL, 0, 0))
    {
        TranslateMessage (&msg) ;
        DispatchMessage (&msg) ;
    }
    return msg.wParam ;
    }


/*----------------------------------------------------------
  WndProc()
  Window-Prozedur für das Anwendungsfenster. Reaktion auf
  Menübefehle veranlassen.
  ----------------------------------------------------------*/

LRESULT CALLBACK WndProc (HWND hwnd, UINT message, WPARAM wParam, LPARAM lParam)
{
    static int  cxChar, cyChar ; //Höhe und Breite d. benutzten Fonts
    static HWND hShowDataWin, hShowData800Win;
    static HMENU hMenu;
    static HINSTANCE hInstance;
    HDC          hdc ;
    TEXTMETRIC  tm ;
    static int cxClient, cyClient, cxAxMax;
    static char szFileName[MAX_PATH]="sin10Hz.dat";
    static char szFileTitle[MAX_PATH];
    static BOOL bNeedSave=FALSE,ret;
    static MCData mcData={"Sin 20Hz 0.000625 2048", 0.000625,0};

    char buffer[MAX_PATH];

    switch (message)
    {
    case WM_CREATE:

        hInstance = (HINSTANCE)GetWindowLong(hwnd,GWL_HINSTANCE);

        hShowDataWin=CreateWindow("ShowData",NULL,
            WS_CHILDWINDOW,
            0,0,0,0,hwnd,(HMENU)ID_ShowData,hInstance,NULL);

        hShowData800Win=CreateWindow("ShowData800",NULL,
            WS_CHILDWINDOW|WS_HSCROLL,
```

```c
            0,0,0,0,hwnd,(HMENU)ID_ShowData800,hInstance,NULL);

        hMenu=GetMenu(hwnd);

        hdc = GetDC (hwnd) ;

        GetTextMetrics (hdc, &tm) ;
        cxChar = tm.tmAveCharWidth;
        cyChar = tm.tmHeight;

        ReleaseDC (hwnd, hdc) ;
        LogFileInitialize(hwnd);
        return 0 ;

case WM_SIZE:
    cxClient=LOWORD(lParam);
    cyClient=HIWORD(lParam);
    MoveWindow(hShowDataWin,0,0,cxClient,cyClient,TRUE);
    MoveWindow(hShowData800Win,0,0,cxClient,cyClient,TRUE);

    return 0;

case WM_CLOSE:
    if(!bNeedSave || AskAboutSave(hwnd,szFileTitle) != IDCANCEL)
        DestroyWindow(hwnd);
    return 0;

case WM_DESTROY :
    if(data) free(data);
    PostQuitMessage (0) ;
    return 0 ;

//Menübefehle
case WM_COMMAND:
    switch(LOWORD (wParam))
    {

    case IDM_OPEN_FILE:
        if( bNeedSave && AskAboutSave(hwnd,szFileTitle)==IDCANCEL )
            return(0);

        if(LogOpenFileDlg(hwnd,szFileName,szFileTitle)){

            if(read_file(szFileName,&mcData)==ERR){
                MessageBox(NULL,"Fehler beim Lesen",
                    NULL,MB_OK|MB_ICONERROR);

                return 0;
            }
```

```c
            DoCaption(hwnd,szFileTitle); //Fenstertitel setzen

            init_paint(hShowDataWin,hShowData800Win,&mcData);

            EnableMenuItem(hMenu,IDM_SAVE_FILE_AS,MF_GRAYED);
            bNeedSave=FALSE;
            return 1;

        }
        return 0;

    case IDM_SAVE_FILE_AS:
        if(LogSaveFileAsDlg(hwnd,szFileName,szFileTitle)){

            if(write_file(szFileName,&mcData)==ERR){
                MessageBox(NULL,"Fehler bei Übertragung",
                    NULL,MB_OK | MB_ICONERROR);
                return 0;
            }

            DoCaption(hwnd,szFileTitle); //Fenstertitel setzen
            bNeedSave = FALSE;
            EnableMenuItem(hMenu,IDM_SAVE_FILE_AS,MF_GRAYED);
            return 1;

        }
        return 0;

    case IDM_DATA_CONTROLLER:
        //DialogBox(hInstance,"Loggdialog",hwnd,Df8051Dlg);
        szFileName[0]='\0';
        szFileTitle[0]='\0';
        if(DialogBoxParam(hInstance,"Loggdialog",hwnd,Df8051Dlg,&mcData)){
            if(get_data(&mcData)==ERR){
                MessageBox(NULL,"Fehler bei Übertragung",
                    NULL,MB_OK | MB_ICONERROR);
                return 0;
            }

            EnableMenuItem(hMenu,IDM_SAVE_FILE_AS,MF_ENABLED);
            init_paint(hShowDataWin,hShowData800Win,&mcData);

            DoCaption(hwnd,szFileTitle); //Fenstertitel setzen
            bNeedSave=TRUE;

        }

        return 0;

    case IDM_APP_EXIT:
```

```c
            SendMessage(hwnd,WM_CLOSE,0,0);
            return(0);

        }//Ende case WM_COMMAND


    }
    return DefWindowProc (hwnd, message, wParam, lParam) ;
}


//Fenstertitel setzen
void DoCaption(HWND hwnd,char *szTitle)
{
    char szCaption[64+MAX_PATH];

    sprintf(szCaption, "%s-%s", szAppName, szTitle[0] ? szTitle : "unbenannt");
    SetWindowText(hwnd,szCaption);
}

/*-------------------------------------------------------
  init_paint()
  Wenn der Befehl zum Öffnen einer Datei mit bereits
  gespeicherten Messdaten oder zum Lesen der Messsdaten
  vom Controller gegeben wurde und der Lesevorgang korrekt
  durchgeführt werden konnte, sorgt init_paint() dafür,
  dass je nach Anzahl der darzustellenden Messdaten
  ShowDataWin() bzw. ShowData800Win() eine
  WM_PAINT Nachricht erhält.
---------------------------------------------------------*/
void init_paint(HWND hShowDataWin,HWND hShowData800Win,MCData *mcData)
{
    //alle notwendigen Daten nach skalInfo
    skalInfo.n_anzahl_mp = mcData->num;
    strncpy(skalInfo.kennung,mcData->kennung,50);
    skalInfo.f_delta_t = mcData->f_delta_t;

    if(skalInfo.n_anzahl_mp > 800){
        SendMessage(hShowData800Win,MSG_NEWDATA,0,mcData);
        if(IsWindowVisible(hShowData800Win)){
            InvalidateRect(hShowData800Win,NULL,TRUE);
            UpdateWindow(hShowData800Win);
        }
        else{
            ShowWindow(hShowData800Win,SW_SHOW);
            ShowWindow(hShowDataWin,SW_HIDE);
        }
    }

    if(skalInfo.n_anzahl_mp <= 800){
        SendMessage(hShowDataWin,MSG_NEWDATA,0,mcData);
```

```c
        if(IsWindowVisible(hShowDataWin)){
                InvalidateRect(hShowDataWin,NULL,TRUE);
                UpdateWindow(hShowDataWin);
        }
        else{
                ShowWindow(hShowData800Win,SW_HIDE);
                ShowWindow(hShowDataWin,SW_SHOW);
        }
    }

}
/*--------------------------------------------------------
  AskAboutSave() stellt die MessageBox "unbenannt
  speichern" dar, wenn noch nicht gespeicherte Daten
  angezeigt werden und dann neue Daten vom Controller
  gelesen werden sollen bzw. angezeigt werden sollen
  --------------------------------------------------------*/

short AskAboutSave(HWND hwnd,char *szTitleName)
{
    char szBuffer[64+MAX_PATH];
    int iReturn;

    sprintf(szBuffer,"%s speichern?",szTitleName[0] ? szTitleName : "unbenannt");

    iReturn=MessageBox(hwnd,szBuffer,szAppName, MB_YESNOCANCEL | MB_ICONQUESTION);

    if(iReturn == IDYES)
        if(!SendMessage(hwnd,WM_COMMAND,IDM_SAVE_FILE_AS,0))
            iReturn=IDCANCEL;

    return iReturn;
}


/*--------------------------------------------------------
  Projekt: LOGG   Datei: scale.c
  Berechnung der Skalierung. Umwandlung
  physikalischer Daten in Pixel.
  Lesen der Rohdaten aus Datei sin20_2048.d51 zum Test
  von "LOGG" ohne angeschlossenen Controller oder über
  die serielle Schnittstelle vom Controller.
  Lesen und Schreiben der Datendateien
  --------------------------------------------------------*/
#include <windows.h>
#include <float.h>
#include <math.h>
#include "logg.h"
```

```c
SKALInfo skalInfo={0,0,0,0,0};
float *data;

/*------------------------------------------------------
   xfval_to_pix(),yfval_to_pix
   Umrechnung physikalischer Werte in Pixel. Es wird keine
   Anpassung an die Fenstergröße vorgenommen.
   Länge x-Achse konstant PIX800, y-Achse PIX400
   ------------------------------------------------------*/
int xfval_to_pix(float xval)
{
    int pix;

    pix=xval/skalInfo.f_skal_bereich*PIX800;
    return pix;
}


int yfval_to_pix(float yval)
{
    int pix;

    pix=yval/skalInfo.f_y_bereich*PIX400;
    return pix;
}

/*------------------------------------------------------
   get_skalierung()
   Festlegung des Skalierungsbereichs (f_skal_bereich)und
   der Teilstriche (f_delta_skal) für die x-Achse. Bei Daten
   mit mehr als 800 Messpunkten wird als Abstand für die
   Skalierungsstriche 200*(zeitl. Abstand zweier Messp.)
   gewählt. Jeder Messpunkt erhält ein Pixel in x-Richtung.
   Damit alle Daten angesehen werden können, kann das Dar-
   stellungsfenster dann in x-Richtung gescrollt werden.
   s. ShowWnd800Proc()
   ------------------------------------------------------*/

get_skalierung()
{
    double f_time; //gesamte Messdauer
    double exponent;
    int i_exp, i_quotient_bereich;
    float quotient,delta_quotient;

    f_time=skalInfo.f_delta_t * skalInfo.n_anzahl_mp;
    skalInfo.f_y_bereich = Y_SKAL_BEREICH;
    skalInfo.f_delta_y = Y_DELTA_SKAL;
```

```c
if (skalInfo.n_anzahl_mp <= 800){
    exponent =log10(f_time);
    i_exp = (int)floor(exponent);

    quotient=f_time / pow(10,i_exp);
    i_quotient_bereich = (int)ceil(quotient);

    //Anzahl Skalierungsstriche festlegen
    if(i_quotient_bereich <= 2) delta_quotient=0.25;

    else if(i_quotient_bereich <= 4) delta_quotient=0.5;

    else delta_quotient=1;

    skalInfo.f_skal_bereich = i_quotient_bereich * pow(10,i_exp);
    skalInfo.f_delta_skal = delta_quotient * pow(10,i_exp);

}

else{
    skalInfo.f_delta_skal=skalInfo.f_delta_t * 200;
    i_quotient_bereich=ceil((float)skalInfo.n_anzahl_mp / 200);
    skalInfo.f_skal_bereich=i_quotient_bereich*skalInfo.f_delta_skal;
}
}

/*-------------------------------------------------------
 get_data()
 Daten vom Controller oder aus Testdatei lesen.
 -------------------------------------------------------*/
int get_data(MCData *mcdata)
{
    int read;
    HANDLE hCom;
    short size=0;
    BYTE highbyte,lowbyte;
    short swert;
    float fwert;
    int i;

    //Testdaten Controller-Ersatz-Datei
    if((hCom=CreateFile("sin20_2048.d51",GENERIC_READ,0,NULL,OPEN_EXISTING,
            FILE_ATTRIBUTE_NORMAL,NULL))==INVALID_HANDLE_VALUE){
        MessageBox(NULL,"Kann Datei nicht öffnen","Testdatei",MB_OK);
        return ERR;
    }

    //Erst Anzahl Daten
    ReadFile(hCom,&highbyte,1,&read,NULL);
    ReadFile(hCom,&lowbyte,1,&read,NULL);
```

```c
if(!read) return ERR;

size=((size|highbyte) << 8) | lowbyte;
mcdata->num=size;

if(data)
    free(data);
data=(float *)malloc(size*sizeof(float));

if( data  == NULL){
    MessageBox(NULL,"Kein Speicher","Testdatei",MB_OK);
    return ERR;
}

//Dann Daten
for(i=0;i<size;i++){
    ReadFile(hCom,&highbyte,1,&read,NULL);
    ReadFile(hCom,&lowbyte,1,&read,NULL);
    swert= (highbyte << 8) | lowbyte;
    //fwert=5*(float)swert/4096;
    fwert=AD_PHYS_BEREICH*(float)swert/AD_DIGITAL_BEREICH;
    data[i]=fwert;
}

//Alternativ: Daten vom Controller
/* if((hCom=CreateFile("COM1",GENERIC_READ,0,NULL,OPEN_EXISTING,FILE_ATTRIBUTE_NORMAL,
        NULL))==INVALID_HANDLE_VALUE){
    MessageBox(NULL,"Kann Schnittstelle nicht öffnen","Testdatei",MB_OK);
    return ERR;

}
err=init_com(hCom);
err=init_handshake(hCom);
if(err != NOERR){
    MessageBox(NULL,"Fehler bei Übertragung","Testdatei",MB_OK);
    return ERR;
}
err=read_controller(hCom);
if(err != NOERR){
    MessageBox(NULL,"Fehler bei Übertragung","Testdatei",MB_OK);
    return ERR;
}
*/
//Ende Daten vom Controller

CloseHandle(hCom);

return NOERR;
}
```

```c
/*-------------------------------------------------------
   write_file()
   Speichern von Daten, die vorher vom Controller gesendet
   wurden.
   ----------------------------------------------------*/

int write_file(char *szFilename,MCData *mcdata)
{
    int written;
    HANDLE hFile;

    if((hFile=CreateFile(szFilename,GENERIC_WRITE,0,NULL,CREATE_ALWAYS,
            FILE_ATTRIBUTE_NORMAL,NULL))==INVALID_HANDLE_VALUE){
        MessageBox(NULL,"Kann Datei nicht öffnen","Testdatei",MB_OK);

        return ERR;

    }


    //Erst Info
    WriteFile(hFile,mcdata,sizeof(MCData),&written,NULL);

    //Dann Daten
    WriteFile(hFile,data,mcdata->num*sizeof(float),&written,NULL);

    CloseHandle(hFile);

  return NOERR;

}

/*-------------------------------------------------------
   read_file()
   Lesen von Messdaten, die vorher mit write_file() auf
   der Festplatte abgelegt worden sind.
   ----------------------------------------------------*/

int read_file(char *szFilename,MCData *mcdata)
{
    int read;
    HANDLE hFile;
    //DBInfo skalInfo;
    short size=0;
    int i;

    if((hFile=CreateFile(szFilename,GENERIC_READ,0,NULL,OPEN_EXISTING,
            FILE_ATTRIBUTE_NORMAL,NULL))
        ==INVALID_HANDLE_VALUE){
```

```c
        MessageBox(NULL,"Kann Datei nicht öffnen","Testdatei",MB_OK);
        return ERR;

    }

    //Erst Info
    ReadFile(hFile,mcdata,sizeof(MCData),&read,NULL);

    if(data)
        free(data);
    data=(float *)malloc(mcdata->num*sizeof(float));

    if( data  == NULL){
        MessageBox(NULL,"Kein Speicher","Testdatei",MB_OK);
        return ERR;
    }

    //Dann Daten
    ReadFile(hFile,data,mcdata->num*sizeof(float),&read,NULL);

    CloseHandle(hFile);

    return NOERR;
}

/*-------------------------------------------------------
  Folgende Funktionen werden nur benötigt, wenn Daten vom
  Controller, nicht aus Testdatei gelesen werden.
  init_com()
  Initialisierung der seriellen Schnittstelle.
  init_handshake()
  Start der Kommunikation
  read_controller()
  Lesen der Messdaten
  -------------------------------------------------------*/
int init_com(HANDLE hCom)
{

    DCB comControl;
    COMMTIMEOUTS cTimeout;
    char sermode96[]="baud=9600 stop=1 data=8 parity=N";

//serielle Schnittstelle initialisieren, erstmal gängigste Parameter

    if( BuildCommDCB(sermode96,&comControl) == 0) printf("geht nicht\n");

    //jetzt den Rest

    comControl.fOutxCtsFlow=FALSE;
    comControl.fOutxDsrFlow=FALSE;
```

```c
    comControl.fDtrControl=DTR_CONTROL_DISABLE;
    comControl.fDsrSensitivity=FALSE;
    comControl.fInX=FALSE;
    comControl.fOutX=FALSE;
    comControl.fNull=FALSE;
    comControl.fRtsControl=RTS_CONTROL_DISABLE;

    if( SetCommState(hCom,&comControl) == 0) printf("Geht nicht\n");

    //Timeout setzen
  cTimeout.ReadIntervalTimeout=0; //00
    cTimeout.ReadTotalTimeoutMultiplier=1;
    cTimeout.ReadTotalTimeoutConstant=256;        //256;
    if(!SetCommTimeouts(hCom,&cTimeout)) printf("geht nicht\n");
    return(NOERR);

}

int init_handshake(HANDLE hCom)
{

    DWORD written,read;
    BYTE hsbyte,buffer;

    //Byte senden und echo lesen
    hsbyte=0x11;
    WriteFile(hCom,&hsbyte,1,&written,NULL);
    ReadFile(hCom,&buffer,1,&read,NULL);
  if(buffer != 0x11) return ERR;

    hsbyte=0x22;
    WriteFile(hCom,&hsbyte,1,&written,NULL);
    ReadFile(hCom,&buffer,1,&read,NULL);
    if(buffer != 0x22) return ERR;

    hsbyte=0x33;
    WriteFile(hCom,&hsbyte,1,&written,NULL);
    ReadFile(hCom,&buffer,1,&read,NULL);
    if(buffer != 0x33) return ERR;

    return NOERR;
}


int read_controller(HANDLE hCom)
{

    DWORD written,read;
    WORD size,numbytes;
    BYTE blocks,blockecho;
```

```c
  BYTE rest, restecho, echo;
BYTE quittung=0xDD;
  int i,j;
  BOOL rerr;
  BYTE bsize[2];
  BYTE *bbuff;
  short swert;
  float fwert;

  // Anzahl Messwerte vom Controller
  ReadFile(hCom,bsize,2,&read,NULL);
  size = (bsize[0] << 8) | (bsize[1]); //Anzahl Messdaten
  numbytes = size *2;
  blocks = numbytes/256;
  rest= numbytes%256;

  if(data)
       free(data);
  data=(float *)malloc(size*sizeof(float));

  if( data  == NULL){
      MessageBox(NULL,"Kein Speicher","Testdatei",MB_OK);
      return ERR;
  }

  bbuff=(BYTE *)malloc(numbytes);

  if( bbuff  == NULL){
      MessageBox(NULL,"Kein Speicher","Testdatei",MB_OK);
      return ERR;
  }
  //Anzahl zu empfangende Bytes umrechnen
  //in Blöcke und an Controller senden
  WriteFile(hCom,&blocks,1,&written,NULL);
  ReadFile(hCom,&blockecho,1,&read,NULL);
  if(COMMERROR(read,1)) return COMM_ERR;
  //Anzahl vom Controller zu sendender Restbytes
  WriteFile(hCom,&rest,1,&written,NULL);
  ReadFile(hCom,&restecho,1,&read,NULL);
  if(COMMERROR(read,1)) return COMM_ERR;

  //Blöcke lesen
  for(j=0;j<blocks;j++){
       ReadFile(hCom,bbuff+j*256,256,&read,NULL); //Block lesen
       if(COMMERROR(read,256)) return COMM_ERR;
       WriteFile(hCom,&quittung,1,&written,NULL); //Quittung senden
       rerr=ReadFile(hCom,&echo,1,&read,NULL);
       if(COMMERROR(read,1)) return COMM_ERR;
  }
```

```c
    //Restbytes lesen
    if(rest > 0){
       ReadFile(hCom,bbuff+j*256,rest,&read,NULL);
       WriteFile(hCom,&quittung,1,&written,NULL); //Quittung senden
       rerr=ReadFile(hCom,&echo,1,&read,NULL);
       if(COMMERROR(read,1)) return COMM_ERR;
    }

    //Umrechnen
    for(i=0;i<size;i++){
        swert = (bbuff[2*i] << 8) | bbuff[2*i+1];
        fwert=AD_PHYS_BEREICH*(float)swert/AD_DIGITAL_BEREICH;
        data[i]=fwert;
    }
    return (NOERR);
}


/*-------------------------------------------------------
   Projekt: LOGG   Datei: dialog.c
     Dialoge des Datenloggers
   -----------------------------------------------------*/
#include <windows.h>
#include <stdio.h>
#include <commdlg.h>
#include "resource.h"
#include "logg.h"

static OPENFILENAME ofn;
extern char szAppName[];


/*-------------------------------------------------------
  LogFileInitialise()
  Initialisierung von ofn. Wird von den Standarddialogen
  zum Öffnen bzw. Speichern von Dateien benötigt.
  -----------------------------------------------------*/
void LogFileInitialize(HWND hwnd)
{
    static char szFilter[]="Signaldateien (*.dat)\0*.dat\0\0";

    ofn.lStructSize=sizeof(OPENFILENAME);
    ofn.hwndOwner=hwnd;
    ofn.hInstance=NULL;
    ofn.lpstrFilter=szFilter;
    ofn.lpstrCustomFilter=NULL;
    ofn.nMaxCustFilter=0;
    ofn.nFilterIndex=0;
    ofn.lpstrFile=NULL;
    ofn.nMaxFile=MAX_PATH;
    ofn.lpstrFileTitle=NULL;
    ofn.nMaxFileTitle=MAX_PATH;
```

```c
    ofn.lpstrInitialDir=NULL;
    ofn.lpstrTitle=NULL;
    ofn.Flags=0;
    ofn.nFileOffset=0;
    ofn.nFileExtension=0;
    ofn.lpstrDefExt="bn";
    ofn.lCustData=0;
    ofn.lpfnHook=NULL;
    ofn.lpTemplateName=NULL;
}

/*----------------------------------------------------
  LogOpenFileDlg()
  Wird aufgerufen, wenn Benutzer Datei...Öffnen aus dem
  Menu gewählt hat. Initialisiert einige Elemente von
  ofn, erzeugt dann den Dialog duch GetOpenFileName()
  ----------------------------------------------------*/

BOOL LogOpenFileDlg(HWND hwnd ,PSTR pstrFileName, PSTR pstrFileTitle)
{
    ofn.lStructSize=sizeof(OPENFILENAME);

    ofn.hwndOwner = hwnd;
    ofn.lpstrFile = pstrFileName;
    ofn.lpstrFileTitle = pstrFileTitle;
    ofn.Flags =  OFN_HIDEREADONLY | OFN_FILEMUSTEXIST;

    return GetOpenFileName(&ofn); //Erzeugen d. Dialogs
}

/*----------------------------------------------------
  LogSaveFileAsDlg()
  wie LogOpenFileDlg()
  ----------------------------------------------------*/

BOOL LogSaveFileAsDlg(HWND hwnd ,PSTR pstrFileName, PSTR pstrFileTitle)
{
    ofn.lStructSize=sizeof(OPENFILENAME);

    ofn.hwndOwner = hwnd;
    ofn.lpstrFile = pstrFileName;
    ofn.lpstrFileTitle = pstrFileTitle;
    ofn.Flags =  OFN_OVERWRITEPROMPT;

    return GetSaveFileName(&ofn); //Erzeugen d. Dialogs
}

/*----------------------------------------------------
  Df8051Dlg()
  Dialogprozedur für den Dialog "Daten vom 8051"
```

```c
--------------------------------------------------------*/
BOOL CALLBACK Df8051Dlg(HWND hDlg,UINT message,WPARAM wParam, LPARAM lParam)
{
    int iLength,iReadLength;
    static char string[51];
    static HWND hWndAbtast,hWndKennung;
    static MCData *pmcData;
    double dftest;
    int ret;

    switch(message){

    case WM_INITDIALOG:
        pmcData = (MCData *)(lParam);
        hWndAbtast = GetDlgItem(hDlg,IDC_EDIT_INTERVALL);
        hWndKennung = GetDlgItem(hDlg,IDC_EDIT_KENNUNG);
        sprintf(string,"%lf",pmcData->f_delta_t);
        SetWindowText(hWndAbtast,string);
        SetWindowText(hWndKennung,pmcData->kennung);
        return TRUE;

    case WM_COMMAND:
        switch(LOWORD(wParam))
        {

        case IDOK:

            iLength=GetWindowTextLength(hWndAbtast);
            iReadLength=min(iLength,50);
            GetWindowText(hWndAbtast,string,iReadLength+1);
            ret=sscanf(string,"%lf",&dftest);

            if((ret != 1) || (dftest <= 0)){
                MessageBox(hDlg,"unzulässige Eingabe",szAppName, MB_OK | MB_ICONERROR);
                return (TRUE);
            }

            pmcData->f_delta_t=dftest;

            iLength=GetWindowTextLength(hWndKennung);
            iReadLength=min(iLength,50);
            GetWindowText(hWndKennung,string,iReadLength+1);
            strncpy(pmcData->kennung,string,iReadLength+1);


            EndDialog(hDlg,TRUE);

            return TRUE;

        case IDCANCEL:
```

```c
                    EndDialog(hDlg,FALSE);
                    return TRUE;


            }
            break;
    }

    return FALSE;
}

/*----------------------------------------------------
  Projekt: LOGG   Datei: show.c
  Fensterprozedur zur Darstellung erfasster
  Daten mit weniger als 800 Messpunkten
  ------------------------------------------------*/


#include <windows.h>
#include <stdio.h>
#include <float.h>
#include <math.h>
#include "logg.h"

extern SKALInfo skalInfo;
extern float *data;
extern int xfval_to_pix(float xval);
extern int  yfval_to_pix(float yval);
extern get_skalierung();

LRESULT CALLBACK ShowDataProc (HWND hwnd, UINT message, WPARAM wParam, LPARAM lParam)
{
        static int  cxChar, cyChar ; //Höhe und Breite d. benutzten Fonts
        HDC        hdc ;
    PAINTSTRUCT ps ;
    TEXTMETRIC  tm ;
        char szBuffer[100]; //auszugebender Text
        static int cxClient, cyClient, cxAxMax;
        static int cxAxLength,cyAxLength;
        float fxval,fyval; //Wert f. Skalierungsstrich
        float delta_y; //Wert f. Skalierungsstrich
        int xpos,ypos; //Pixelpos f. Skalierungsstrich
        int i;
        UINT old_align;


        switch(message)
        {

        case WM_CREATE:
                hdc = GetDC (hwnd) ;
```

```
    GetTextMetrics (hdc, &tm) ;
    cxChar = tm.tmAveCharWidth;
    cyChar = tm.tmHeight;

    ReleaseDC (hwnd, hdc) ;
    return 0 ;

case WM_SIZE:
    cxClient=LOWORD(lParam);
    cyClient=HIWORD(lParam);

    cxAxMax=cxClient-10*cxChar;

    //Länge y-Achse
    cyAxLength=min(cyClient-5*cyChar,400);

    return  0;

case WM_PAINT :
    get_skalierung();

    hdc = BeginPaint (hwnd, &ps) ;
    SelectObject (hdc, CreateFont (0, 0, 0, 0, 0, 0, 0, 0,
         DEFAULT_CHARSET, 0, 0, 0, FIXED_PITCH, NULL)) ;

    cxAxLength=min(cxAxMax,800);

    //Kennung ausgeben
    TextOut (hdc, 0, 0, skalInfo.kennung, strlen(skalInfo.kennung));

    //x-Achse zeichnen
    MoveToEx(hdc,8*cxChar,cyClient-3*cyChar,NULL);
    LineTo(hdc,8*cxChar+cxAxLength,cyClient-3*cyChar);
    TextOut(hdc,8.5*cxChar+cxAxLength,cyClient-3.5*cyChar,"s",1);

    //Teilstriche u. Beschriftung
    old_align=SetTextAlign(hdc,TA_CENTER);
    for(i=0;(xpos=xfval_to_pix(i*skalInfo.f_delta_skal)) <= cxAxLength;i++){

        xpos+=8*cxChar;
        fxval=i*skalInfo.f_delta_skal;

        MoveToEx(hdc,xpos,cyClient-3*cyChar,NULL);
        LineTo(hdc,xpos,cyClient-2*cyChar);

        sprintf(szBuffer,"%.2e",fxval);
        TextOut(hdc,xpos,cyClient-2*cyChar,szBuffer,strlen(szBuffer));

    }
    SetTextAlign(hdc,old_align);
```

```c
//Kurve zeichnen in rot
SelectObject(hdc,CreatePen(PS_SOLID,0,RGB(255,0,0)));

ypos=cyClient-3*cyChar-yfval_to_pix(data[0]);
MoveToEx(hdc,8*cxChar,ypos,NULL);

for(i=1; i < skalInfo.n_anzahl_mp;i++){

    xpos=xfval_to_pix(i*skalInfo.f_delta_t)+8*cxChar;
    ypos=cyClient-3*cyChar-yfval_to_pix(data[i]);

    LineTo(hdc,xpos,ypos);
    MoveToEx(hdc,xpos,ypos,NULL);

}

//selbst kreierten Stift freigeben, alten setzen
DeleteObject(SelectObject(hdc,GetStockObject(BLACK_PEN)));

//y-Achse zeichnen 5 Skalierungsstriche f. jeden Messbereich
MoveToEx(hdc,8*cxChar-1,cyClient-3*cyChar,NULL);
LineTo(hdc,8*cxChar-1,cyClient-3*cyChar-cyAxLength);
TextOut(hdc,7*cxChar,cyClient-4*cyChar-cyAxLength,"V",1);

delta_y = skalInfo.f_delta_y;

for(i=0;((fyval=delta_y*i) <= skalInfo.f_y_bereich)
        && (ypos=yfval_to_pix(fyval)) <= cyAxLength; i++){
    ypos = cyClient-3*cyChar-ypos;
    MoveToEx(hdc,8*cxChar-1,ypos,NULL);
    LineTo(hdc,8*cxChar-5,ypos);
    sprintf(szBuffer,"%.2f",fyval);
    TextOut(hdc,0,ypos-6,szBuffer,strlen(szBuffer));
}

DeleteObject (SelectObject (hdc, GetStockObject (SYSTEM_FONT))) ;
EndPaint (hwnd, &ps) ;
return 0 ;

}
    return DefWindowProc(hwnd,message,wParam,lParam);
}


/*-----------------------------------------------------------
 Projekt: LOGG   Datei: show800.c
 Fensterprozedur zur Darstellung erfasster
 Daten mit 800 und mehr Messpunkten
 ---------------------------------------------------------*/
```

```c
#include <windows.h>
#include <stdio.h>
#include <float.h>
#include <math.h>
#include "logg.h"

extern SKALInfo skalInfo;
extern float *data;
extern int xfval_to_pix(float xval);
extern intyfval_to_pix(float yval);
extern get_skalierung();


LRESULT CALLBACK ShowData800Proc (HWND hwnd, UINT message, WPARAM wParam, LPARAM lParam)
{
    static int  cxChar, cyChar ; //Höhe und Breite d. benutzten Fonts
    HDC           hdc ;
    PAINTSTRUCT ps ;
    TEXTMETRIC  tm ;
    SCROLLINFO si;
    char szBuffer[100]; //auszugebender Text
    static int cxClient, cyClient, cxAxMax;
    static int cxAxLength, cyAxLength;
    float fxval; //Wert f. Skalierungsstrich
    int xpos,ypos; //Pixelpos f. Skalierungsstrich
    int i;
    float delta_y,fyval;
    int iHorzPos,maxpos;
    UINT old_align;

    switch(message){

    case WM_CREATE:
        hdc = GetDC (hwnd) ;
        SelectObject (hdc, CreateFont (0, 0, 0, 0, 0, 0, 0, 0,
                                   DEFAULT_CHARSET, 0, 0, 0, FIXED_PITCH, NULL)) ;

        GetTextMetrics (hdc, &tm) ;
        cxChar = tm.tmAveCharWidth;
        cyChar = tm.tmHeight;

        DeleteObject (SelectObject (hdc, GetStockObject (SYSTEM_FONT))) ;
        ReleaseDC (hwnd, hdc) ;

        return 0 ;

    case WM_SIZE:
        cxClient=LOWORD(lParam);
        cyClient=HIWORD(lParam);
```

```c
//max. Länge x-Achse
cxAxMax=cxClient-10*cxChar; //für Abstand vom Fensterrand

//Länge y-Achse
cyAxLength=min(cyClient-5*cyChar,400);


// Bereich und Seitengröße der vertikalen Bildlaufleiste
si.cbSize = sizeof (si) ;
si.fMask= SIF_RANGE | SIF_PAGE ;
si.nMin  = 0 ;
si.nMax = ceil((float)skalInfo.n_anzahl_mp / 200);
si.nPage     = floor(cxAxMax / 200) ;
SetScrollInfo (hwnd, SB_HORZ, &si, TRUE) ;

return  0;


case WM_HSCROLL:
    // vertikale Bildlaufleiste abfragen
    si.cbSize = sizeof (si) ; // obligatorische Größenangabe
    si.fMask= SIF_ALL ;   // alle Felder besetzen
    GetScrollInfo (hwnd, SB_HORZ, &si) ;

    // Position für späteren Vergleich festhalten
    iHorzPos = si.nPos ;

    switch (LOWORD (wParam))
    {
    case SB_TOP:
        si.nPos = si.nMin ;
        break ;

    case SB_BOTTOM:
        si.nPos = si.nMax ;
        break ;

    case SB_LINEUP:
        si.nPos -= 1 ;
        break ;

    case SB_LINEDOWN:
        si.nPos += 1 ;
        break ;

    case SB_PAGEUP:
        si.nPos -= si.nPage ;
        break ;

    case SB_PAGEDOWN:
```

```
            si.nPos += si.nPage ;
            break ;

        case SB_THUMBTRACK:
            si.nPos = si.nTrackPos ;
            break ;

        default:
            break ;
    }
    // Position erst setzen und dann wieder abfragen. Weil Windows über die Seitengröße
    // umrechnet, kommt bei der Abfrage üblicherweise ein anderer Wert heraus

    si.fMask = SIF_POS ;
    SetScrollInfo (hwnd, SB_HORZ, &si, TRUE) ;
    GetScrollInfo (hwnd, SB_HORZ, &si) ;

    // Wenn sich die Position geändert hat: Fensterinhalt rollen und aktualisieren
    if (si.nPos != iHorzPos)
    {
        InvalidateRect(hwnd,NULL,TRUE);
        UpdateWindow (hwnd) ;
    }
    return 0 ;



case WM_PAINT:
    get_skalierung();
    hdc = BeginPaint (hwnd, &ps) ;
    SelectObject (hdc, CreateFont (0, 0, 0, 0, 0, 0, 0, 0,
                            DEFAULT_CHARSET, 0, 0, 0, FIXED_PITCH, NULL)) ;


    // Positionsabfrage der vertikalen Bildlaufleiste
    si.cbSize = sizeof (si) ;
    si.fMask= SIF_POS | SIF_RANGE;
    GetScrollInfo (hwnd, SB_HORZ, &si) ;
    iHorzPos = si.nPos ;
    maxpos = si.nMax;

    //Kennung ausgeben
    TextOut (hdc, 0, 0, skalInfo.kennung, strlen(skalInfo.kennung));

    //x-Achse zeichnen

    cxAxLength=min((maxpos-iHorzPos)*200,floor(cxAxMax/200) * 200);

    MoveToEx(hdc,8*cxChar,cyClient-3*cyChar,NULL);
```

```
LineTo(hdc,8*cxChar+cxAxLength,cyClient-3*cyChar);
TextOut(hdc,8.5*cxChar+cxAxLength,cyClient-3.5*cyChar,"s",1);

//buf=8*cxChar;
old_align=SetTextAlign(hdc,TA_CENTER);

for(i=iHorzPos; i<=maxpos && (xpos=(i-iHorzPos)*200) <= cxAxLength;i++){

    //x-Position berechnen
    fxval=i*skalInfo.f_delta_skal;
    xpos=xpos+8*cxChar;

    //Teilstrich zeichnen
    MoveToEx(hdc,xpos,cyClient-3*cyChar,NULL);
    LineTo(hdc,xpos,cyClient-2*cyChar);

    sprintf(szBuffer,"%.4e",fxval);
    TextOut(hdc,xpos,cyClient-2*cyChar,szBuffer,strlen(szBuffer));

}
SetTextAlign(hdc,old_align);

//Kurve zeichnen in rot
SelectObject(hdc,CreatePen(PS_SOLID,0,RGB(255,0,0)));

ypos=cyClient-3*cyChar-yfval_to_pix(data[iHorzPos*200]);
MoveToEx(hdc,8*cxChar,ypos,NULL);

for(i=1; (i<= cxAxLength)
            && (i+iHorzPos*200 < skalInfo.n_anzahl_mp);i++){

    xpos=i+8*cxChar;
    ypos=cyClient-3*cyChar-yfval_to_pix(data[i+iHorzPos*200]);

    LineTo(hdc,xpos,ypos);
    MoveToEx(hdc,xpos,ypos,NULL);

}

//selbst kreierten Stift freigeben, alten setzen
DeleteObject(SelectObject(hdc,GetStockObject(BLACK_PEN)));

//y-Achse zeichnen 5 Skalierungsstriche f. jeden Messbereich
MoveToEx(hdc,8*cxChar-1,cyClient-3*cyChar,NULL);
LineTo(hdc,8*cxChar-1,cyClient-3*cyChar-cyAxLength);
//Beschriftg.
TextOut(hdc,7*cxChar,cyClient-4*cyChar-cyAxLength,"V",1);

delta_y = skalInfo.f_delta_y;
```

```c
            for(i=0;((fyval=delta_y*i) <= skalInfo.f_y_bereich)
                    && (ypos=yfval_to_pix(fyval)) <= cyAxLength; i++){
                ypos = cyClient-3*cyChar-ypos;
                MoveToEx(hdc,8*cxChar-1,ypos,NULL);
                LineTo(hdc,8*cxChar-5,ypos);
                sprintf(szBuffer,"%.2f",fyval);
                TextOut(hdc,0,ypos-6,szBuffer,strlen(szBuffer));
            }

            DeleteObject (SelectObject (hdc, GetStockObject (SYSTEM_FONT))) ;

            EndPaint (hwnd, &ps) ;
            return 0 ;

            case MSG_NEWDATA:
                // Bereich und Seitengröße der vertikalen Bildlaufleiste
                si.cbSize = sizeof (si) ;
                si.fMask  = SIF_RANGE | SIF_PAGE ;
                si.nMin   = 0 ;
                si.nMax = ceil((float)skalInfo.n_anzahl_mp / 200);
                si.nPage  = floor(cxAxMax / 200) ;
                SetScrollInfo (hwnd, SB_HORZ, &si, TRUE) ;

                return 0;

        }

        return DefWindowProc(hwnd,message,wParam,lParam);

}


/*---------------------------------------------------------
   Projekt: LOGG   Datei: logg.h
       Datentypen u. Konstanten
   --------------------------------------------------------*/
//Daten vom Controller
typedef struct _MCData{
    char kennung[51];
    double f_delta_t;
    unsigned short num;
}MCData;


//Daten für Skalierung u. Datendarstellung
typedef struct _SKALInfo{
    //x-Achse
    double f_delta_t; //zeitl. Abstand zweier Messp.
    int n_anzahl_mp; //Anzahl Messp.
    float f_delta_skal; //Abstand zweier Skalierungsstriche
```

```c
    float f_skal_bereich; //Skalierungsbereich x-Achse
    //y-Achse 2,5V 1,25V 2,5V/64 2,5V/128
    float f_y_bereich; //Skalierungsbereich y-Achse
    float f_delta_y; //Abstand Skalierungsstriche y
    char kennung[51];
}SKALInfo;

#define PIX800 800
#define PIX400 400

#define Y_SKAL_BEREICH 5
#define Y_DELTA_SKAL 1
#define AD_DIGITAL_BEREICH 4096
#define AD_PHYS_BEREICH 4.096

#define ID_ShowData 01
#define ID_ShowData800 02

#define NOERR 1
#define ERR -1
#define COMM_ERR -1

#define MSG_NEWDATA 0x401

//Makro
#define COMMERROR(r,rm) (r != rm ? 1 : 0)
```

Listing 4.4 LOGG

Zur Kommunikation mit LOGG muss sich im (E)EPROM von DEBUG8051HW, oder einer anderen Hardware mit 8051-kompatiblem Controller, folgendes Programm befinden:

```
;Datei send_ad.a51
;Das Programm sendet vom Controller
;erfasste Messdaten in 256-Byte-Blöcken
;an einen PC

$NOMOD51
$INCLUDE (80C52.mcu)

MESSWERT XDATA 1000H
STACK IDATA 30H
NUMH IDATA 7FH
NUML IDATA 7EH
```

```
ORG 0000h
   LJMP 300h
ORG 300h
   ;Mit Schalter 5V o. 0V an P1.0
   ;entsprechend Daten an PC senden
   ;oder erfassen

   JB P1.0,D_ERFASSEN ;ueber Schalter

D_SENDEN:
   ;serielle Schnittstelle initialisieren
   MOV TMOD,#20H        ;Timer1 autoreload
   MOV TH1,#0FDH         ;9600 Baud
   SETB TR1             ;Timer1 run
   MOV SCON,#52h       ;Serial Mode1, TI setzen
   MOV SP,#STACK        ;Stackpointer init
   CALL ReadIniByte        ;Handshake mit PC herstellen
   CALL ReadIniByte
   CALL ReadIniByte
EndInit:JNB TI,EndInit ;Auf letzten Transmit warten

   MOV SBUF,NUMH              ;Anzahl von Messwerten an PC
   CALL AWAIT_SEND
   MOV SBUF,NUML
   CALL AWAIT_SEND
   CALL ECHO_BYTE      ;Anzahl 256 BYTE Blöcke
   MOV R3,A
   CALL ECHO_BYTE      ;Anzahl Restbytes
   MOV R4,A
   CALL SHOW_LOOP
ENDLESS: JMP ENDLESS

SHOW_LOOP:
   MOV DPTR,#MESSWERT
   MOV A,R3 ;Muss ganzer Block gesendet werden
   JZ REST
   MOV R5,#00H
BLOCK_LOOP: MOVX A,@DPTR
   MOV SBUF,A
   CALL AWAIT_SEND
   INC DPTR
   DJNZ R5,BLOCK_LOOP
   CALL ECHO_BYTE ;Quittung f. Block oder Rest
   DJNZ R3,BLOCK_LOOP
```

```
REST: MOV A,R4 ;Muss Rest gesendet werden
    JZ SHOW_END
REST_LOOP: MOVX A,@DPTR
    MOV SBUF,A
    CALL AWAIT_SEND
    INC DPTR
    DJNZ R4,REST_LOOP
    CALL ECHO_BYTE ;Quittung
SHOW_END: RET


AWAIT_SEND: JNB TI, AWAIT_SEND
    CLR TI
    RET


ECHO_BYTE: JNB RI, ECHO_BYTE
    MOV A, SBUF
    CLR RI
    MOV SBUF,A
WAIT: JNB TI, Wait
    CLR TI
    RET


;Es traten immer Schwierigkeiten bei der Übertragung
;auf, wenn auch für den Test der seriellen Kommunikation
;ECHO_BYTE aufgerufen wurde

ReadIniByte: JNB RI, ReadIniByte ;warte auf Byte vom PC
        MOV A, SBUF   ;schreibe empfangenes Byte in Akku
        CLR RI        ;RI löschen
Echobyte: JNB TI, Echobyte
        MOV SBUF, A
        CLR TI
        RET


D_ERFASSEN:
    ;Lesen vom AD-Wandler
    ;Abspeichern der Daten
    ;im ext. Speicher
    ;ab Adr MESSWERT
    ;Anzahl Messwerte an Adr
    ;NUMH und NUML
    NOP
    RET
  END
```

Listing 4.5 SEND_AD

5 Das Debugprogramm DEBUG8051

In diesem Kapitel wird ein Debugprogramm vorgestellt, das es erlaubt ein 8051-Assemblerprogramm auf dem in Kapitel 2 vorgestellten Mikrocontrollersystem entweder schrittweise, oder durch die Abarbeitung ganzer Unterprogramme, ablaufen zu lassen und dabei die Zustände der Prozessorregister zu überwachen. Das Programm kann aber auch auf anderen 8051-basierten Systemen verwendet werden. Zumindest ein Teil des Speichers muss dann aber als gemeinsamer Programm- und Datenspeicher verwendet werden.

Das Debugprogramm besteht aus zwei Teilen: Ein Assemblerprogramm zur Kommunikation dem PC muss sich im (E)EPROM des Mikrocontrollersystems befinden (DEBUG8051), während auf dem an die serielle Schnittstelle des Controllers angeschlossenen PC ein Windows-Programm (DEBUG8051PC), das die Benutzerbefehle entgegennimmt und an das Mikrocontrollersystem sendet, laufen muss.

5.1 DEBUG8051-Das Assemblerprogramm

Beim Debuggen eines bestimmten Benutzerprogramms befinden sich eigentlich zwei Programme im Speicher, einmal das Benutzerprogramms selbst und dann das Debugprogramm (hier: DEBUG8051). Diese werden wechselseitig abgearbeitet. DEBUG8051 befindet sich im EPROM. Nach einem Reset beginnt der 8051 die Programmabarbeitung (falls Pin !EA=LOW) an der Adresse 0000h des externen Programmspeichers. Im EPROM von DEBUG8051 findet sich dort die Instruktion LJMP DEBUGINIT. Daraufhin wird die Programmabarbeitung an der Adresse DEBUGINIT (0030h) fortgesetzt. Dort werden als erstes die serielle Schnittstelle und der Stackpointer initialisiert und dann die Kommunikation mit dem PC überprüft. Dann wird eine Adresse auf den Stack gelegt. Hierdurch wird festgelegt, welche Instruktion des Anwenderprogramms als nächstes ausgeführt wird, falls der Benutzer nicht durch den Befehl GO ADR eine andere Adresse festlegt.

Gibt der Anwender am PC jetzt den Befehl STEPIN oder STEPOV ein, wird die Instruktion des Benutzerprogramms an dieser Stelle ausgeführt. Danach erfolgt die

Rückkehr ins Debugprogramm, allerdings nicht zum Label DEBUGINIT, sondern zu DEBUG.

Die ab dem Label DEBUG folgenden Instruktionen werden aber auch nach dem Start von DEBUG8051, nach der Bearbeitung des DEBUGINIT-Teils, durchgeführt. Dort werden Interrupts der seriellen Schnittstelle gesperrt und dann die Inhalte der Register, die DEBUG8051 und das Benutzerprogramm gemeinsam benutzen, durch Aufruf der Routine SAVE_USERPROG_DATA gesichert. DEBUG8051 benutzt für eigene Daten die Registerbank drei und wählt diese durch Setzen der Bits RS0 und RS1 des SFR PSW aus. Die Registerbank drei darf deshalb vom zu debuggenden Anwendungsprogramm nicht benutzt werden. Schließlich wird die Adresse der nächsten durchzuführenden Instruktion des Benutzerprogramms sowie der Inhalt der wichtigsten Prozessorregister an den PC gesendet.

Nachfolgend wird gezeigt, welche Befehle zum Navigieren durch das Benutzerprogramm am PC eingegeben werden können, und wie diese von DEBUG8051 bearbeitet werden.

Bei den Befehlsbeschreibungen werden folgende Abkürzungen benutzt:

adr16: 16-Bit-Adresse, einzugeben als vierstellige Hexandezimalzahl ohne „h" am Ende.
adr8: 8-Bit-Adresse, einzugeben als zweistellige Hexadezimalzahl ohne „h" am Ende.
sfrname: Name eines im 80(C)32/89C52 vorhandenen Registers.

5.1.1 Detaillierte Befehlsbeschreibungen

STEPIN
Der Befehl STEPIN dient dazu, eine Instruktion aus dem Benutzerprogramm durchzuführen. Hierzu nutzt man aus, dass der 8051 nach der Instruktion RETI oder einem Schreibzugriff auf die SFRs IE oder IP noch eine Instruktion ausführt, bevor er einer anstehenden Interrupt-Anforderung (entsprechendes Interrupt-Request-Flag ist gesetzt) nachkommt. Der genaue Ablauf ist folgender: Nach dem Reset wird DEBUG8051 gestartet und die Programmteile DEBUGINIT und DEBUG abgearbeitet. Schließlich wartet DEBUG8051 auf einen Befehl vom PC (Label AWAIT_INSTR). Ist dieser Befehl STEPIN, so wird die Programmabarbeitung am Label STEP_ROUT fortgesetzt. Hier wird erst RESTORE_USERPROG_DATA aufgerufen, um die Daten des Benutzerprogramms wiederherzustellen. Danach wird Bit RI=1 gesetzt und dann mit Bit ES=1 wieder das

Auslösen von Interrupts durch die serielle Schnittstelle ermöglicht. Den Abschluss bildet die Instruktion RETI. Die Programmabarbeitung wird daraufhin an der Adresse, die zuoberst auf dem Stack liegt, fortgesetzt. Zu diesem Zeitpunkt steht zwar schon ein Interrupt an, da RI=1. Da aber nach RETI noch eine Instruktion ausgeführt wird, bevor der Controller auf einen anstehenden Interrupt reagiert, wird eine Instruktion des Benutzerprogramms ausgeführt, bevor der LCALL nach Adresse 0023h (Interrupt-Vektor-Adresse für serielle Schnittstelle) ausgelöst wird. Dort befindet sich die Instruktion LJMP DEBUG, was dazu führt, dass nach der Abarbeitung der einen Instruktion aus dem Benutzerprogramm, die Programmabarbeitung an der Adresse DEBUG fortgesetzt wird. Als oberstes Element befindet sich jetzt wieder die Adresse der nächsten durchzuführenden Instruktion des Benutzerprogramms auf dem Stack, welche nach der Sicherung der Daten des Benutzerprogramms wieder an den PC gesendet wird. So kann DEBUG8051PC stets die Adresse der nächsten durchzuführenden Instruktion des Benutzerprogramms darstellen.

STEPOV

Der Befehl STEPOV dient dazu, ein mit CALL oder LCALL aufgerufenes Unterprogramm (Routine) des Benutzerprogramms komplett durchzuführen. Dies erfordert einen Sprung von DEBUG8051 in das entsprechende Unterprogramm und nach dessen Durchführung eine Rückkehr zu DEBUG8051. Da man die Adresse der ersten Instruktion der Routine erst zur Laufzeit des Debuggers erfährt, kann sich der entsprechende Sprungbefehl nicht mit dem übrigen DEBUG8051 im EPROM befinden. Deshalb wird während des DEBUGINIT-Programmteils die Instruktion LJMP an die Adresse FFFDh des externen RAM geschrieben. Die Adresse der durchzuführenden Routine des Benutzerprogramms wird – wenn der Benutzer STEPOV eingibt und die nächste Instruktion des Benutzerprogramms ACALL oder LCALL ist- an die Adressen FFFEh und FFFFh geschrieben. Der Debugger wird dann durch einen Sprung nach FFFDh verlassen, von wo aus in die Routine weitergesprungen wird.

Je nachdem, ob ein Benutzerprogramm ACALL oder LCALL zum Aufruf einer Routine verwendet, wird deren Adresse im Programmspeicher anders abgelegt, weshalb DEBUG8051 nach Eingabe des Befehls STEPOV zunächst feststellen muss, ob die nächste Instruktion ACALL oder LCALL ist. Falls die Instruktion LCALL ist, enthalten die beiden folgenden Bytes die Adresse des Unterprogramms. Diese werden wie beschrieben nach FFFEh, FFFFh geschrieben. Die Adresse der auf LCALL folgenden Instruktion wird auf den Stack gelegt. Zuletzt wird die Adresse DEBUG auf dem Stack abgelegt. Das Debugprogramm wird durch einen Sprung nach FFFDh verlassen. Wenn die Routine des Unterprogramms mit der

Instruktion RET beendet wird, erfolgt die Rückkehr ins Debugprogramm an die Stelle DEBUG, da sich diese Adresse ganz oben auf dem Stack befand.

Verlässt man jetzt wieder das Debugprogramm durch STEPIN oder STEPOV wird die nächste Instruktion des Benutzerprogramms – deren Adresse sich jetzt ganz oben auf dem Stack befindet – fortgesetzt.

Während um herauszubekommen, ob die nächste Instruktion des Benutzerprogramms LCALL ist, nur ein Vergleich mit deren Opcode (12h) erforderlich ist, wird die Überprüfung von ACALL etwas komplizierter. Je nachdem in welchem 8k-Block des Speichers sich die Instruktion befindet, lautet deren Opcode 11h, 31h, 51h, 71h, 91h, B1h, D1h, F1h. Wie man sieht, stellt das höherwertige Nibble stets eine ungerade Zahl dar, das niederwertige ist immer eins. Eine bitweise UND-Verknüpfung des Opcodes mit der Konstanten #1Fh und eine darauffolgende Subtraktion von #11h muss also Null ergeben. Ist dies der Fall, handelt es sich bei der nächsten Instruktion um ACALL und es muss jetzt die Adresse des Unterprogramms herausgefiltert werden. Diese erhält man, indem man die fünf höherwertigen Bits der Adresse, der auf LCALL folgenden Instruktion, die Opcode-Bits 7-5 und das zweite Byte der Instruktion verkettet. Diese Adresse wird jetzt wieder nach FFFEh, FFFFh geschrieben. Die weitere Bearbeitung entspricht der bei LCALL. Erst wird die Adresse der auf das ACALL folgenden Instruktion auf dem Stack abgelegt, dann die Adresse DEBUG.

Stellt man fest, dass der Benutzer zwar einen STEPOV-Befehl eingegeben hat, die nächste Instruktion des Benutzerprogramms aber weder LCALL noch ACALL ist, wird DEBUG8051 durch einen Sprung nach STEP_ROUT verlassen. Die Bearbeitung der nächsten Instruktion wird dann so erreicht, wie bei einem STEPIN-Befehl.

SHOWX <startadr16> <endadr16>

Dieser Befehl wird verwendet, um den Bereich von STARTADR bis ENDADR des externen Controllerspeichers zu lesen. Der PC sendet hierzu erst den Befehlscode SHOWCODE, dann das Lowbyte und dann das Highbyte der Startadresse. Da der Controller die angeforderten Daten in 256 Byte Blöcken sendet, teilt der PC außerdem mit, wie viele 256 Byte Blöcke gesendet werden müssen und wie viele Bytes darüber hinaus noch benötigt werden. Der Controller wartet nach einem 256 Byte Block auf eine Quittung vom PC. Außerdem erwartet er diese noch einmal nach dem Senden der Restbytes.

SENDF <startadr16>

Dieser Befehl wird verwendet, um den Inhalt einer Binärdatei an einen bestimmten Bereich des externen Controllerspeichers zu schreiben. Auch für diesen Befehl wird erst der Befehlscode SENDFCODE, dann das Lowbyte, dann das Highbyte der Startadresse vom PC an den Controller gesendet. Danach folgt die Anzahl der 256 Byte Blöcke und die Anzahl der restlichen Bytes. Der PC sendet dann die benötigten Bytes, erwartet aber nach jedem Byte die Rücksendung dieses Bytes vom Controller.

GO <adr16>

Mit diesem Befehl lässt sich festlegen, an welcher Stelle das Benutzerprogramm beim nächsten STEPIN- oder STEPOV-Befehl fortgesetzt wird. Während der Controller auf den nächsten Debugbefehl des PC wartet, befindet sich die Adresse der nächsten durchzuführenden Instruktion des Benutzerprogramms ganz oben auf dem Stack. Diese wird nun einfach vom Stack genommen und durch die, die mit dem GO-Befehl vom PC gesendet wird, ersetzt.

SETI <adr8> <byte>

Mit diesem Befehl lässt sich ein Byte des internen Controllerspeichers auf den durch BYTE übermittelten Wert setzen. Der PC sendet hierzu erst die Adresse, dann den Wert, die jeweils auch als Echo zurückgesendet werden.

SHOWSFR <sfrname>

Das Lesen eines SFR erfordert einen Umweg, da die SFRs nur direkt adressierbar sind. Deshalb müsste sich die Adresse des zu lesenden SFR mit im Programmspeicher befinden. Da aber erst nach der Befehlseingabe durch den Benutzer bekannt wird, welches SFR gelesen werden soll, ist dies nicht möglich. Während des DEBUGINIT-Teils von DEBUG8051 wird deshalb der Opcode des Befehls MOV A, dir an die Adresse FFFAh geschrieben. An die Adresse FFFCh wird der Opcode des Befehls RET geschrieben. Während der Abarbeitung des Befehls SHOWSFR SFRNAME wird die Adresse des zu lesenden SFRs nach FFFBh geschrieben. Jetzt befindet sich der komplette Befehl zum Lesen eines SFR´s an den Speicheradressen FFFAh, FFFBh. Vom Debugprogramm wird ein CALL zu Adresse FFFAh durchgeführt. Der jetzt dort befindliche Befehl MOV A, (SFR)adr sorgt dafür, dass der Inhalt des zu lesenden SFRs in Register A geschrieben wird. Der Befehl RET an FFFCh wird für die Rückkehr ins Debugprogramm benötigt. Der in A befindliche Wert des SFRs wird an den PC gesendet.

Vorsicht: Mit dem Befehl SHOWSFR SFRNAME werden diese Register so angezeigt, wie sie von DEBUG8051 gesetzt werden, während in den Registeranzeigefenstern stets die Inhalte dargestellt werden, die vom Benutzerprogramm in die Register geschrieben wurden.

5.1.2   Der Programmablaufplan vonDEBUG8051

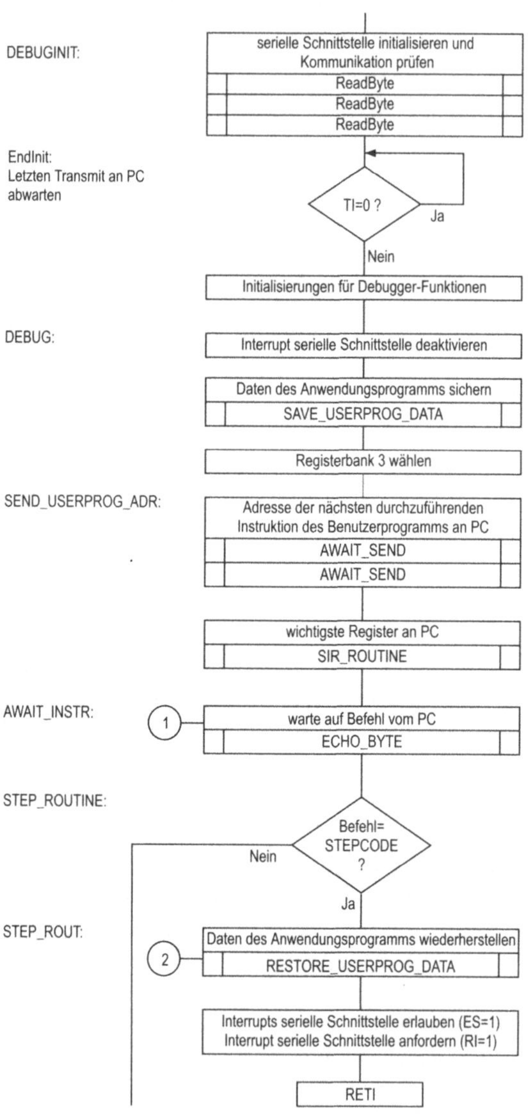

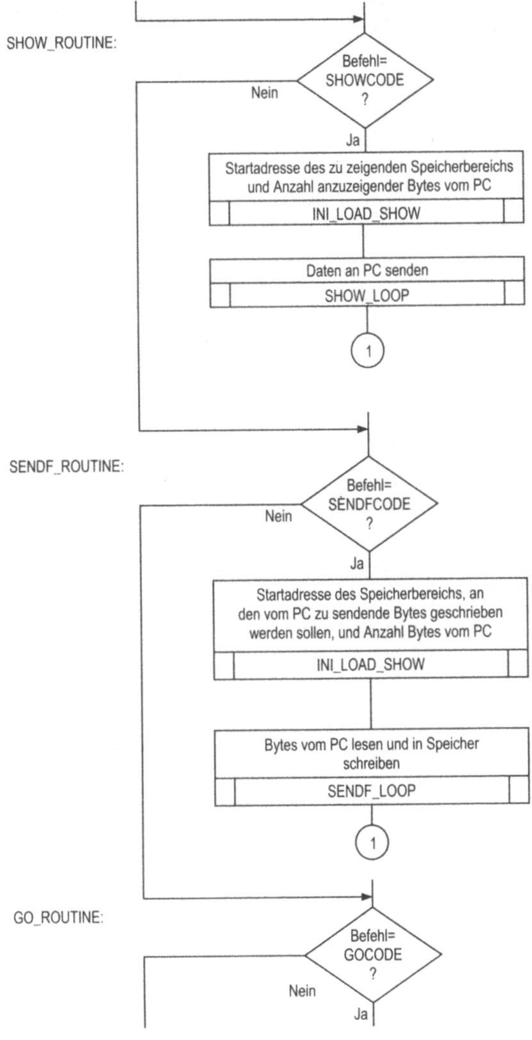
SHOW_ROUTINE:
Befehl=
SHOWCODE
?
Nein
Ja
Startadresse des zu zeigenden Speicherbereichs
und Anzahl anzuzeigender Bytes vom PC
INI_LOAD_SHOW
Daten an PC senden
SHOW_LOOP
1
SENDF_ROUTINE:
Befehl=
SENDFCODE
?
Nein
Ja
Startadresse des Speicherbereichs, an
den vom PC zu sendende Bytes geschrieben
werden sollen, und Anzahl Bytes vom PC
INI_LOAD_SHOW
Bytes vom PC lesen und in Speicher
schreiben
SENDF_LOOP
1
GO_ROUTINE:
Befehl=
GOCODE
?
Nein
Ja

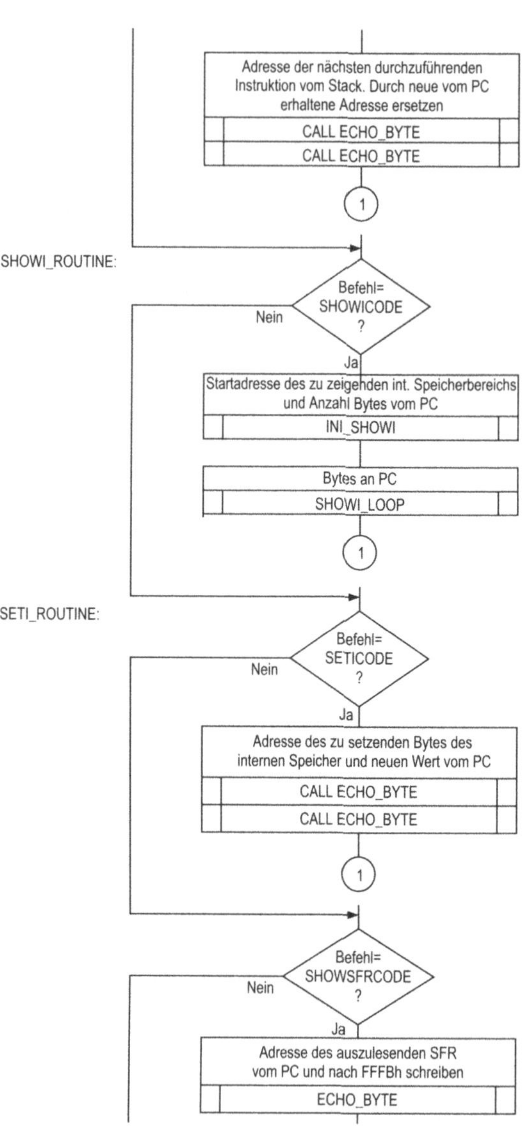
Adresse der nächsten durchzuführenden
Instruktion vom Stack. Durch neue vom PC
erhaltene Adresse ersetzen
CALL ECHO_BYTE
CALL ECHO_BYTE
1
SHOWI_ROUTINE:
Befehl=
SHOWICODE
?
Nein
Ja
Startadresse des zu zeigenden int. Speicherbereichs
und Anzahl Bytes vom PC
INI_SHOWI
Bytes an PC
SHOWI_LOOP
1
SETI_ROUTINE:
Befehl=
SETICODE
?
Nein
Ja
Adresse des zu setzenden Bytes des
internen Speicher und neuen Wert vom PC
CALL ECHO_BYTE
CALL ECHO_BYTE
1
Befehl=
SHOWSFRCODE
?
Nein
Ja
Adresse des auszulesenden SFR
vom PC und nach FFFBh schreiben
ECHO_BYTE

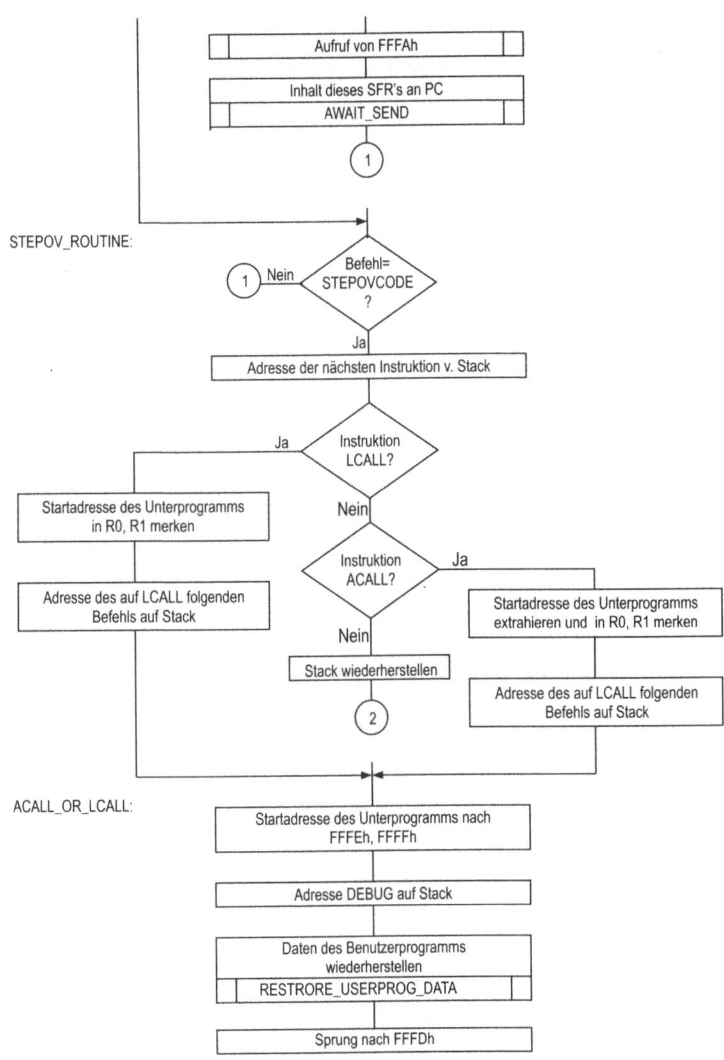

Bild 5.1 Programmablaufplan von DEBUG8051

5.1.3 Das Listing von DEBUG8051

```
;Debug34.a51
;S. Limbach
;soll sofort ins EPROM programmiert werden
;Achtung schreibt an Pin INT0 (P3.2) zur Kontrolle des
;Programmablaufs

;Memory Map für Platine 8051v2
; externer Programm und              interner Datenspeicher
; Datenspeicher überlappend
; *************** FFFF       ***SFR***     F0-FF obere 128 Bytes
; *************             ***SFR***     E0-EF direkte
; *************             ***SFR***     D0-DF Adressierung
; *************             ***SFR**      C0-CF für SFR's
; * 32k Ramh  *             ***SFR***     B0-BF indirekt für
; *************             ***SFR***     A0-AF parallel
; *************             ***SFR***     90-9F liegenden
; **************** 8000     ***SFR***     80-8F Speicher
; **************** 7FFF     *Scratch*     70-7F
; *************             *Scratch*     60-6F untere 128 Bytes
; *************             *Scratch*     50-5F direkt/indirekt
; * 28k Raml  *             *Scratch*     40-4F
; *************             *Scratch*     30-3F
; *************             ***Bit*****   28-2F
; *************** 1000      ***addr****   20-27
; * 4k Eprom  *** 0000-0FFF ** RB3 **     18-1F
;                           ** RB2 **     10-17
;                           ** RB1 **     08-0F
;                           ** RB0 **     00-07
;
; Interrupt Vectoren im Eprom: 0000 - 0002B
; IE0 : 0003H
; TF0 : 000BH
; IE1 : 0013H
; TF1 : 001BH
; RI+TI : 0023H
; TF2+EXF2 : 002BH
; Interrupt Vectoren im Ram: 1000 - 1030
; Programmstart deshalb bei 0030H

;Start Stack
STACK EQU 30H

;Interruptvektoren f. Debugger
```

```
DEBUGINIT EQU 0030H

;Pseudointerruptvektoren
IE0_VEC EQU 1003H ;Diese Adressen werden vom runtergeladenen
TF0_VEC EQU 100BH ;Programm initialisiert
IE1_VEC EQU 1013H
TF1_VEC EQU 101BH
TF2EXF2_VEC EQU 102BH

;Defaultstartadresse f. Userprog
USERPROG_DEFAULT EQU 1300H


;Konstanten f. Befehle d. Debuggers
STEPCODE EQU 01H
SHOWCODE EQU 02H
STEPOVCODE EQU 03H
SENDFCODE EQU 04H
GOCODE EQU 05H
SHOWICODE EQU 06H
SETICODE EQU 07H
SHOWSFRCODE EQU 08H

;Opcodes
LJMPCODE EQU 02H
LCALLCODE EQU 12H
MOV_A_DIR_CODE EQU 0E5H
RET_CODE EQU 22H

;Daten des Userprogramms,die vom Debugprogramm überschrieben
werden könnten
;kommen ans obere Ende der Scratch Pad Area
SAVEACCU EQU 07FH
SAVEDPH EQU 07EH
SAVEDPL EQU 07DH
SAVEPSW EQU 07CH
SAVESP EQU 07BH


ORG 0000H ;für Start d. Debuggers nach Reset
   LJMP DEBUGINIT
   LJMP IE0_VEC
ORG 000BH
```

```
        LJMP TF0_VEC ; Adresse: 000B-000D
ORG 0013H
        LJMP IE1_VEC ; Adresse: 0013-0015
ORG 001BH
        LJMP TF1_VEC ; Adresse: 001B-001D
ORG 0023H
        LJMP DEBUG; Adresse: 0023-0025 für STEPIN d. Debuggers
ORG 002BH
        LJMP TF2EXF2_VEC; Adresse: 002B-002D

;serielle Schnittstelle initialisieren
ORG DEBUGINIT
    CLR INT0 ;Test
    MOV TMOD,#20H        ;Timer1 autoreload
    MOV TH1,#0FDH         ;9600 Baud
    SETB TR1             ;Timer1 run
    MOV SCON,#52h      ;Serial Mode1
    MOV SP,#STACK       ;Stackpointer init
    CALL ReadByte       ;Handshake mit PC herstellen
    CALL ReadByte
    CALL ReadByte
EndInit:JNB TI,EndInit ;Auf letzten Transmit warten

; Initialisierungen f. Debugger
    CLR TI
    CLR RI
    MOV ACC,#00H ;Defaultadresse für Start d. Userprogramms auf
Stack
    PUSH ACC
    MOV ACC,#13H
    PUSH ACC
    SETB ES
    SETB EA
    MOV DPTR,#0FFFDH ;Für LCALL und ACALL im Userprog mit STE-
POV
    MOV A,#LJMPCODE
    MOVX @DPTR,A
    MOV DPTR,#0FFFAh
    MOV A,#MOV_A_DIR_CODE;
    MOVX @DPTR,A
    MOV DPTR,#0FFFCh
    MOV A,#RET_CODE
    MOVX @DPTR,A
```

```
; Hauptprogramm
DEBUG:
    CLR ES
    CLR RI
SEND_USERPROG_ADR: CALL SAVE_USERPROG_DATA
    SETB RS1 ; Registerbank 3 wählen
    SETB RS0
    MOV R0,SP
    MOV SBUF,@R0
    CALL AWAIT_SEND
    DEC R0
    MOV SBUF, @R0
    CALL AWAIT_SEND
    CALL SIR_ROUTINE

    CLR INT1
AWAIT_INSTR:
    CALL ECHO_BYTE


STEP_ROUTINE: CJNE A,#STEPCODE, SHOW_ROUTINE
STEP_ROUT: CALL RESTORE_USERPROG_DATA
    SETB RI
    SETB ES
    RETI

SHOW_ROUTINE: CJNE A,#SHOWCODE, SENDF_ROUTINE
    CALL INI_LOAD_SHOW
    CALL SHOW_LOOP
    AJMP AWAIT_INSTR

SENDF_ROUTINE: CJNE A,#SENDFCODE, GO_ROUTINE
    CALL INI_LOAD_SHOW
    CALL SENDF_LOOP
    AJMP AWAIT_INSTR

GO_ROUTINE: CJNE A,#GOCODE, SHOWI_ROUTINE
    POP ACC ; Fortsetzungsadr d. Userprogs vom Stack
    POP ACC
    CALL ECHO_BYTE   ;PC sendet neue Fortsetzungsadr (Lowbyte)
    PUSH ACC
    CALL ECHO_BYTE   ;(Highbyte)
    PUSH ACC
```

```
    AJMP AWAIT_INSTR

SHOWI_ROUTINE: CJNE A,#SHOWICODE, SETI_ROUTINE ;Interner Cont-
rollerspeicher 00-FF aber nicht SFR
    CALL INI_SHOWI
    CALL SHOWI_LOOP
    AJMP AWAIT_INSTR

SETI_ROUTINE: CJNE A,#SETICODE, SHOWSFR_ROUTINE
    CALL ECHO_BYTE ;Adresse d. zu setzenden Bytes
    MOV R1,A
    CALL ECHO_BYTE ;Wert
    MOV @R1,A
    AJMP AWAIT_INSTR

SHOWSFR_ROUTINE: CJNE A,#SHOWSFRCODE, STEPOV_ROUTINE
    CALL ECHO_BYTE ;Adresse d. SFR vom PC
    MOV DPTR,#0FFFBh
    MOVX @DPTR,A
    CALL 0FFFAh
    MOV SBUF,A
    CALL AWAIT_SEND
    AJMP AWAIT_INSTR


STEPOV_ROUTINE: CJNE A,#STEPOVCODE, AWAIT_INSTR
    POP DPH ;Adresse d. nächsten Befehls vom Stack
    POP DPL
    MOVX A,@DPTR ;Instruktionscode nach Akku
    MOV R2,A ;30.5 Instr. merken zur Prüfung v. ACALL
    SUBB A,#LCALLCODE ; Instruktionscode=LCALL?
    JZ INSTR_IS_LCALL
    MOV A,R2 ;Instruktionscode nach Akku
    ANL A,#1Fh ;Instruktionscode=ACALL?
    CLR C
    SUBB A,#11h
    JZ INSTR_IS_ACALL
    PUSH DPL ;Instruktion != LCALL, also Stack wiederherstellen
    PUSH DPH
    JMP STEP_ROUT
INSTR_IS_LCALL: INC DPTR ;DPTR zeigt auf Highbyte d. zu LCALL
gehörigen Adr.
    MOVX A,@DPTR ;diese Adresse merken
    MOV R0,A
```

```
    INC DPTR ;jetzt Lowbyte
    MOVX A,@DPTR
    MOV R1,A
    INC DPTR ;Adresse des auf LCALL Adr folgenden Befehls auf
Stack legen
    PUSH DPL
    PUSH DPH
    JMP LCALL_OR_ACALL
INSTR_IS_ACALL:
    MOV A,R2 ;Instruktion erneut in Akku
    ANL A,#0E0h ;Opcode Bit 7-5=Adrbits 8-10 extrahieren
    SWAP A
    RR A
    MOV R0,A
    INC DPTR ;DPTR zeigt auf die zu ACALL gehörige Adr
    MOVX A,@DPTR
    MOV R1,A
    INC DPTR; DPTR zeigt auf Befehl nach ACALL Adr
    MOV A,DPH
    ANL A,#0F1h
    ORL A,R0
    MOV R0,A
    PUSH DPL
    PUSH DPH
LCALL_OR_ACALL: MOV DPTR,#0FFFEH ;zu LCALL gehörige Adr nach
FFFFh und FFFE
    MOV A,R0
    MOVX @DPTR,A
    INC DPTR
    MOV A,R1
    MOVX @DPTR,A
    MOV DPTR,#DEBUG ;Adresse Debug auf Stack
    PUSH DPL ;nach RET im Userprog kehrt Controller hierhin zu-
rück (also nach DEBUG)
    PUSH DPH
    CALL RESTORE_USERPROG_DATA
    LJMP 0FFFDH


SENDF_LOOP:
    MOV A,R3 ;Muss ganzer Block gesendet werden
    JZ SFREST
    MOV R5,#00H
SFBLOCK_LOOP: CALL ECHO_BYTE
    MOVX @DPTR,A
```

```
   INC DPTR
   DJNZ R5,SFBLOCK_LOOP
   DJNZ R3,SFBLOCK_LOOP
SFREST: MOV A,R4 ;Muss Rest gesendet werden
   JZ SENDF_END
SFREST_LOOP: CALL ECHO_BYTE
   MOVX @DPTR,A
   INC DPTR
   DJNZ R4,SFREST
SENDF_END: RET

SHOW_LOOP:
   MOV A,R3 ;Muss ganzer Block gesendet werden
   JZ REST
   MOV R5,#00H
BLOCK_LOOP: MOVX A,@DPTR
   MOV SBUF,A
   CALL AWAIT_SEND
   INC DPTR
   DJNZ R5,BLOCK_LOOP
   CALL ECHO_BYTE ;Quittung f. Block oder Rest
   DJNZ R3,BLOCK_LOOP
REST: MOV A,R4 ;Muss Rest gesendet werden
   JZ SHOW_END
REST_LOOP: MOVX A,@DPTR
   MOV SBUF,A
   CALL AWAIT_SEND
   INC DPTR
   DJNZ R4,REST
   CALL ECHO_BYTE ;Quittung
SHOW_END: RET

SHOWI_LOOP: MOV SBUF,@R1
   CALL AWAIT_SEND
   INC R1
   DJNZ R3,SHOWI_LOOP
   RET

SENDI_LOOP: CALL ECHO_BYTE
   MOV @R1,SBUF
   INC R1
   DJNZ R3,SHOWI_LOOP
   RET
```

```
SIR_ROUTINE: MOV SBUF,SAVEACCU
   CALL AWAIT_SEND
   MOV SBUF,SAVEDPH
   CALL AWAIT_SEND
   MOV SBUF,SAVEDPL
   CALL AWAIT_SEND
   MOV SBUF,SAVEPSW
   CALL AWAIT_SEND
   MOV SBUF,SP
   CALL AWAIT_SEND
   RET ;vorher AJMP AWAIT_INSTR

AWAIT_SEND: JNB TI, AWAIT_SEND
   CLR TI
   RET

ECHO_BYTE: JNB RI, ECHO_BYTE
   MOV A, SBUF
   CLR RI
   MOV SBUF,A
WAIT: JNB TI, Wait
   CLR TI
   RET

INI_LOAD_SHOW: CALL ECHO_BYTE   ;Startadr
   MOV DPL,A
   CALL ECHO_BYTE
   MOV DPH,A
   CALL ECHO_BYTE   ;Anzahl 256 Byte Blöcke
   MOV R3,A
   CALL ECHO_BYTE   ;Restbytes
   MOV R4,A
   RET

INI_SHOWI: CALL ECHO_BYTE ;Startadr
   MOV R1,A
   CALL ECHO_BYTE ;Anzahl Bytes
   MOV R3,A
   RET

SAVE_USERPROG_DATA: MOV SAVEACCU,A
   MOV SAVEDPH,DPH
   MOV SAVEDPL,DPL
   MOV SAVEPSW,PSW
```

```
        RET

RESTORE_USERPROG_DATA: MOV A,SAVEACCU
     MOV DPH,SAVEDPH
     MOV DPL,SAVEDPL
     MOV PSW, SAVEPSW
     RET


ReadByte: JNB RI, ReadByte ;warte auf Byte vom PC
          MOV A, SBUF  ;schreibe empfangenes Byte in Akku
          CLR RI         ;RI löschen
Echobyte: JNB TI, Echobyte
          MOV SBUF, A
          CLR TI
          RET

END
```

Listing 5.1 DEBUG8051

5.2   DEBUG8051PC-Das Windows-Programm

Alle zum Verständnis von DEBUG8051PC notwendigen Windows-Programmiertechniken sind in den Beispielen 1-3 beschrieben. Deshalb kommt dieses Kapitel mit einer relativ groben Beschreibung des Programmablaufs von DEBUG8051PC aus. Zur Klärung der Fensterbezeichnungen wird hier zuerst DEBUG8051PC aus der Sicht des Anwenders beschrieben. Danach folgt eine Beschreibung der Aufteilung des Programms in Dateien und der verwendeten externen Variablen. Der nächste Abschnitt stellt den Programmablauf dar. Die weiteren Abschnitte behandeln dann noch die Module Debugger und Disassembler. Der Quelltext ist aufgrund seiner Länge hier nicht abgedruckt. Er ist im Internet verfügbar und sollte vor dem Durcharbeiten der nächsten Abschnitte heruntergeladen werden.

5.2.1 DEBUG8051PC aus der Sicht des Anwenders

Dem Anwender präsentiert sich DEBUG8051PC folgenderweise:

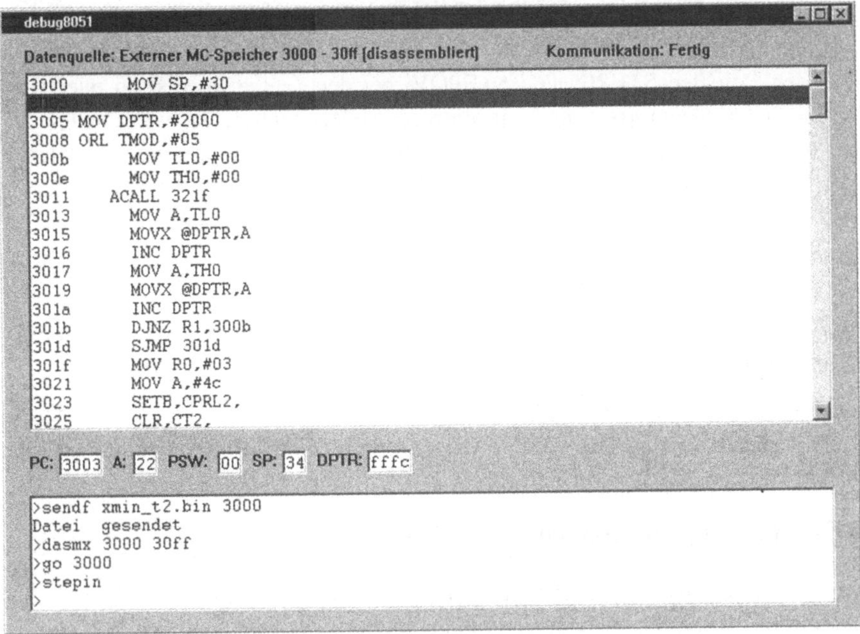

Bild 5.2 DEBUG8051PC aus der Sicht des Anwenders

Es besteht aus dem Anwendungsfenster mit der Titelleiste „8051-Debug", dem Hexcodeanzeigefenster (*hShowWin*), dem Disassemblierfenster (*hDasmWin*), die je nach Erfordernis an der gleichen Stelle im oberen Teil des Anwendungsfensters angezeigt werden, sowie den Registeranzeigefenstern (*hPc, hAcc, hPsw, hSp, hDptr*) und dem Befehlseingabefenster (*hInputWin*).

Dazu kommen noch sieben statische Fenster. Fünf davon dienen nur der Beschriftung der Registeranzeigefenster. Ein weiteres (*hDataInfo*)zeigt an, welche Daten im Disassemblier- oder im Hexcodeanzeigefenster dargestellt werden. Das Fenster (*hComInfo*) oben rechts im Anwendungsfenster gibt Auskunft über den Status der Kommunikation mit dem Controller. Die Befehle zum Debuggen des Mikrocontrollerprogramms werden über das Eingabefenster eingegeben. Zu den bereits unter 5.1 beschriebenen Befehlen kommen noch:

DASMF <filename> <adr> zum Disassemblieren einer Binärdatei und SHOWF <filename> <adr> zum Anzeigen einer Binärdatei. Ebenso wie für die Befehle SHOWX <startadr> <endadr>, SHOWI <startadr> <endadr> und DASMX <star-

tadr> <endadr> erfolgt die Ausgabe der Befehle im Hexanzeigefenster oder im Disassemblierfenster.

Nach den Befehlen STEPIN und STEPOV, bei denen eine Instruktion oder eine Routine des Benutzerprogramms im Mikrocontroller durchgeführt wird, und somit die Prozessorregister meist verändert sind, werden die Registeranzeigefenster automatisch aktualisiert. Im Fenster für den Programmzähler steht dann die Adresse der nächsten durchzuführenden Instruktion des zu debuggenden Benutzerprogramms im Mikrocontroller. Die anderen Registerfenster geben den aktuellen Wert der entsprechenden Register wieder.

Wenn disassemblierter Code für die nächste durchzuführende Instruktion im Disassemblierfenster sichtbar ist, wird die Zeile rot markiert.

Das Ergebnis der Befehle SHOWSFR <sfrname> und SHOWI <adr> erfolgt im Befehlseingabefenster. Die Befehle GO <adr> und SENDF <filename> <adr> haben keine neue Ausgabe zur Folge.

5.2.2 Aufteilung des Programms in Dateien

Die eigentliche Arbeit des Debuggens leisten die in der Datei DEBUG.C befindlichen Funktionen. Dort befindet sich die Funktion *debug_main*, an die der eingegebene Befehl zur Auswertung übergeben wird. Diese ruft die weiteren Funktionen zur Abwicklung der Kommunikation mit dem Controller auf. In DEBUG.C wird auch die wichtigste externe Variable, nämlich *mcstore_or_filebytes* definiert. Dort werden die Binärdaten des zu disassemblierenden bzw. anzuzeigenden Mikrocontrollerspeicherbereichs abgelegt. Die Funktionen des Disassemblers (in DASMXX-YY.c), des Hexanzeigefensters (in SHOWWIN.C) und *InputWndProc* (in INPUT.C) greifen darauf lesend zu.

Die zweite externe Variable *hCom* ist der Handle der seriellen Schnittstelle. Dieser wird von *open_com* initialisiert und dann ausschließlich von den Debugger-Funktionen in DEBUG.C benutzt.

Der Disassembler, der für die Darstellung des vom Controllers in Binärform gesendeten Speicherbereichs in Assemblersprache zuständig ist, befindet sich in den Dateien DASMXX-YY.C. Die in der Datei DASM00-1F.C definierten externen Variablen werden ausschließlich von den Funktionen des Disassemblers benutzt. In DASM00-1F befindet sich auch die Fensterprozedur für das Disassemblierfenster.

Die anderen Fensterprozeduren befinden sich in Dateien, deren Name ähnlich dem Fensterprozedurnamen gewählt ist

Die folgende Tabelle zeigt, in welchen Dateien sich welche Funktionen und externe Variablen befinden:

Datei:	Funktionen und externe Variablen	Erklärung
debug.c	free_debug_store(...) get_debug_store(...)	Speicherplatz für Binärdaten aus dem Mikrocontrollerspeicher anfordern oder freigeben
	init_handshake(...)	Kommunikation mit dem Controller starten
	open_com(...)	serielle Schnittstelle öffnen
	open_file(...)	Binärdatei für die Debugger-Befehle SHOWF, DASMF und SENDF öffnen
	get_mcs_sei(...) get_mcs_sei1(...) get_mcs_sex(...) getsfrval(...) go(...) readf(...) sendf(...) seti(...) step_in(...) step_ov(...) hCom mcstore_or_filebytes	Funktionen zur Abwicklung der Kommunikation mit dem Controller zur Durchführung eines Debug-Befehls
	check_start_endi(...) check_start_endx(...)	Parameterprüfungen für Befehle SHOWI bzw. SHOWX
	get_userprog_adr(...)	Lesen des Wertes für Register PC, bei Start des Debuggers und bei Befehl STEPOV
dasmXX-YY.c	show_important_regs(...)	Lesen der Registerwerte für ACC, PSW, SP, DPTR

Datei:	Funktionen und externe Variablen	Erklärung
	debug_main(...)	Hauptdebugfunktion, bekommt eingegebenen Befehl übergeben, ruft dann die weiteren Debugfunktionen zur Kommunikation mit dem Controller auf
	set_label(...) insert_labels(...)	Hilfsfunktionen, um Sprungadressen durch „Ersatzlabel" darzustellen
	isSFR(...) isSFRbit(...)	Einfügen von SFR-Namen, statt deren Adressen
	DasmWndProc(...) pctoline(...)	Fensterprozedur für das Disassemblierfenster Hilfsfunktion für die Fensterprozedur
	getSFRadr(...)	SFR-Adresse bei gegebenem Namen suchen
	dasmdatptr labellist nline nprogbyte opcodevec pc sfrbitvec sfrvec	Externe Variablen in Datei dasm.00-1f.c
showwin.c	ShowWndProc(...)	Fensterprozedur für das Datenanzeigefenster
	deb2show(...)	Umwandlung der Binärdaten in *mcstore_or_filebytes* in die Form, wie ShowWndProc(...) sie benötigt.
	showdatptr	Daten für ShowWndProc(...)
input.c	InputWndProc(...)	Fensterprozedur für das Eingabefenster

Datei:	Funktionen und externe Variablen	Erklärung
	rotate_befehlptr(...)	Hilfsfunktion für das „Wegscrollen" der eingegebenen Befehle
regs.c	RegWndProc(...)	Fensterprozedur für die Registeranzeigefenster
def.h		Definition von Konstanten. Strukturdeklarationen
resource.h		Konstanten zum Einbinden von Resourcen
8051.rc		Resourcenscript, wird für Programmicon benötigt
8051.ico		Programmicon

Tabelle 5.1 Funktionen von DEBUG8051PC

5.2.3 Der Programmablauf

Der hier beschriebene Programmablauf ist übersichtlich dargestellt in Bild 5.3. Die Programmabarbeitung beginnt mit der Funktion *WinMain*, die zunächst einige Funktionen aus DEBUG.C aufruft. Diese dienen dem Öffnen der seriellen Schnittstelle sowie der Herstellung der Kommunikation mit dem Mikrocontroller. Der Controller sendet dann schon die von DEBUG8051PC in eigenen Fenstern dargestellten Registerwerte, so dass diese nach dem Start des Programms korrekte Werte erhalten. Hierzu müssen die Registerfenster über den Wert der Register informiert werden. Deshalb sendet *WinMain* die Nachricht DEBM_UPD_PC an das Anzeigefenster für den Programmzähler (*hwndPc*). Als *lParam* wird die Adresse der in *WinMain* lokal definierten Struktur *debdata* vom Typ DEBDATA übergeben, damit *RegWndProc* auf die benötigten Werte zugreifen kann.

RegWndProc hält die Registerwerte in statischen Variablen fest und sorgt durch Aufruf von *UpdateWindow* für das Neuzeichnen aller Registerfenster mit korrekten Registerwerten.

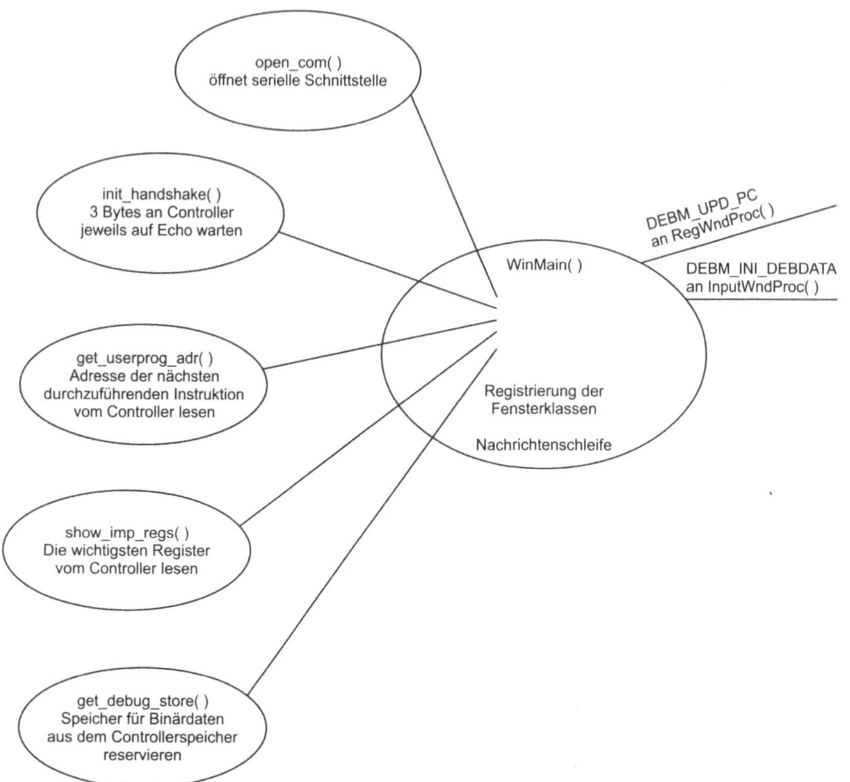
open_com( )
öffnet serielle Schnittstelle
init_handshake( )
3 Bytes an Controller
jeweils auf Echo warten
get_userprog_adr( )
Adresse der nächsten
durchzuführenden Instruktion
vom Controller lesen
show_imp_regs( )
Die wichtigsten Register
vom Controller lesen
get_debug_store( )
Speicher für Binärdaten
aus dem Controllerspeicher
reservieren
WinMain( )
Registrierung der
Fensterklassen
Nachrichtenschleife
DEBM_UPD_PC
an RegWndProc( )
DEBM_INI_DEBDATA
an InputWndProc( )

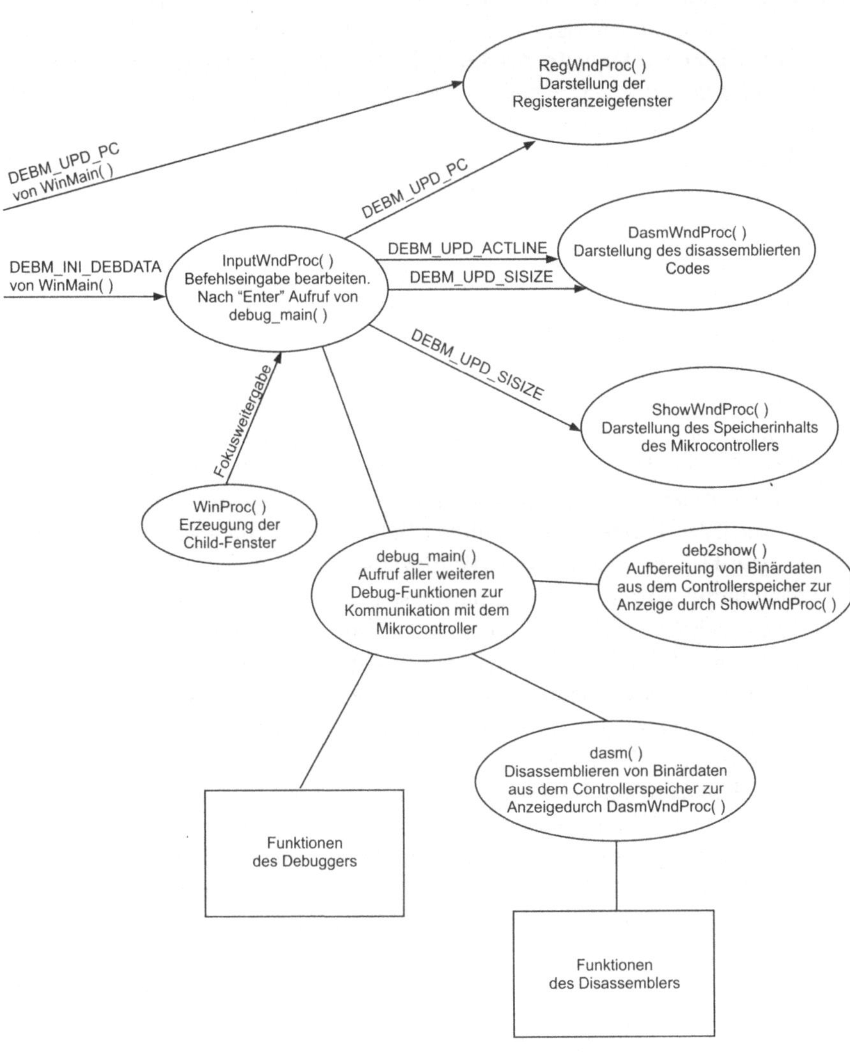

Bild 5.3 Ablauf von DEBUG8051PC

Auch in *InputWndProc* wird eine lokale Struktur vom Typ DEBDATA definiert. Damit auch diese nach dem Start von DEBUG805PC1 mit korrekten Werten initialisiert wird, sendet *WinMain* die Nachricht DEBM_INI_DEBDATA an das Eingabefenster (*hwndInput*). Danach erfolgt die Registrierung der benötigten Fensterklassen. Das Applikationsfenster wird durch *CreateWindow* erzeugt. Die anderen (Child-)Fenster werden bei der Bearbeitung der Nachricht WM_CREATE in der Fensterprozedur des Applikationsfensters *WndProc* erzeugt. Der letzte Teil von *WinMain* ist die Nachrichtenschleife.

WndProc ist dafür zuständig, die Größen und Positionen der Child-Fenster bei einer Größenänderung des Applikationsfensters anzupassen. Dies geschieht innerhalb der Bearbeitung der WM_SIZE-Nachricht. Wenn DEBUG8051PC den Eingabefokus erhält, dann wird *WndProc* darüber informiert und reagiert mit einer Fokusweitergabe an *InputWndProc*. Der Benutzer kann dann im Eingabefenster Befehle eingeben. Sobald ein Befehl mit der Return-Taste abgeschlossen wird, ruft *InputWndProc* die Funktion *debug_main* auf und übergibt die eingegebene Zeile. *Debug_main* ruft dann weitere Funktionen in DEBUG.C zur Durchführung des Befehls auf. Für jeden korrekt durchgeführten Befehl gibt *debug_main* einen eigenen Wert an *InputWndProc* zurück. *InputWndProc* sorgt entsprechend des Rückgabewertes dann für die Anzeige in den Statusfenstern und sendet, je nach durchgeführtem Befehl, Nachrichten an andere Fenster. Beispielsweise sendet der Mikrocontroller nach Durchführung der Befehle STEPIN, STEPOV erneut die anzuzeigenden Register an den PC. Damit diese in den Registeranzeigefenstern dargestellt werden, wird wie beim Start von DEBUG8051PC, die Nachricht DEBM_UPD_PC an *RegWndProc* gesendet. Außerdem soll der rote Balken im Disassemblierfenster die nächste durchzuführende Instruktion anzeigen, falls hierfür disassemblierter Code angezeigt wird. Dafür wird die Nachricht DEBM_UPD_ACTLINE an das Disassemblierfenster gesendet. Während DEBUG8051PC bei der Durchführung eines STEPIN-Befehls die Antwort des Controllers innerhalb der festgelegten maximalen Dauer eines Lesevorgangs der seriellen Schnittstelle erwartet (s. 4.10.4) und der Controller für die Abarbeitung einer einzelnen Instruktion auch nicht mehr Zeit benötigt, kann für die Abarbeitung eines Unterprogramms beliebig viel Zeit vergehen. Um nicht in die Interrupt-Programmierung unter Windows einsteigen zu müssen, wird – wenn der eingegebene Befehl STEPOV war - ein Timer gesetzt. Ist der Timer abgelaufen, erhält *InputWndProc* die Nachricht WM_TIMER. *InputWndProc* überprüft dann, ob der Controller die erwarteten Registerbytes gesendet hat. Ist dies nicht der Fall, läuft der Timer erneut ab und generiert eine weitere WM_TIMER-Nachricht und *InputWndProc* überprüft erneut, ob der Controller sich gemeldet hat. Das wird fortgesetzt, bis sich der Controller meldet. Dann wird der Timer durch *KillTimer* deaktiviert.

Hat der Benutzer einen Befehl eingegeben, bei dem ein Speicherbereich vom Controller oder aus einer Binärdatei gelesen wird und der eine neue Darstellung im Hexanzeige- oder Disassemblierfenster erfordert, dann sendet *InputWndProc* die Nachricht DEBM_UBD_SISIZE ans Hexanzeige- oder Disassemblierfenster, um den Scrollbereich dieses Fensters an die neue Zeilenanzahl anzupassen.

5.2.4 Der Debugger

Mit dem Aufruf der Funktion *open_com* (in Datei DEBUG.C) kommt zum ersten Mal eine Funktion des Debuggers zum Einsatz. Diese öffnet die serielle Schnittstelle, deren Name an DEBUG51 als Kommandozeilenparameter übergeben werden muss. Um unter Windows einen Kommandozeilenparameter an ein Programm zu übergeben, kann man eine Verknüpfung auf das Programm erstellen. Dies geschieht durch Anklicken des Programmicons mit der rechten Maustaste und Auswahl des Popup-Menüpunktes VERKNÜPFUNG ERSTELLEN. Innerhalb der erstellten Verknüpfung fügt man den zu übergebenden Parameter außerhalb der Anführungszeichen an die Zeile *Ziel* an. Den Kommandozeilenparameter erhält *WndMain* in *szCmdLine*

Die nächsten Funktionen aus dem Modul DEBUG.C, die aufgerufen werden, sind *init_handshake*, die überprüft, ob die Kommunikation mit dem Controller funktioniert, und *get_userprog_adr*, die den ersten Wert, den der Controller für sein Register PC sendet, empfängt. *Show_important_regs* erhält vom Controller die Inhalte seiner wichtigsten Register Danach wird noch mit *get_debug_store* Speicherplatz für größere Speicherbereiche, die der Controller sendet, angefordert. Die externe Variable *mcstore_or_filebytes.byteptr* zeigt auf diesen Speicherbereich.

Nach Abschluss der Initialisierungen, wird nur noch die Funktion *debug_main* von *InputWndProc* aufgerufen, wenn der Benutzer eine Zeile im Eingabefenster eingegeben hat. Die Funktion *debug_main* trennt die eingegebene Zeile in Befehl und Parameter auf und ruft bei korrekter Eingabe die dem Befehl entsprechende Funktion zur Kommunikation mit dem Controller auf.

5.2.5 Der Disassembler

Der Disassembler wird benötigt, um das Programm, das im Mikrocontrollerspeicher debuggt werden soll, in Assemblersprache darzustellen, eben zu disassemblieren. Bei handelsüblichen Mikrocontrollerentwicklungsumgebungen, die meist ein Testboard, Assembler, Debugger und mehr enthalten, wird hierzu auf die Quelltexte zurückgegriffen. Dazu müssen dann beim Assemblieren Debuginformationen generiert werden. Will man also so einen Debugger selbst programmieren, benötigt man entweder eine sehr genaue Dokumentation des verwendeten Assemblers oder man programmiert nicht nur den Debugger, sondern auch den Assembler selbst. Höre ich da die Frage: „Warum soll ich denn überhaupt selbst einen Debugger programmieren? Ich kann mir doch ein Testboard, Assembler und Debugger kaufen...“

Bei diesen Paketen hat man aber häufig Probleme, den Debugger auf eigener Hardware zum laufen zu bringen. Außerdem geht es in diesem Buch nicht hauptsächlich darum, einen Debugger zu programmieren, sondern es sollen vor allem die Grundlagen für eigene Mikrocontrollerschaltungen und -programme, die eine Kommunikation mit einem Windows-Rechner benötigen, geschaffen werden. Da der Aufwand, einen eigenen Assembler zu schreiben, hier nicht getrieben werden soll, wird der Speicherinhalt des Mikrocontrollers disassembliert. Hat man in seinem Original-Assemblerprogramm aber für Speicherstellen oder Konstanten Namen (in Textform) vergeben, so gehen diese Namen verloren. Bei Befehlen, die mit relativer Adressierung arbeiten, berechnet DEBUG8051PC aber stets die absolute Adresse und stellt diese dar, um die Lesbarkeit des disassemblierten Programms zu verbessern. Bei Verzweigungs-, Sprung- oder Call-Befehlen, kann der Disassembler auch „Ersatzlabel“ an der Zieladresse einfügen. Diese werden dann „Label1“,„Label2“,...,„Label9“ genannt. Die Möglichkeit der "Ersatzlabels" kann man durch Ändern der Zeile "#define MAXLETTERS 10" in DEF.H in "#define MAXLETTERS 0" ausschalten. Folgendes Bild zeigt den Original-Quelltext des bereits in Kapitel 3 besprochenen Programms XMIN_T2.A51 und das, was der Disassembler daraus macht:

Original-Sourcecode :	Disassemblierter Code :	Hexcode :

`$NOMOD51`
`$INCLUDE (8052.mcu)`
`;Datei xmin_t2.a51`
 	
`;Bei einer Zählfrequenz von`
`;11,059MHz/12 benötigt man für`
`;eine Verzögerung von 1s  ;844=34Ch`
`;Timerdurchläufe von 0000-(1)0000`
 	
`NUMH EQU 03h`
`NUML EQU 04Ch`		

```
;Messwerte werden im externen
;Speicher beginnend bei 2000h
;gespeichert

;Startadr f. Messwerte
MESSWERT XDATA 2000h
;Beginnend bei 2000h d. ext.
;Datenspeichers 6 Bytes
;reservieren
XSEG AT MESSWERT
DS 6 ;
;Anzahl durchzuführender ;Messungen
MESSUNGEN EQU 03h


;Stackbereich
STACK DATA 30H
DSEG AT STACK
DS 10H


;Programm beginnt bei Adr 7200h
CSEG AT 7200H
    MOV SP,#30H                 MOV SP,#30            75 80 30
    MOV R1,#MESSUNGEN           MOV R1,#03            79 03
    MOV DPTR,#MESSWERT          MOV DPTR,#2000        90 20 00
;Timer0 als 16-Bit Counter,
;Timer1 nicht ändern
    ORL TMOD,#05h              ORL TMOD,#05          43 89 05
X_MIN: MOV TL0,#00h           label2: MOV TL0,#00    75 8a 00
    MOV TH0,#00h                MOV TH0,#00           75 8c 00
    ACALL MINUTE               ACALL label1          51 1f
; Zählwerte speichern
    MOV A,TL0                   MOV A,TL0             e5 8a
    MOVX @DPTR,A                MOVX @DPTR, A         f0
    INC DPTR                    INC DPTR              a3
    MOV A,TH0                   MOV A,TH0             e5 8c
    MOVX @DPTR,A               MOVX @DPTR,A           f0
    INC DPTR                    INC DPTR              a3
    DJNZ R1,XMIN               DJNZ R1,label2         d9 ee
ENDLESS: JMP ENDLESS          label3: SJMP label3    80 fe
;Endlosschleife Programm zuende

MINUTE: MOV R0,#NUMH          label1:MOV R0,#03      78 03
    MOV A,#NUML                 MOV A, 4C             74 4c
;Timer 2 initialisieren
;Capture mode (T2CON.0)
    SETB CPRL2                  SETB CPRL2            d2 c8
;Timer mode unnötig weil default
    CLR CT2                     CLR CT2               c2 c9
    SETB TR2 ; Timer 2 ein     SETB TR2              d2 ca
    SETB TR0 ;Counter 0 ein    ...SETB TR0           d2 8c
;einen Durchlauf warten 0,0711s
LOOP: JNB TF2,LOOP            label4:JNB TF2,label4   30 cf fd
    CLR TF2                     CLR TF2               c2 cf
    SUBB A,#01H                 SUBB A,#01            94 01
;DJNZ setzt keinen Carry!
    JNZ NOT ZERO               JNZ label5            70 06
```

```
    CJNE R0,#00h, NOT_ZERO          CJNE R0,#00,label5    b0 00 03
    JMP ENDE                        LJMP label6           02 72 40
NOT_ZERO:JNC LOOP                 label5:JNC label4       50 ef
    DEC R0                          DEC R0                18
    CLR C    ;Counter 0 aus         CLR C                 c3
    SJMP LOOP                       SJMP label4           80 eb
ENDE: CLR TR0                     label6: CLR TR0         c2 8c
    RET                             RET                   22
END
```

Tabelle 5.1 Original-Assemblertext und disassemblierter Code

Zur Erläuterung der Arbeitsweise des Disassemblers, hier noch der Quelltext der wichtigsten Funktionen:

```
/*-------------------------------------------------------
Die wichtigsten Funktionen des Disassemblers:
dasm() Hauptdisassemblierfunktion
set_label() Verwaltet "Ersatzlabel"
insert_labels() Fügt "Ersatzlabel" in disassemblierten Code ein
isSFR() Wird bei Opcodes mit direkter Adressierung aufgerufen.
Prüft, ob Adresse zu einem SFR gehört.
isSFRbit() Wird bei Opcode mit Bitadressierung aufgerufen, um
zu prüfen, ob es sich um ein Bit aus einem SFR handelt
--------------------------------------------------------*/


#include <windows.h>
#include <stdio.h>
#include "def30.h"


#define NOP_OK 1      //Rückgabewert aller Disassembler-Funktionen
#define SFR_USED 1    //Speicherstelle zwischen 80-FF, durch SFR belegt
#define NO_SFR 0      //Speicherstelle zwischen 80-FF, nicht durch SFR belegt


extern BINBYTES mcstore_or_filebytes;  //Binärdaten
DASMLINE *dasmdatptr;                   //Daten f. Disassemblierfenster
int nline,nprogbyte;                    //Zeilenzähler,Programmbytezähler
WORD pc;                                //Programmzähler wie im Controller


//Disassemblierfunktionen
int fkt_nop(); //Opcode: 00h
int fkt_ajmpp0(); //Opcode: 01h,21h,41h,61h,81h,A1h,C1h,E1h
...

int fkt_acallp0(); //Opcode: 11h,31h,51h,71h,91h,B1h,D1h,F1h
...

fkt_movdadrc8(); //Opcode: 75h
...

int fkt_clrbadr(); //Opcode: c2h
...

fkt_setbbadr(); //Opcode: d2h
```

```
//Hilfsfunktionen
int set_label(WORD adr,char *labname);
void insert_labels();
int isSFR(WORD adr, char *sfr);
int isSFRbit(WORD adr, char *sfr);
int getSFRadr(BYTE *adr, char *sfr);

//Vektor mit Zeigern auf Disassemblierfunktionen
int (*opcodevec[])()={(int(*)())fkt_nop /*00h*/,(int(*)())fkt_ajmpp0 /*01h*/,...,
            (int(*)())fkt_acallp0 /*11h*/,...,(int(*)())fkt_movdadrc8 /*75h*/,
            ...,(int(*)())fkt_clrbadr /*c2h*/,...,(int(*)())fkt_setbbadr /*d2h*/,
            ...)};

//Zum Einfügen von "Ersatzlabeln"
LABEL labellist[]={{0,NOT_USED,"label1"},{0,NOT_USED,"label2"},
  {0,NOT_USED,"label3"},{0,NOT_USED,"label4"},{0,NOT_USED,"label5"},
  {0,NOT_USED,"label6"},{0,NOT_USED,"label7"},{0,NOT_USED,"label8"},
  {0,NOT_USED,"label9"},{0,NOT_USED,"label10"}};

//Speicherstellen, an denen sich ein SFR befindet
char *sfrvec[]={"P0","SP","DPL","DPH",NULL,NULL,NULL,"PCON", //80-87
        "TCON","TMOD","TL0","TL1","TH0","TH1",NULL,NULL, //88-8F
         "P1",NULL,NULL,NULL,NULL,NULL,NULL,NULL, //90-97
        "SCON","SBUF",NULL,NULL,NULL,NULL,NULL,NULL, //98-9F
        "P2",NULL,NULL,NULL,NULL,NULL,NULL,NULL,//A0-A7
        "IE",NULL,NULL,NULL,NULL,NULL,NULL,NULL, //A8-AF
        "P3",NULL,NULL,NULL,NULL,NULL,NULL,NULL, //B0-B7
        "IP",NULL,NULL,NULL,NULL,NULL,NULL,NULL, //B8-BF
        NULL,NULL,NULL,NULL,NULL,NULL,NULL,NULL, //C0-C7
        "T2CON",NULL,"RCAP2L","RCAP2H","TL2","TH2",NULL,NULL, //C8-CF
        "PSW",NULL,NULL,NULL,NULL,NULL,NULL,NULL,//D0-D7
        NULL,NULL,NULL,NULL,NULL,NULL,NULL,NULL, //D8-DF
        "ACC",NULL,NULL,NULL,NULL,NULL,NULL,NULL, //E0-E7
        NULL,NULL,NULL,NULL,NULL,NULL,NULL,NULL, //E8-EF
        "B",NULL,NULL,NULL,NULL,NULL,NULL,NULL, //F0-F7
        NULL,NULL,NULL,NULL,NULL,NULL,NULL,NULL}; //F8-FF

//Bitadressen von bitadressierbaren SFR-Bits
char *sfrbitvec[]={NULL,NULL,NULL,NULL,NULL,NULL,NULL,NULL, //80-87
            "IT0","IE0","IT1","IE1","TR0","TF0","TR1","TF1", //88-8F
            "T2","T2EX",NULL,NULL,NULL,NULL,NULL,NULL, //90-97
            "RI","TI","RB8","TB8","REN","SM2","SM1","SM0", //98-9A
            NULL,NULL,NULL,NULL,NULL,NULL,NULL,NULL, //A0-A7
            "EX0","ET0","EX1","ET1","ES","ET2",NULL,"EA", //A8-AF
            "RXD","TXD","INT0","INT1","T0","T1","WR","RD", //B0-B7
            "PX0","PT0","PX1","PT1","PS","PT2",NULL,NULL, //B8-BF
            NULL,NULL,NULL,NULL,NULL,NULL,NULL,NULL, //C0-C7
            "CPRL2","CT2","TR2","EXEN2","TCLK","RCLK","EXF2","TF2", //C8-CF
            "P",NULL,"OV","RS0","RS1","F0","AC","CY", //D0-D7
```

```
                NULL,NULL,NULL,NULL,NULL,NULL,NULL,NULL, //D8-DF
                NULL,NULL,NULL,NULL,NULL,NULL,NULL,NULL, //E0-E7
                NULL,NULL,NULL,NULL,NULL,NULL,NULL,NULL, //E8-EF
                NULL,NULL,NULL,NULL,NULL,NULL,NULL,NULL, //F0-F7
                NULL,NULL,NULL,NULL,NULL,NULL,NULL,NULL}; //F8-FF


    /*---------------------------------------------------
    Funktion: dasm()
    Liest nächsten Opcode aus mcstore_or_filebytes,ruft
    über opcodevec die entsprechende Disassemblierfunktion
    auf, bis das Ende des zu disassemblierenden Speicher
    bereichs erreicht ist.
    ---------------------------------------------------*/

int dasm(WORD startadr,WORD endadr) //Datei:dasm00-1F.c
{
    BYTE aktopcode;
    int error,i;

    //Initialisierung der externen Varis;
    pc=mcstore_or_filebytes.startadr;
    nline=0;
    nprogbyte=0;

    for(i=0;i<10;i++)
        labellist[i].used=NOT_USED;

    while(pc <= mcstore_or_filebytes.endadr){
        aktopcode=mcstore_or_filebytes.byteptr[nprogbyte];
        error=(*opcodevec[aktopcode])();
        nline++;
    }
    insert_labels();
    return DASM_OK;
}

int fkt_nop() //00h Datei:dasm00-1F.c
{
    sprintf(dasmdatptr[nline].line,"%.4x %s",pc,"  NOP");
    dasmdatptr[nline].adr=pc;
    pc++;
    nprogbyte++;
    return NOP_OK;
}

int fkt_ajmpp0() //01h,21h,41h,61h,81h,A1h,C1h,E1h Datei:dasm00-1F.c
{
    WORD pcbuf,jmpadr;
    WORD aktopcode;
```

```c
    int err;
    char labname[7];

    pcbuf=pc+2;
    aktopcode=(WORD)mcstore_or_filebytes.byteptr[nprogbyte];

    jmpadr=(pcbuf & 0xF800) | ((aktopcode & 0x00E0) << 3);
    jmpadr=jmpadr | (WORD)mcstore_or_filebytes.byteptr[nprogbyte+1];

    err=set_label(jmpadr,labname);

    if(err==LAB_OK)
        sprintf(dasmdatptr[nline].line,"%.4x %s %s",pc,"  AJMP",labname);

    else
        sprintf(dasmdatptr[nline].line,"%.4x %s %.4x",pc,"  AJMP",jmpadr);

    dasmdatptr[nline].adr=pc;

    pc+=2;
    nprogbyte+=2;
    return NOP_OK;

}

int fkt_acallp0() //11h,31h,51h,71h,91h,B1h,D1h,F1h Datei:dasm00-1F.c
{
    WORD pcbuf,calladr;
    WORD aktopcode;
    int err;
    char labname[7];

    pcbuf=pc+2;
    aktopcode=mcstore_or_filebytes.byteptr[nprogbyte];

    aktopcode=(WORD)mcstore_or_filebytes.byteptr[nprogbyte];

    calladr=(pcbuf & 0xF800) | ((aktopcode & 0x00E0) << 3);
    calladr=calladr | (WORD)mcstore_or_filebytes.byteptr[nprogbyte+1];

    err=set_label(calladr,labname);

    if(err==LAB_OK)
        sprintf(dasmdatptr[nline].line,"%.4x %s %s",pc,"  ACALL",labname);
    else
        sprintf(dasmdatptr[nline].line,"%.4x %s %.4x",pc,"  ACALL",calladr);

    dasmdatptr[nline].adr=pc;
    pc+=2;
    nprogbyte+=2;
```

```c
    return NOP_OK;
}

int fkt_movdadrc8() //75h Datei:dasm60-7F.c
{

    BYTE dadr;
    BYTE data;
    char sfr[6];

    dadr=mcstore_or_filebytes.byteptr[nprogbyte+1];
    data=mcstore_or_filebytes.byteptr[nprogbyte+2];

    if(isSFR(dadr,sfr)==SFR_USED)
        printf(dasmdatptr[nline].line,"%.4x %s %s,#%.2x",pc,"    MOV",sfr,data);

    else
        sprintf(dasmdatptr[nline].line,"%.4x %s %.2x,#%.2x",pc,"    MOV",dadr,data);

    dasmdatptr[nline].adr=pc;
    pc+=3;
    nprogbyte+=3;
    return NOP_OK;
}

int fkt_movR1c8() //79h Datei: dasm60-7F.c
{

    BYTE data;

  data=mcstore_or_filebytes.byteptr[nprogbyte+1];

  sprintf(dasmdatptr[nline].line,"%.4x %s,#%.2x",pc,"    MOV R1",data);
  dasmdatptr[nline].adr=pc;
  pc+=2;
  nprogbyte+=2;
  return NOP_OK;
}

int fkt_movdptrc16() //90h Datei: dasm80-9F.c
{
    BYTE datah,datal;
    WORD data;

    datah=mcstore_or_filebytes.byteptr[nprogbyte+1];
    datal=mcstore_or_filebytes.byteptr[nprogbyte+2];
    data=(datah<<8) | datal;

    sprintf(dasmdatptr[nline].line,"%.4x %s,#%.4x",pc,"MOV DPTR",data);
```

212

```c
    dasmdatptr[nline].adr=pc;

    pc+=3;
    nprogbyte+=3;
    return NOP_OK;
}

int fkt_orldadrc8() //43h Datei:dasm40-5f.c
{
    WORD dadr;
  BYTE data;
    char sfr[6];
    char linebuf[50];


    dadr=mcstore_or_filebytes.byteptr[nprogbyte+1];
    data=mcstore_or_filebytes.byteptr[nprogbyte+2];

    if(isSFR(dadr,sfr)==SFR_USED)
        sprintf(linebuf,"%.4x ORL %s",pc,sfr);

  else
      sprintf(linebuf,"%.4x ORL %.2x",pc,dadr);

    sprintf(dasmdatptr[nline].line,"%s,#%.2x",linebuf,data);

    dasmdatptr[nline].adr=pc;
    pc+=3;
     nprogbyte+=3;
   return NOP_OK;
}
int fkt_clrbadr() //c2h Datei:dasmC0-DF.c
{
    BYTE bitadr;
    WORD pcbuf;
    char sfr[6];


    pcbuf=pc+2;
    bitadr=mcstore_or_filebytes.byteptr[nprogbyte+1];

    if(isSFRbit(bitadr,sfr)==SFR_USED)
        sprintf(dasmdatptr[nline].line,"%.4x %s,%s,",pc,"     CLR",sfr);

    else
        sprintf(dasmdatptr[nline].line,"%.4x %s,%.2x,",pc,"     CLR",bitadr);

    dasmdatptr[nline].adr=pc;
    pc+=2;
    nprogbyte+=2;
```

```c
        return NOP_OK;
}

int fkt_setbbadr() //d2h Datei:dasmC0-DF.c
{
    BYTE bitadr;
    WORD pcbuf;
    char sfr[6];

    pcbuf=pc+2;
    bitadr=mcstore_or_filebytes.byteptr[nprogbyte+1];

    if(isSFRbit(bitadr,sfr)==SFR_USED)
        sprintf(dasmdatptr[nline].line,"%.4x %s,%s,",pc,"    SETB",sfr);

    else
        sprintf(dasmdatptr[nline].line,"%.4x %s,%.2x,",pc,"    SETB",bitadr);

    dasmdatptr[nline].adr=pc;
    pc+=2;
    nprogbyte+=2;
    return NOP_OK;
}


/*--------------------------------------------------
Funktion: set_label()
Die Funktion wird von Disassemblierfunktionen aufgerufen,
die einen Sprung-,Verzweigungs-oder Call-Befehl disassemblieren.
So erreicht man, dass im disassemblierten Code Adressen
als Label1,Label2,...,Label9 bezeichnet werden. Will man
diese Möglichkeit des Disassemblers nicht nutzen, muß man
die Konstante MAXLABELS in def30.h zu Null setzen.
Die Funktion bekommt die Zieladresse eines Befehls übergeben.
Sie prüft, ob für diese schon ein Label vorhanden ist. Wenn
nicht, wird die Adresse in labellist[] eingetragen und je
nach Position in labellist[] ein Labelname zurückgegeben.
Ist eine Adresse schon in labellist[] eingetragen, wird
der zugeordnete Labelname zurückgegeben.
----------------------------------------------------*/

int set_label(WORD adr,char labname[])
{
    int i;
    for(i=0;i<MAXLABELS;i++){
        if(labellist[i].used==NOT_USED){  //Adresse hat noch kein Label
            labellist[i].adr=adr;
            labellist[i].used=USED;
            strcpy(labname,labellist[i].labname);
            return(LAB_OK);
        }
```

```c
        if(labellist[i].adr ==adr){ //Adresse hat schon Label
            strcpy(labname,labellist[i].labname);
            return LAB_OK;
        }
    }
    return(NO_LAB);

}


/*------------------------------------------------
Funktion: insert_labels()
Fügt nach erfolgter Disassemblierung die Labels aus labellist[]
in den disassemblierten Code ein
-------------------------------------------------*/
void insert_labels()
{
    int i,j,k,l,m;
    char linebuf[50];

    for(i=0;labellist[i].used == USED;i++){

        for(j=0;j<nline;j++){

            if(labellist[i].adr == dasmdatptr[j].adr){
                for(k=0;dasmdatptr[j].line[k]!=' ';k++) //Adresse bis Leerzeichen kopieren
                    linebuf[k]=dasmdatptr[j].line[k];
                linebuf[k++]=' ';

                for(m=k;dasmdatptr[j].line[m]==' ';m++);//Leerzeichen übergehen
                linebuf[k++]=' ';

                for(l=0;labellist[i].labname[l]!='\0';l++,k++)
                    linebuf[k]=labellist[i].labname[l];
                linebuf[k++]=':';
                linebuf[k++]=' ';

                for(;dasmdatptr[j].line[m]!='\0';m++,k++)
                    linebuf[k]=dasmdatptr[j].line[m];
                linebuf[k]='\0';

                strcpy(dasmdatptr[j].line,linebuf);
            }
        }
    }
}


/*------------------------------------------------
Funktion: isSFR()
Wird von Disassemblierfunktionen aufgerufen, die direkte
```

Adressierung verwenden, da hierbei ein SFR adressiert
werden könnte. Im Disassemblierten Code soll aber nicht
die Adresse eines SFR, sondern sein Name stehen. Die Funktion
prüft, ob die übergebene Adresse im SFR-Bereich liegt.
Falls ja, wird geprüft, ob an der gegebenen Adresse auch
ein SFR liegt. Das ist je nach verwendetem 8051-Controller
unterschiedlich. Deshalb muß evtl. der Vektor sfrvec[]
angepaßt werden.

```c
--------------------------------------------------*/

int isSFR(WORD adr, char *sfr)
{

    if((adr >= 0x80) && (adr <= 0xFF)){
        if(sfrvec[adr-0x80]){
            strcpy(sfr,sfrvec[adr-0x80]);
            return(SFR_USED);
        }
    }
    return(NO_SFR);
}


/*--------------------------------------------------
Funktion: isSFRbit()
Wird von Disassemblierfunktionen aufgerufen, die direkte
Bitdressierung verwenden, da hierbei ein SFR-Bit adressiert
werden könnte. Im Disassemblierten Code soll aber nicht
die Adresse eines SFR-Bits, sondern sein Name stehen. Die Funktion
prüft, ob die übergebene Adresse im SFR-Bereich liegt.
Falls ja, wird geprüft, ob an der gegebenen Adresse auch
ein SFR-Bit liegt. Das ist je nach verwendetem 8051-Controller
unterschiedlich. Deshalb muß evtl. der Vektor sfrbitvec[]
angepaßt werden.
--------------------------------------------------*/

int isSFRbit(WORD adr, char *sfr)
{

    if((adr >= 0x80) && (adr <= 0xFF)){
        if(sfrbitvec[adr-0x80]){
            strcpy(sfr,sfrbitvec[adr-0x80]);
            return(SFR_USED);
        }
    }
    return(NO_SFR);
}


/*--------------------------------------------------
Auszug aus def30.h
--------------------------------------------------*/
```

```
typedef struct binbytes{
        WORD startadr;
        WORD endadr;
        WORD size;
        BYTE kind;
        char filename[32];
        BYTE *byteptr;
        }BINBYTES;

typedef struct showline{
        //BYTE sign;
        char line[60];
        WORD adress;
}SHOWLINE;

typedef struct dasmline{
        WORD adr;
        BYTE num;
        char line[MAXLETTERS];
        }DASMLINE;

#define NOT_USED 0
#define USED 1
#define MAXLABELS 10 //max: 10
#define LAB_OK 1
#define NO_LAB 0

typedef struct label{
        WORD adr;
        BOOL used;
        char labname[7];
}LABEL;
```

Listing 5.2 Auszuge aus dem Disassembler-Modul von DEBUG8051PC

Zur Realisierung eines Disassemblers benötigt man alle möglichen Mikrocontrol-
lerbefehle in Assembler- und in Hexcode. Man muss genau wissen, wie Zusatzinformationen, also Adressen oder Konstanten, die der Controller zur Abarbeitung
eines Befehls benötigt, im Speicher abgelegt sind. Diese Informationen sind in der
Befehlsbeschreibung des 8051 (Kap 6) enthalten. Die möglichen Befehle und deren
Hexcode sind für alle 8051-kompatiblen Controller gleich, so dass der hier gezeigte
Disassembler für alle 8051-kompatiblen Controller verwendet werden kann. Je
nachdem, welche zusätzliche Peripherie ein 8051-kompatibler Controller bietet,
verfügt er aber über andere SFRs, so dass der Disassembler hier angepasst werden
muss.

Für die Disassemblierung jedes Opcodes existiert eine eigene Funktion, die dafür sorgt, dass der Opcode und die Zusatzinformationen korrekt in Assemblersprache dargestellt werden.

Die Adressen aller Disassemblierfunktionen sind im Vektor *opcodevec* gespeichert. Die Position in diesem Vektor muss dem Opcode entsprechen.

Die Funktion *dasm* liest den nächsten, zu disassemblierenden Opcode aus *mcstore_or_filebytes*. Im Beispiel XMIN_T2.A51 (s. Tabelle 5.1) ist das der Hexcode 75h. Zum Disassemblieren wird die Funktion *fkt_movdadrc8* aufgerufen. Beim Opcode 75h enthält das nächste Byte im Speicher die Adresse, an welche, die im übernächsten Byte abgelegte Konstante, geschrieben werden soll. Die Funktion *fkt_movdadrc8* „merkt" sich diese beiden Werte in den lokalen Variablen *dadr* und *data*. Nachdem durch Aufruf der Funktion *isSFR* überprüft worden ist, ob durch *dadr* ein SFR angesprochen wird, setzt die Funktion die gesamte Assemblerzeile mit *sprintf* zusammen. Da es sich um einen 3-Byte-Befehl handelt, werden *pc* und *nprogbyte* jeweils um drei inkrementiert.

Der nächste Ocode ist 79h. Zum disassemblieren wird die Funktion *fkt_movr1c8* aufgerufen. Das folgende Byte enthält die Daten. Die Information über den Empfänger der Daten (Register R1) ist im Opcode enthalten. Mit *sprintf* wird die Assemblerzeile zusammengesetzt.

Zum Disassemblieren des Opcodes 90h wird die Funktion *fkt_movdptrc16* aufgerufen. Die nachfolgenden zwei Bytes enthalten eine 16-Bit-Konstante. Die Information über den Empfänger der Daten (SFR: DPTR) ist im Opcode enthalten.

Der folgende Opcode 43h wird durch die Funktion fkt_orldadrc8 disassembliert. Das erste Byte, das dem Opcode folgt, enthält eine Adresse. Diese wird in dadr gespeichert und durch Aufruf von isSFR festgestellt, ob es sich um die Adresse eines SFR handelt. Beim zweiten Bytes, das dem Opcode folgt, handelt es sich um eine Konstante.

Danach erfolgt noch zweimal die Disassemblierung des Opcodes 75h.

Der nächste Opcode ist 51h. Es handelt sich damit um einen ACALL-Befehl. Je nachdem in welchem 8k-Block des Speichers sich ein ACALL-Befehl befindet, kann er die Opcodes 11h, 31h, 51h, 71h, 91h, B1h, D1h, F1h annehmen. Bei der Abarbeitung eins ACALL-Befehls erhält der Controller die Zieladresse folgenderweise:

Der Programmzähler wird um zwei inkrementiert, und zeigt auf den nächsten Befehl. Dann verkettet er die Bits 15-11 des Programmzählers und die Opcode Bits 7-5. Hieraus erhält er das höherwertige Byte der Zieladresse. Das niederwertige Byte der Zieladresse folgt im Programmspeicher nach dem Opcode.

Auf diese Art und Weise ermittelt auch die für die Disassemblierung aller ACALL-Befehle zuständige Funktion *fkt_acallp0* die Zieladresse. Sie ruft dann noch *set_label* auf, um die Zieladresse durch ein „Ersatzlabel" zu bezeichnen. Die disassemblierte Zeile wird dann mit *sprintf* zusammengesetzt. Da es sich wieder um einen 2-Byte-Befehl handelt, werden pc und nprogbyte jeweils um zwei inkrementiert.

Wie man schnell feststellt, sind die mit „fkt-..." beginnenden Disassemblierfunktionen nicht schwer zu verstehen. Deshalb belasse ich es bei der Erklärung der Disassemblierfunktionen bei den obenstehenden Beispielen.

6 Befehlssatz des 8051

Der Befehlssatz der 8051-kompatiblen Mikrocontroller lässt sich in vier Gruppen aufteilen:

Datentransferbefehle

Arithmetikbefehle

Logikbefehle und Bitmanipulation

Programmablaufkontrolle

Für die Operanden bei den Mnemonics der Datentransferbefehle, Arithmetikbefehle und der Logikbefehle gilt allgemein, dass zuerst der Zieloperand, dann der Quelloperand genannt wird. Der Zieloperand nimmt das Ergebnis einer Operation auf, der Quelloperand wird normalerweise nicht geändert. Für den Zugriff auf die Operanden erlaubt der 8051 fünf verschiedene Adressierungsarten, die in Kap. 3.2 ausführlich beschrieben sind. Wenn bei der Durchführung eines der nachfolgend beschriebenen Befehle eines der Statusflags (außer P) aus dem Register PSW geändert wird, wird das explizit erwähnt. Bei den Statusflags handelt es sich um die Flags C (Carry), AC (Auxiliary Carry), OV (Overflow) und P (Parity). P wird immer in Abhängigkeit des Wertes im Akkumulator gesetzt. Ist die Anzahl von Einsen im Akkumulator gerade, wird P nicht gesetzt, ist sie ungerade, wird P gesetzt (gerade Parität).

6.1 Überblick

Tabelle 6.1 gibt einen Überblick über alle möglichen Befehle der 8051-kompatiblen Mikrocontroller.

Datentransfer:

Mnemonic	Erklärung	S.
MOV		229
MOV A,Rn	Register in Akkumulator kopieren	

MOV	A,dadr	Kopiere direkt adressiertes Byte aus dem internen Speicher in den Akkumulator	
MOV	A,@Ri	Kopiere indirekt adressiertes Byte aus dem internen Datenspeicher in den Akkumulator	
MOV	A,#const8	Kopiere Konstante in den Akkumulator	
MOV	Rn,A	Kopiere Akkumulator in Register	
MOV	Rn,dadr	Kopiere direkt adressiertes Byte aus dem internen Datenspeicher in Register	
MOV	Rn,#const8	Kopiere Konstante in Register	
MOV	dadr,A	Kopiere Akkumulator in direkt adressiertes Byte des internen Datenspeichers	
MOV	dadr,Rn	Kopiere Register in direkt adressiertes Byte des internen Datenspeichers	
MOV	dadr,dadr	Kopiere direkt adressiertes Byte des internen Datenpeichers in direkt adressiertes Byte des internen Datenspeichers	
MOV	dadr,@Ri	Kopiere indirekt adressiertes Byte des internen Datenspeichers in direkt adressiertes Byte des internen Datenspeichers	
MOV	dadr,#data	Kopiere Konstante in direkt adressiertes Byte des internen Datenspeichers	
MOV	@Ri,A	Kopiere Akkumulator in indirekt adressiertes Byte des internen Datenspeichers	
MOV	@Ri,dadr	Kopiere direkt adressiertes Byte aus dem internen Datenspeicher in indirekt adressiertes Byte aus dem internen Datenspeicher	
MOV	@Ri,#const8	Kopiere Konstante in indirekt adressiertes Byte des internen Datenspeichers	
MOV	DPTR,#const16	Kopiere 16-Bit Konstante in Datenzeiger	
MOVC			231
MOVC	A,@A+DPTR	Kopiere, relativ zu DPTR indirekt adressiertes, Programmbyte in Akkumulator	
MOVC	A,@A+PC	Kopiere, relativ zu PC indirekt adressiertes, Programmbyte in Akkumulator	

MOVX		232
MOVX A,@Ri	Kopiere indirekt adressiertes Byte (Adr.: <256) des externen Datenspeichers in Akkumulator	
MOVX A,@DPTR	Kopiere indirekt adressiertes Byte des externen Datenspeichers (16-Bit Adr.) in Akkumulator	
MOVX @Ri,,A	Kopiere Akkumulator in indirekt adressiertes Bytes (Adr.:<256) des externen Datenspeichers	
MOVX @DPTR,A	Kopiere Akkumulator in indirekt adressiertes Byte (16-Bit Adr.) des externen Datenspeichers	
PUSH dadr	Lege direkt adressiertes Byte des internen Datenspeichers auf dem Stack ab	
POP dadr	Hole Byte vom Stack und kopiere es in direkt adressiertes Byte des internen Datenspeichers	
XCH		234
XCH A,Rn	Tausche Akkumulator und Register	
XCH A,dadr	Tausche Akkumulator und direkt adressiertes Byte des internen Datenspeichers	
XCH A,@Ri	Tausche Akkumulator und indirekt adressiertes Byte des internen Datenspeichers	
XCHD A,@Ri	Tausche die niederwertigen vier Bits des Akkumulators mit denen des indirekt adressierten Speicherbytes	235

Arithmetikbefehle:

Mnemonic	Erklärung	
ADD	S.	235
ADD A,Rn	Addiere Akkumulator und Register	
ADD A,dadr	Addiere direkt adressiertes Byte aus dem internen Datenspeicher und Akkumulator	

Befehl		Beschreibung	Seite
ADD	A,@Ri	Addiere indirekt adressiertes Byte aus dem internen Datenspeicher und Akkumulator	
ADD	A,#const8	Addiere Akkumulator und Konstante	
ADDC			236
ADDC	A,Rn	Addiere Akkumulator, Register und Carry-Flag	
ADDC	A,dadr	Addiere direkt adressiertes Byte aus dem internen Speicher, Akkumulator und Carry-Flag	
ADDC	A,@Ri	Addiere indirekt adressiertes Byte aus dem internen Datenspeicher, Akkumulator und Carry-Flag	
ADDC	A,#const8	Addiere Akkumulator, Konstante und Carry-Flag	
SUBB			237
SUBB	A,Rn	Subtrahiere Register und Carry-Flag vom Akkumulator	
SUBB	A,dadr	Subtrahiere direkt adressiertes Byte aus dem internen Datenspeicher und Carry-Flag vom Akkumulator	
SUBB	A,@Ri	Subtrahiere indirekt adressiertes Byte aus dem internen Datenspeicher und Carry-Flag vom Akkumulator	
SUBB	A,#const8	Subtrahiere Konstante und Carry-Flag vom Akkumulator	
INC			239
INC	A	Inkrementiere Akkumulator	
INC	Rn	Inkrementiere Register	
INC	dadr	Inkrementiere direkt adressiertes Byte aus dem internen Datenspeicher	
INC	@Ri	Inkrementiere indirekt adressiertes Byte aus dem internen Datenspeicher	
DEC			239
DEC	A	Dekrementiere Akkumulator	
DEC	Rn	Dekrementiere Register	
DEC	dadr	Dekrementiere direkt adressiertes Byte aus dem internen Datenspeicher	

Mnemonic	Erklärung	
DEC @Ri	Dekrementiere indirekt adressiertes Byte aus dem internen Datenspeicher	
INC DPTR	Inkrementiere Datenzeiger	240
MUL AB	Multipliziere A und B	241
DIV AB	Dividiere A durch B	241
DA A	Korrektur nach BCD-Addition	242

Logische Operationen:

Mnemonic	Erklärung	
ANL		243
ANL A,Rn	UND-Verknüpfung von Register und Akkumulator	
ANL A,dadr	UND-Verknüpfung von direkt adressiertem Byte des internen Datenspeichers und Akkumulator	
ANL A,@Ri	UND-Verknüpfung von indirekt adressiertem Byte aus dem internen Datenspeicher und Akkumulator	
ANL A,#const8	UND-Verknüpfung von Akkumulator und Konstante	
ANL dadr,A	UND-Verknüpfung von direkt adressiertem Byte aus dem internen Speicher und Akkumulator. (Ergebnis in direkt adressierter interner Speicherstelle)	
ANL dadr,#dconst8	UND-Verknüpfung von direkt adressiertem Byte aus dem internen Datenspeicher und Konstante	
ORL		244
ORL A,Rn	ODER-Verknüpfung von Register und Akkumulator	
ORL A,dadr	ODER-Verknüpfung von direkt adressiertem Byte aus dem internen Datenspeicher und Akkumulator	

ORL	A,@Ri	ODER-Verknüpfung von indirekt adressiertem Byte aus dem internen Datenspeicher und Akkumulator	
ORL	A,#const8	ODER-Verknüpfung von Akkumulator und Konstante	
ORL	dadr,A	ODER-Verknüpfung von direkt adressiertem Byte aus dem internen Datenspeicher und Akkumulator. (Ergebnis in direkt adressiertem Byte)	
ORL	dadr,#dconst8	ODER-Verknüpfung von direkt adressiertem Byte aus dem internen Datenspeicher und Konstante	
XRL			245
XRL	A,Rn	EXOR-Verknüpfung von Register und Akkumulator	
XRL	A,dadr	EXOR-Verknüpfung von direkt adressiertem Byte aus dem internen Datenspeicher und Akkumulator	
XRL	A,@Ri	EXOR-Verknüpfung von indirekt adressiertem Byte aus dem internen Datenspeicher und Akkumulator	
XRL	A,#const8	EXOR-Verknüpfung von Akkumulator und Konstante	
XRL	dadr,A	EXOR-Verknüpfung von direkt adressiertem Byte aus der internen Datenspeicher und Akkumulator. (Ergebnis in direkt adressiertem Byte)	
XRL	dadr,#const8	EXOR-Verknüpfung von direkt adressiertem Byte aus dem internen Datenspeicher und Konstante	
CLR	A	Alle Akkumulatorbits löschen	246
CPL	A	Komplementiert alle Akkumulatorbits	246
RL	A	Akkumulator nach links rotieren	247
RLC	A	Akkumulator durch Carry nach links rotieren	247
RR	A	Akkumulator nach rechts rotieren	248
RLC	A	Akkumulator durch Carry nach rechts rotieren	247
SWAP	A	Tauscht die vier niederwertigen und die vier höherwertigen Bits des Akkumulators	248

Logische Operationen (Bitverarbeitung):

Mnemonic	Erklärung	
CLR C	Lösche Carry-Flag	249
CLR badr	Lösche direkt adressiertes Bit	249
SETB C	Setze Carry-Flag	250
SETB badr	Setze direkt adressiertes Bit	249
CPL C	Komplementiere Carry-Flag	250
CPL badr	Komplementiere direkt adressiertes Bit	250
ANL C,badr	UND-Verknüpfung zwischen Carry-Flag und direkt adressiertem Bit	250
ANL C,/badr	UND-Verknüpfung zwischen Carry-Flag und direkt adressiertem invertierten Bit	251
ORL C,badr	ODER-Verknüpfung zwischen Carry-Flag und direkt adressiertem Bit	251
ORL C,/badr	ODER-Verknüpfung zwischen Carry-Flag und direkt adressiertem invertierten Bit	251
MOV C,bit	Kopiere direkt adressiertes Bit ins Carry-Flag	252
MOV bit,C	Kopiere Carry-Flag in direkt adressiertes Bit	252

Programmablaufkontrolle:

ACALL adr11	Absoluter Unterprogrammaufruf	252
LCALL adr16	Langer, absoluter Unterprogrammaufruf	253
RET	Rückkehr aus Unterprogramm	254
RETI	Rückkehr aus Interrupt-Service-Routine	254
AJMP adr11	Absoluter Sprung	255
LJMP adr16	Langer, absoluter Sprung	255
SJMP rel	Kurzer (relativer) Sprung	256
JMP @A+DPTR	Indirekter Sprung relativ zu DPTR	256
JZ rel	Springe, wenn Akkumulator Null ist.	257

JNZ	rel	Springe, wenn Akkumulator ungleich Null ist	257
JC	rel	Springe, wenn Carry-Flag gesetzt ist	258
JNC	rel	Springe, wenn Carry-Flag nicht gesetzt ist	258
JB	bit,rel	Springe, wenn direkt adressiertes Bit gesetzt ist	259
JNB	bit,rel	Springe, wenn direkt adressiertes Bit nicht gesetzt ist	259
JBC	bit,rel	Springe, wenn direkt adressiertes Bit gesetzt ist und lösche das Bit	259
CJNE			260
CJNE	A,dadr,rel	Vergleiche direkt adressiertes Byte des internen Datenspeicher mit Akkumulator und springe bei Ungleichheit	
CJNE	A,#const8,rel	Vergleiche Akkumulator und Konstante, springe bei Ungleichheit	
CJNE	Rn,#data,rel	Vergleiche Register und Konstante, springe bei Ungleichheit	
CJNE	@Ri,#const8,rel	Vergleiche indirekt adressiertes Byte des internen Datenspeichers und Akkumulator, springe bei Ungleichheit	
DJNZ	Rn,rel	Dekrementiere Register und springe falls es nicht Null ist	262
DJNZ	dadr,rel	Dekrementiere direkt adressiertes Byte des internen Speichers und springe falls es nicht Null ist	262
NOP		No Operation	262

Tabelle 6.1 Übersicht über die 8051-Befehle

6.2   Detaillierte Befehlsbeschreibungen

6.2.1   Datentransferbefehle

MOV <Zielbyte>,<Quellbyte>

Kopiert den durch <Quellbyte> definierten Operanden an die Stelle des durch <Zielbyte> definierten Operanden. Das Quellbyte wird nicht geändert. Kein anderes Register oder Flag wird beeinflusst.

Beispiel:
```
MOV R0,#60h  ;60h nach R0 schreiben
MOV @R0,#33h ;33h durch indirekte Adressierung nach 60h
```

MOV A,Rn

(A)←(Rn)

Codierung: | 1110 1rrr |

Zyklen: 1

MOV A,dadr

(A)←(dadr)

Codierung: | 1110 0101 | | dadr |

Zyklen: 1

MOV A,@Ri

(A)←((Ri))

Codierung: | 1110 011i |

Zyklen: 1

MOV A,#const8

(A)←const8

Codierung: | 0111 0100 | | const8 |

Zyklen: 1

MOV Rn,A

$(Rn) \leftarrow (A)$

Codierung: | 1111 1rrr |

Zyklen: 1

MOV Rn,dadr

$(Rn) \leftarrow (dadr)$

Codierung: | 1010 1rrr | | dadr |

Zyklen: 2

MOV Rn,#const8

$(Rn) \leftarrow const8$

Codierung: | 0111 1rrr | | const8 |

Zyklen: 1

MOV dadr,A

$(dadr) \leftarrow (A)$

Codierung: | 1111 0101 | | dadr |

Zyklen: 1

MOV dadr,Rn

$(dadr) \leftarrow (Rn)$

Codierung: | 1000 1rrr | | dadr |

Zyklen: 2

MOV dadr,dadr

$(dadr) \leftarrow (dadr)$

Codierung: | 1000 0101 | | dadr (q) | | dadr (z) |

Zyklen: 2

MOV dadr,@Ri

$(dadr) \leftarrow ((Ri))$

Codierung: | 1000 011i | | dadr |

Zyklen: 2

MOV dadr,#const8

(dadr)←const8

Codierung: | 0111 0101 | | dadr | | const8 |

Zyklen: 2

MOV @Ri,A

((Ri))←(A)

Codierung: | 1111 011i |

Zyklen: 1

MOV @Ri,dadr

((Ri))←(dadr)

Codierung: | 1010 011i | | dadr |

Zyklen: 2

MOV @Ri,#const8

((Ri))←const8

Codierung: | 0111 011i | | const8 |

Zyklen: 1

MOVC A,@A+<basisregister>

Der Befehl MOVC lädt den Akkumulator mit einem Codebyte oder einer Konstanten aus dem Programmspeicher. Die Adresse dieses Bytes berechnet sich als Summe des Akkumulatorinhalts und eines 16-Bit-Basisregisters. Als Basisregister können die SFRs PC oder DPTR verwendet werden. Wenn PC als Basisregister verwendet wird, wird PC vor der Addition mit dem Akkumulatorinhalt auf die Adresse des nächsten Befehls erhöht.

Beispiel:
Man kann den Befehl gut zur Realisierung eines Codeumsetzers verwenden. Wenn die Routine CODE_UMSETZ des Beispiels mit 01_H im Akkumulator aufgerufen wird, liefert sie CODE_1 im Akkumulator. Wird sie mit 02_H im Akkumulator aufgerufen, liefert sie CODE_2 zurück, usw..

```
CODE_UMSETZ:
    MOVC A,@A+PC
    RET
```

```
DB CODE_1
DB CODE_2
DB CODE_3
```

MOVC A,@A+DPTR

(A)←((A)+(DPTR))

Codierung: $\boxed{1001\ 0011}$

Zyklen: 2

MOVC A,@A+PC

(PC)←(PC)+1
(A)←((A)+(PC))

Codierung: $\boxed{1000\ 0011}$

Zyklen: 2

MOVX <Zielbyte>,<Quellbyte>

Der Befehl MOVX wird für den Zugriff auf den externen Datenspeicher verwendet. Für den Zugriff auf externe Adressen kleiner als 256 können die Register R0 oder R1 zur indirekten Adressierung der anzusprechenden Speicherstelle gewählt werden. werden. Bei dieser Art des Zugriffs wird die in R0 oder R1 enthaltene Adresse an P0 ausgegeben und mit den Daten gemultiplext. Der Zustand an P2 wird nicht geändert.

Für den Zugriff auf Speicheradressen >=256 muss für die indirekte Adressierung der anzusprechenden Speicherstelle das Register DPTR verwendet werden. An P2 wird dann das höhere Adressbyte (DPH), an P0 das niedrigere Adressbyte (DPL) im Wechsel mit den Daten ausgegeben.

Beispiel:
Die Bytes 01_H bis FF_H des externen Datenspeichers sollen Messwerte aufnehmen.

```
MOV R1,#FFh
LOOP: CALL GET_MESSWERT ;Auslesen eines AD-Wandlers
                        ;Messwert dann in A
MOVX @R1,A
DJNZ R1,LOOP
```

Die Adresse 2000_H des externen Datenspeichers soll gelesen werden.

```
MOV DPTR,#2000h
MOV A,@DPTR ;Inhalt der Adresse 2000h in Akku
```

MOVX A,@Ri

Operation: $(A) \leftarrow ((Ri))$

Codierung: | 1110 001i |

Zyklen: 2

MOVX A,@DPTR

Operation: $(A) \leftarrow ((DPTR))$

Codierung: | 1110 0000 |

Zyklen: 2

MOVX @Ri,A

Operation: $((Ri)) \leftarrow (A)$

Codierung: | 1111 001i |

Zyklen: 2

MOVX @DPTR,A

Operation: $((DPTR)) \leftarrow (A)$

Codierung: | 1111 0000 |

Zyklen: 2

PUSH dadr

Der Stackpointer wird inkrementiert. Der Inhalt der durch *dadr* adressierten Speicherstelle wird an der im Stackpointer enthaltenen Adresse im internen RAM abgelegt.

Beispiel:
Die Adresse DEBUG wird auf dem Stack abgelegt.

```
DEBUG: MOV DPTR,#DEBUG
PUSH DPL
PUSH DPH
```

Operation: $(SP) \leftarrow (SP)+1$
$\qquad\qquad ((SP)) \leftarrow (dadr)$

Codierung: | 1100 0000 | | dadr |

Zyklen: 2

POP dadr

Der Inhalt der Adresse des internen RAM, die im Stackpointer enthalten ist, wird an der Adresse *dadr* des internen RAM abgelegt. Danach wird der Stackpointer dekrementiert.

Beispiel:
Eine auf dem Stack abgelegte Adresse wird nach DPTR geschrieben.

```
POP DPH
POP DPL
```

Operation: $(dadr) \leftarrow ((SP))$
                  $(SP) \leftarrow (SP)-1$

Codierung: | 1101 0000 | | dadr |

Zyklen: 2

XCH A,<byte>

Tauscht den Inhalt des Akkumulators mit der durch <byte> definierten Speicherstelle aus.

Beispiel:
Ein im Akkumulator enthaltener Wert soll im internen Speicher an Adresse 60_H abgelegt werden. Gleichzeitig soll der vorher an Adresse 60_H abgelegte Wert in den Akkumulator geschrieben werden.

```
XCH A,60h
```

XCH A,Rn

Operation: $(A) \leftrightarrow (Rn)$

Codierung: | 1100 1rrr |

Zyklen: 1

XCH A,dadr

Operation: $(A) \leftrightarrow (dadr)$

Codierung: | 1100 0101 | | dadr |

Zyklen: 1

XCH A,@Ri

Operation: $(A) \leftrightarrow ((Ri))$

Codierung: | 1100 | 011i |

Zyklen: 1

XCHD A,@Ri

Tauscht die vier niederwertigeren Bits des Akkumulators mit den vier niederwertigeren Bits der durch Ri indirekt adressierten Speicherstelle aus.

Beispiel:

A enthält den Wert 04_H. R1 enthält die Adresse 60_H. Diese enthält den Wert 15_H. Nach der Instruktion

```
XCHD A,@R0
```

enthält A den Wert 05_H, die Speicherstelle 60_H enthält den Wert 14_H.

Operation: $(A3\text{-}0) \leftrightarrow ((Ri)3\text{-}0)$

Codierung: | 1101 | 011i |

Zyklen: 1

6.2.2 Arithmetikbefehle

ADD A,<Quellbyte>

ADD addiert den durch <Quellbyte> definierten Operanden zum Inhalt des Akkumulators. Das Ergebnis wird im Akkumulator abgelegt. Wenn ein Übertrag aus Bit 7 auftritt wird das Flag C (Carry) gesetzt, wenn ein Übertrag von Bit 3 nach Bit 4 auftritt wird das Flag AC (Auxiliary Carry) gesetzt. Bei der Addition vorzeichenloser Zahlen zeigt C an, dass eine Zahlenbereichsüberschreitung stattgefunden hat.

Das Bit OV (Overflow) wird gesetzt, wenn der Übertrag aus Bit 7 und der von Bit 6 nach Bit 7 verschieden sind. Hierdurch wird angezeigt, dass bei der Addition vorzeichenbehafteter Zahlen (fälschlicherweise) eine negative Zahl aus der Addition zweier positiver Zahlen oder (fälschlicherweise) eine positive Zahl aus der Addition zweier negativer Zahlen entstanden ist. (Kap 1.2.4)

Beispiel:

Der Akkumulator enthält den Wert 82_H (10000010_B), R0 enthält $8C_H$ (10001100_H) Nach der Durchführung der Instruktion

```
ADD A,R0
```

befindet sich $0E_H$ (00001110_B) im Akkumulator, C und OV sind gesetzt.

ADD A,Rn

Operation: $(A)\leftarrow(A)+(Rn)$

Codierung: | 0010 1rrr |

Zyklen: 1

ADD A,dadr

Operation: $(A)\leftarrow(A)+(dadr)$

Codierung: | 0001 0101 | | dadr |

Zyklen: 1

ADD A,@Ri

Operation: $(A)\leftarrow(A)+((Ri))$

Codierung: | 0010 011i |

Zyklen: 1

ADD A,#const8

Operation: $(A)\leftarrow(A)+const8$

Codierung: | 0010 0100 | | const8 |

Zyklen: 1

ADDC A,<Quellbyte>

ADDC addiert den durch <Quellbyte> definierten Operanden, Bit C und den Inhalt des Akkumulators. Das Ergebnis wird im Akkumulator abgelegt. Wenn ein Übertrag aus Bit 7 auftritt, wird das Bit C (Carry) gesetzt, wenn ein Übertrag von Bit 3 nach Bit 4 auftritt, wird das Bit AC (Auxiliary Carry) gesetzt. Bei der Addition vorzeichenloser Zahlen zeigt C an, dass eine Zahlenbereichsüberschreitung stattgefunden hat.

Das Bit OV (Overflow) wird gesetzt, wenn der Übertrag aus Bit 7 und der von Bit 6 nach Bit 7 verschieden sind. Hierdurch wird angezeigt, dass bei der Addition vorzeichenbehafteter Zahlen (fälschlicherweise) eine negative Zahl aus der Addition zweier positiver Zahlen oder (fälschlicherweise) eine positive Zahl aus der Addition zweier negativer Zahlen entstanden ist. (Kap 1.2.4)

Beispiel:
Der Akkumulator enthält den Wert 82_H (10000010_B), R0 enthält $8C_{H.}$ (10001100_H), C ist gesetzt Nach der Durchführung der Instruktion

```
ADD A,R0
```

befindet sich $0F_H$ (00001111_B) im Akkumulator, C und OV sind gesetzt.

ADDC A,Rn

Operation:	$(A)\leftarrow(A)+(Rn)+(C)$
Codierung:	0011 1rrr
Zyklen:	1

ADDC A,dadr

Operation:	$(A)\leftarrow(A)+(dadr)+(C)$
Codierung:	0011 0101 dadr
Zyklen:	1

ADDC A,@Ri

Operation:	$(A)\leftarrow(A)+((Ri))+(C)$
Codierung:	0011 011i
Zyklen:	1

ADDC A,#const8

Operation:	$(A)\leftarrow(A)+const8+(C)$
Codierung:	0011 0100 const8
Zyklen:	1

SUBB A,<Quellbyte>

SUBB subtrahiert den durch <Quellbyte> definierten Operanden und Bit C vom Inhalt des Akkumulators. Das Ergebnis wird im Akkumulator abgelegt. Wenn bei der Subtraktion ein „Borrow" für Bit 7 notwendig ist, wird Bit C gesetzt. AC wird gesetzt, wenn ein „Borrow" für Bit 3 notwendig ist. OV wird gesetzt, wenn ein „Borrow" für Bit 7 notwendig ist, aber nicht für Bit 6 oder wenn kein „Borrow" für Bit 7 benötigt wird, aber für Bit 6.

Hierdurch zeigt OV an, dass bei der Subtraktion einer negativen von einer positiven Zahl (fälschlicherweise) ein negatives Ergebnis entstanden ist oder wenn bei der Subtraktion einer positiven Zahl von einer negativen Zahl (fälschlicherweise) ein positives Ergebnis entstanden ist. (Kap. 1.2.4)

Beispiel:

Der Akkumulator enthält den Wert 32_H (00110010_B), R0 enthält 50_H (01010000_B) und Bit C ist gesetzt. Nach der Durchführung der Instruktion

```
SUBB A,R0
```

befindet sich $E1_H$ (11100001_B) im Akkumulator. C ist gesetzt, AC und OV sind nicht gesetzt.

SUBB A,Rn

Operation:	$(A) \leftarrow (A)-(Rn)-(C)$
Codierung:	$\boxed{1001\ 1rrr}$
Zyklen:	1

SUBB A,dadr

Operation:	$(A) \leftarrow (A)-(dadr)-(C)$
Codierung:	$\boxed{1001\ 0101}$ $\boxed{dadr}$
Zyklen:	1

SUBB A,@Ri

Operation:	$(A) \leftarrow (A)-((Ri))-(C)$
Codierung:	$\boxed{1001\ 011i}$
Zyklen:	1

SUBB A,#const8

Operation:	$(A) \leftarrow (A)-(C)-const8$
Codierung:	$\boxed{1001\ 0100}$ $\boxed{const8}$
Zyklen:	1

INC <BYTE>

INC inkrementiert den durch <BYTE> definierten Operanden. Der Wert FF_H wird zu 00_H. Kein Flag wird geändert.

Beispiel:

Die Speicherstelle 60_H des internen RAM enthält den Wert FF_H. Nach der Instruktion

```
INC 60h
```

befindet sich der Wert 00_H an dieser Speicheradresse.

INC A

Operation: $(A)\leftarrow(A)+1$

Codierung: | 0000 0100 |

Zyklen: 1

INC Rn

Operation: $(Rn)\leftarrow(Rn)+1$

Codierung: | 0000 1rrr |

Zyklen: 1

INC dadr

Operation: $(dadr)\leftarrow(dadr)+1$

Codierung: | 0000 0101 | | dadr |

Zyklen: 1

INC @Ri

Operation: $((Ri))\leftarrow((Ri))+1$

Codierung: | 0000 011i |

Zyklen: 1

DEC <BYTE>

DEC dekrementiert den durch <BYTE> definierten Operanden. Ein Wert von 00_H wird zu FF_H. Kein Flag wird geändert.

Beispiel:
R1 enthält den Wert 60_H. Die Adresse 60_H des internen RAM enthält den Wert 44_H.
Nach der Instruktion

```
DEC @R1
```

befindet sich der Wert 43_H an der Speicheradresse 60_H.

DEC A

Operation:	$(A) \leftarrow (A)-1$
Codierung:	$\boxed{0001\ 0100}$
Zyklen:	1

DEC Rn

Operation:	$(Rn) \leftarrow (Rn)-1$
Codierung:	$\boxed{0001\ 1rrr}$
Zyklen:	1

DEC dadr

Operation:	$(dadr) \leftarrow (dadr)-1$
Codierung:	$\boxed{0001\ 0101}$ $\boxed{dadr}$
Zyklen:	1

DEC @Ri

Operation:	$((Ri)) \leftarrow ((Ri))-1$
Codierung:	$\boxed{0001\ 011i}$
Zyklen:	1

INC DPTR

Inkrementiert das 16-Bit Register DPTR. Ein Überlauf von DPL von FF_H nach 00_H führt dazu, dass DPH inkrementiert wird.

Beispiel:
DPTR enthält den Wert $20FF_H$. Die Instruktion

```
INC DPTR
```

ändert DPTR auf 2100_H.

Operation: $(A) \leftarrow (A)-1$

Codierung: $\boxed{1010\ 0011}$

Zyklen: 2

MUL AB

Multipliziert die vorzeichenlosen 8-Bit Integer-Zahlen im Akkumulator und in Register B. Das Lowbyte des 16-Bit breiten Ergebnisses befindet sich im Akkumulator, das Highbyte in Register B. Wenn das Produkt größer als FF_H ist, wird Bit OV gesetzt. Bit C ist immer gelöscht.

Beispiel:
Der Akkumulator enthält vor der Durchführung der Instruktion den Wert FC_H, Register B den Wert 02_H. Der Befehl

```
MUL AB
```

ergibt das Ergebnis $1F8_H$. Register B enthält also den Wert 01_H, der Akkumulator den Wert $F8_H$. Das Bit OV ist gesetzt.

Operation:
$$\begin{matrix}(A7\text{-}0)\\(B15\text{-}8)\end{matrix}\leftarrow(A)\text{x}(B)$$

Codierung: $\boxed{1010\ 0100}$

Zyklen: 4

DIV AB

Dividiert die vorzeichenlose 8-Bit Integer-Zahl im Akkumulator durch die in Register B. Der ganzzahlige Teil des Ergebnisses wird in den Akkumulator geschrieben, der Rest wird ins Register B geschrieben. Bit C und OV sind gelöscht.

Eine Ausnahme ist der Fall, dass Register B vor der Division 00_H enthält. Dann sind die Inhalte von Register A und Register B nach der Division undefiniert.

Beispiel:
Der Akkumulator enthält vor der Durchführung der Instruktion den Wert 23_H, Register B den Wert 10_H. Der Befehl

```
DIV AB
```

schreibt 02_H in den Akkumulator und 03_H in Register B. C und OV sind gelöscht.

Operation:
$$\begin{matrix}(A15\text{-}8)\\(B7\text{-}0)\end{matrix}\leftarrow(A)/(B)$$

Codierung: | 1000 0100 |

Zyklen: 4

DA A

Bei der Darstellung einer Dezimalzahl als Dualzahl wird die gesamte Dezimalzahl in eine Dualzahl umgewandelt (s. Kap. 1.2.1). Eine andere Möglichkeit, eine Dezimalzahl durch die Ziffern 0 und 1 darzustellen, besteht darin, jede einzelne Ziffer der Dezimalzahl als vierstellige Dualzahl darzustellen. Diese Codierung wird als BCD-Code (Binäry Coded Decimal, binär codierte Dezimalstelle) bezeichnet. Sie wird häufig für die Darstellung von Zahlen auf Displays benötigt. Für die Darstellung der Ziffern des Dezimalsystems 0 bis 9 benötigt man nur die Binärcodes 0000_B bis 1001_H. Beispielsweise befindet sich die Zahl 19_D als BCD-Zahl (00011001)im Akkumulator. Addiert man zu dieser Zahl, z. B. durch die Instruktion ADD A,#03h drei hinzu, erhält man die (nicht zulässige) BCD-Zahl 00011100. Die vier niederwertigen Bits enthalten eine Codierung, die bei der Darstellung einer Dezimalzahl als BCD-Zahl nicht benötigt wird (Pseudo-Tetrade). Die richtige Codierung erhält man, indem man 06_H addiert. Der Akkumulator enthält dann die Zahl 00100010. Interpretiert man diese als BCD-Zahl, ist es die korrekte Codierung für die Dezimalzahl 22. Natürlich kann beim Rechnen mit BCD-Zahlen auch ein Pseudotetrade in den vier höherwertigen Bits auftreten. Zur Korrektur muss dann 60h addiert werden. Der Befehl DA korrigiert nach der Addition von BCD-Zahlen auftretende Pseudotetraden. Falls eine Addition zweier BCD-Zahlen ein Ergebnis >= 100D ergibt, wird das Bit C gesetzt.

Beispiel:
Der Akkumulator enthält die BCD-Codierung der Zahl 84_D (10000100). Register R0 enthält die BCD-Codierung der Zahl 69_D (01101001) addiert. Nach der Instruktion

```
ADD A,R0
```

enthält A den Wert 11101101 . Sowohl die vier höherwertigen als auch die vier niederwertigen Bits enthalten Pseudo-Tetraden. Die Instruktion

```
DA A
```

addiert zur Korrektur 66_H. Danach enthält der Akkumulator die Zahl 01010011. Diese steht, wenn man sie als BCD-Zahl interpretiert, für 53_D. Bit C ist gesetzt. Nach der Durchführung von DA A. Enthalten Bit C und der Akkumulator also die korrekte BCD-Codierung der Zahl 153_D.

Eine Korrektur der vier niederwertigen Bits ist auch notwendig, wenn bei der Addition von BCD-Zahlen ein Übertrag von Bit 3 nach Bit 4 aufgetreten ist (Bit AC gesetzt). Ebenso ist eine Korrektur der vier höherwertigen Bits notwendig, wenn ein Übertrag von Bit 7 nach C aufgetreten ist. Auch diese Korrekturen werden von DA A durchgeführt.

Operation: if$[[$A3-0$)>9]\vee[($AC$)=1]]$
               then $($A3-0$)\leftarrow($A3-0$)+6$

               if$[[$A7-4$)>9]\vee[($C$)=1]]$
               then $($A7-4$)\leftarrow($A7-4$)+6$

Codierung: | 1101 0100 |

Zyklen: 1

6.2.3 Logische Operationen

ANL <Zielbyte>,<Quellbyte>

ANL führt die logische UND-Verknüpfung zwischen dem durch <Zielbyte> definierten Operanden und dem durch <Quellbyte> definierten Operanden durch. Kein Flag wird geändert.

Beispiel:
Der Akkumulator enthält den Wert $C9_H$ (11001001_B). Nach der Durchführung der Instruktion

```
ANL A,#0F
```

befindet sich 09_H (00001001_B) im Akkumulator.

ANL A,Rn

Operation: $(A)\leftarrow(A)\wedge(Rn)$

Codierung: | 0101 1rrr |

Zyklen: 1

ANL A,dadr

Operation: $(A)\leftarrow(A)\wedge(dadr)$

Codierung: | 0101 0101 | | dadr |

Zyklen: 1

ANL A,@Ri

Operation: $(A)\leftarrow(A)\wedge((Ri))$

Codierung: | 0101 011i |

Zyklen: 1

ANL A,#const8

Operation: $(A)\leftarrow(A)\wedge const8$

Codierung: | 0101 0100 | | const8 |

Zyklen: 1

ANL dadr,A

Operation: $(dadr)\leftarrow(dadr)\wedge A$

Codierung: | 0101 0101 | | dadr |

Zyklen: 1

ORL <Zielbyte>,<Quellbyte>

ORL führt die logische ODER-Verknüpfung zwischen dem durch <Zielbyte> definierten Operanden und dem durch <Quellbyte> definierten Operanden durch. Kein Flag wird geändert.

Beispiel:

Der Akkumulator enthält den Wert $C9_H$ (11001001_B). Nach der Durchführung der Instruktion

```
ORL A,#0F
```

befindet sich CF_H (11001111_B) im Akkumulator.

ORL A,Rn

Operation: $(A)\leftarrow(A)\vee(Rn)$

Codierung: | 0100 1rrr |

Zyklen: 1

ORL A,dadr

Operation:	$(A) \leftarrow (A) \lor (dadr)$
Codierung:	0100 0101 dadr
Zyklen:	1

ORL A,@Ri

Operation:	$(A) \leftarrow (A) \lor ((Ri))$
Codierung:	0100 011i
Zyklen:	1

ORL A,#data

Operation:	$(A) \leftarrow (A) \lor const8$
Codierung:	0100 0100 const8
Zyklen:	1

ORL dadr,A

Operation:	$(dadr) \leftarrow (dadr) \lor A$
Codierung:	0100 0010 dadr
Zyklen:	1

XRL <Zielbyte>,<Quellbyte>

XRL führt die logische EXOR-Verknüpfung zwischen dem durch <Zielbyte> definierten Operanden und dem durch <Quellbyte> definierten Operanden durch. Kein Flag wird geändert.

Beispiel:
Der Akkumulator enthält den Wert $C9_H$ (11001001_B). Nach der Durchführung der Instruktion

```
ORL A,#AAh
```

befindet sich CF_H (01100011_B) im Akkumulator.

XRL A,Rn

Operation:	$(A) \leftarrow (A) \oplus (Rn)$
Codierung:	0110 1rrr

Zyklen: 1

XRL A,dadr

Operation: $(A)\leftarrow(A)\oplus(dadr)$

Codierung: | 0110 0101 | | dadr |

Zyklen: 1

XRL A,@Ri

Operation: $(A)\leftarrow(A)\oplus((Ri))$

Codierung: | 0110 011i |

Zyklen: 1

XRL A,#data

Operation: $(A)\leftarrow(A)\oplus const8$

Codierung: | 0110 0100 | | const8 |

Zyklen: 1

XRL dadr,A

Operation: $(dadr)\leftarrow(dadr)\oplus A$

Codierung: | 0110 0010 | | dadr |

Zyklen: 1

CLR A

CLR A setzt alle Bits des Akkumulators zu Null

Operation: $(A)\leftarrow 0$

Codierung: | 1110 0100 |

Zyklen: 1

CPL A

CPL A komplementiert alle Bits des Akkumulators. Einsen werden zu Nullen, Nullen zu Einsen.

Beispiel:

Der Akkumulator enthält den Wert $D3_H$ (11010011_B). Nach der Instruktion

CPL A

enthält er den Wert $2C_H$ (00101100_B)

Operation: $(A)\leftarrow/(A)$

Codierung: | 1111 0100 |

Zyklen: 1

RL A

RL A rotiert alle Bits des Akkumulators nach links. Bit 7 rotiert nach Bit 0.

Beispiel:
Der Akkumulator enthält den Wert $D3_H$ (11010011_B). Nach der Instruktion

```
RL A
```

enthält er den Wert $A5_H$ (10100101_B).

Operation: $(An+1)\leftarrow(An)$ n=0-6
              $(A0)\leftarrow(A7)$

Codierung: | 0010 0011 |

Zyklen: 1

RLC A

RL A rotiert alle Bits des Akkumulators durch Bit C nach links. Bit 7 rotiert nach Bit C, der ursprüngliche Zustand von Bit C nach Bit 0.

Beispiel:
Der Akkumulator enthält den Wert 53_H (01010011_B). Bit C ist gesetzt. Nach der Instruktion

```
RLC A
```

enthält er den Wert $A7_H$ (10100111_B).

Operation: $(An+1)\leftarrow(An)$ n=0-6
              $(A0)\leftarrow(C)$
              $(C)\leftarrow(A7))$

Codierung: | 0011 0011 |

Zyklen: 1

RR A

RR A rotiert alle Bits des Akkumulators nach recht. Bit 0 rotiert nach Bit 7.

Beispiel:

Der Akkumulator enthält den Wert 53_H (01010011_B). Nach der Instruktion

```
RR  A
```

enthält er den Wert $A9_H$ (10101001_B).

Operation: $(An)\leftarrow(An+1)$ n=0-6

                         $(A7)\leftarrow(A0)$

Codierung: | 0000 0011 |

Zyklen: 1

RRC A

RRC A rotiert alle Bits des Akkumulators durch Bit C nach recht. Bit 0 rotiert nach Bit C, der ursprüngliche Zustand von Bit C nach Bit 7.

Beispiel:

Der Akkumulator enthält den Wert 53_H (01010011_B). Bit C ist nicht gesetzt. Nach der Instruktion

```
RRC  A
```

enthält er den Wert 29_H (00101001_B). Bit C ist gesetzt.

Operation: $(An)\leftarrow(An+1)$ n=0-6

                         $(A7)\leftarrow(C)$

                         $(C)\leftarrow(A0)$

Codierung: | 0001 0011 |

Zyklen: 1

SWAP A

SWAP A tauscht die vier höherwetigen Bit des Akkumulators mit den vier niederwertigen Bits.

Beispiel:

Der Akkumulator enthält den Wert 53_H (01010011_B). Nach der Instruktion

```
SWAP  A
```

enthält er den Wert 35_H (00110101_B).

Operation: $(A3\text{-}0)\leftrightarrow(A7\text{-}4)$

Codierung: | 1100 0100 |

Zyklen: 1

6.2.4 Bitoperationen

CLR <Bit>

Löscht das durch <Bit> definierte Bit.

Beispiel:

```
CLR P1.0
```

löscht das Port-Bit P1.0. Am entsprechenden Pin wird danach Low-Pegel ausgegeben.

CLR C

Operation: $(C)\leftarrow 0$

Codierung: | 1100 0011 |

Zyklen: 1

CLR badr

Operation: $(badr)\leftarrow 0$

Codierung: | 1100 0010 | | badr |

Zyklen: 1

SETB <Bit>

Setzt das durch <Bit> definierte Bit.

Beispiel:

```
SETB P1.0
```

setzt das Port-Bit P1.0. Am entsprechenden Pin wird danach High-Pegel ausgegeben.

SETB C

Operation:	(C)←1
Codierung:	`1101 0011`
Zyklen:	1

SETB badr

Operation:	(badr)←1
Codierung:	`1101 0010` badr
Zyklen:	1

CPL <Bit>

Komplementiert das durch <Bit> definierte Bit.

Beispiel:

Komplementiere Bit C

```
CPL  C
```

CPL C

Operation:	(C)←/(C)
Codierung:	`1011 0011`
Zyklen:	1

CPL badr

Operation:	(bit)←/(bit)
Codierung:	`1011 0010` badr
Zyklen:	1

ANL C,<Quellbit>

Führt die logische UND-Verknüpfung zwischen Bit C und dem durch <Quellbit> definierten Bit durch. Wenn dem Quellbit ein „/" vorangestellt wird, dann wird die logische Verknüpfung mit dem invertierten Quellbit durchgeführt. Das Quellbit selbst wird dabei aber nicht geändert.

Beispiel:

```
MOV C,P1.0 ;Pin lesen
```

250

```
ANL C,ACC.7 ;Mit Akkumulator Bit 7 UND verknüpfen.
```

ANL C,badr

Operation:	$(C)\leftarrow(C)\wedge(badr)$
Codierung:	`1000 0010` `badr`
Zyklen:	2

ANL C,/badr

Operation:	$(C)\leftarrow(C)\wedge/(badr)$
Codierung:	`1011 0000` `badr`
Zyklen:	2

ORL C,<Quellbit>

Führt die logische ODER-Verknüpfung zwischen Bit C und dem durch <Quellbit> definierten Bit durch. Wenn dem Quellbit ein „/" vorangestellt wird, dann wird die logische Verknüpfung mit dem invertierten Quellbit durchgeführt. Das Quellbit selbst wird dabei aber nicht geändert.

Beispiel:

Pin 1.0 wird gelesen und mit Bit 7 des Akkumulators ODER-verknüpft.

```
MOV C,P1.0 ;Pin lesen
ORL C,ACC.7 ;Mit Akkumulator Bit 7 UND verknüpfen.
```

ORL C,badr

Operation:	$(C)\leftarrow(C)\vee(badr)$
Codierung:	`0111 0010` `badr`
Zyklen:	2

ORL C,/badr

Operation:	$(C)\leftarrow(C)\vee/(badr)$
Codierung:	`1010 0000` `badr`
Zyklen:	2

MOV <Zielbit>,<Quellbit>

Kopiert den durch <Quellbit> definierten Operanden in den durch <Zielbit> definierten Operanden.

Beispiel:

Der Zustand von Bit C wird an Pin P1.4 ausgegeben.

```
MOV P1.4,C ;Ausgabe von Bit C
```

MOV C,badr

Operation: (C)←(badr)

Codierung: | 1010 0010 | | badr |

Zyklen: 1

MOV badr,C

Operation: (badr)←(C)

Codierung: | 1001 0010 | | badr |

Zyklen: 2

6.2.5 Programmablaufkontrolle

ACALL adr11

ACALL ruft ein Unterprogramm auf. Die niederwertigen 8 Bit der Startadresse dieses Unterprogramms befinden sich im Byte nach dem Opcode im Programmspeicher. Die vollständige Startadresse des Unterprogramms erhält der 8051 bei der Abarbeitung des ACALL Befehls. Zunächst wird der Programmzähler (PC) um zwei erhöht und zeigt damit auf den nächsten Befehl. Diese Adresse wird auf dem Stack abgelegt. Bits 15-11 des Programmzählers und Bits 7-5 des Opcodes bilden das höherwertige Adressbyte des Startadresse des Unterprogramms. Aufgrund dieser Adressberechnung muss sich das Unterprogramm im selben 2K-Programmsegment befinden wie der ACALL-Befehl.

Beispiel:
Nachfolgender Programmausschnitt befindet sich an Programmspeicheradresse 1000_H. Bei der Abarbeitung von ACALL UNTERPROG wird die Adresse 1002_H

auf dem Stack abgelegt. Bei der Abarbeitung des Befehls RET im Unterprogramm wird diese Adresse vom Stack genommen, in den Programmzähler geladen, und die Programmabarbeitung dann an Adresse 1002_H fortgesetzt.

```
ORG 1000h
ACALL UNTERPROG

...
UNTERPROG: NOP
RET
```

Operation: $(PC)\leftarrow(PC)+2$
$(SP)\leftarrow(SP)+1$
$((SP))\leftarrow(PC7\text{-}0)$
$(SP)\leftarrow(SP)+1$
$((SP))\leftarrow(PC15\text{-}8)$
$(PC10\text{-}0)\leftarrow adr10\text{-}0$

Codierung: | a10a9a8 1 0001 | | a7a6a5a4a3a2a1a0 |

Zyklen: 2

LCALL adr16

LCALL ruft ein Unterprogramm auf, das an Adresse *adr16* des Programmspeichers beginnt. Der Programmzähler wird um drei erhöht und zeigt damit auf die nächste durchzuführende Instruktion. Der Inhalt des Programmzählers wird auf dem Stack abgelegt. Danach wird der Programmzähler mit der 16-Bit-Adresse geladen, die sich nach der LCALL-Instruktion im Programmspeicher befindet.

Beispiel:
Nachfolgender Programmausschnitt befindet sich an Programmspeicheradresse 1000_H. Bei der Abarbeitung von LCALL UNTERPROG wird die Adresse 1003_H auf dem Stack abgelegt. Bei der Abarbeitung des Befehls RET im Unterprogramm wird diese Adresse vom Stack genommen, in den Programmzähler geladen, und die Programmabarbeitung dann an Adresse 1003_H fortgesetzt.

```
ORG 1000h
LCALL UNTERPROG ;Hier kein ACALL möglich

...
ORG 2000h
UNTERPROG: NOP
RET
```

Operation: $(PC)\leftarrow(PC)+3$
$(SP)\leftarrow(SP)+1$

$$((SP))\leftarrow(PC7\text{-}0)$$
$$(SP)\leftarrow(SP)+1$$
$$((SP))\leftarrow(PC15\text{-}8)$$
$$(PC)\leftarrow adr15\text{-}0$$

Codierung: | 0001 0010 | | adr15-8 | | adr7-0 |

Zyklen: 2

RET

RET nimmt die Adresse vom Stack, die sich dort zuoberst befindet. Diese wird in den Programmzähler geladen und die Programmabarbeitung an dieser Adresse fortgesetzt. Der Stackpointer wird um zwei dekrementiert.

Beispiel:
s. ACALL o. LCALL

Operation: $(PC15\text{-}8)\leftarrow((SP))$
$$(SP)\leftarrow(SP)\text{-}1$$
$$(PC7\text{-}0)\leftarrow((SP))$$
$$(SP)\leftarrow(SP)\text{-}1$$

Codierung: | 0010 | 0010 |

Zyklen: 2

RETI

RETI nimmt die Adresse vom Stack, die sich dort zuoberst befindet. Diese wird in den Programmzähler geladen und die Programmabarbeitung an dieser Adresse fortgesetzt. Der Stackpointer wird um zwei dekrementiert. Insofern entspricht die Bearbeitung von RETI der von RET. RETI sorgt jedoch zusätzlich noch dafür, dass die Interrupt-Logik jetzt wieder Interrupts mit der gleichen Priorität des gerade bearbeiteten Interrupts akzeptiert. Es ist zu beachten, dass nach der Bearbeitung von RETI mindestens eine weitere Programminstruktion ausgeführt wird, bevor ein neuer Interrupt bearbeitet wird.

Operation: $(PC15\text{-}8)\leftarrow((SP))$
$$(SP)\leftarrow(SP)\text{-}1$$
$$(PC7\text{-}0)\leftarrow((SP))$$
$$(SP)\leftarrow(SP)\text{-}1$$

Codierung: | 0011 | 0010 |

Zyklen: 2

AJMP adr11

Mit AJMP kann man einen beliebigen, unbedingten Sprung innerhalb eines 2k-Blocks des Programmspeichers durchführen. Das Highbyte der Sprungadresse erhält man wie bei ACALL aus den Bits 15-11 des Programmzählers und den Opcodebits 7-5. Das Lowbyte der Sprungadresse ist im Byte, das nach dem Opcode folgt, enthalten.

Beispiel:
Im Beispielprogramm führt AJMP einen Sprung zum Label JMP_LAB durch. Die Instruktion NOP wird nicht ausgeführt.

```
ORG 2000h
AJMP JMP_LAB
NOP

...
JMP_LAB: MOV A,#03h
```

Operation: (PC)←(PC)+2
               (PC10-0)←a10-a0

Codierung: | a10a9a8 0 0010 | | a7a6a5a4a3a2a1a0 |

Zyklen: 2

LJMP adr16

Mit LJMP kann man einen beliebigen, unbedingten Sprung innerhalb des gesamten Programmspeichers durchführen. Das Highbyte der Sprungadresse ist im ersten Bytes, das dem Opcode folgt, enthalten. Das Lowbyte folgt danach.

Beispiel:
Im Beispielprogramm führt LJMP einen Sprung zum Label JMP_LAB durch. Die Instruktion NOP wird nicht ausgeführt.

```
ORG 2000h
LJMP JMP_LAB
NOP

...
ORG 3000h ;hier kein AJMP möglich
JMP_LAB: MOV A,#03h
```

Operation: (PC)←a15-a0

Codierung: | 0000 0010 | | a15-a8 | | a7-a0 |

Zyklen: 2

SJMP rel

Mit SJMP kann man einen unbedingten Sprung innerhalb des Programmspeichers durchführen. Der Sprungbereich ist aber aufgrund der relativen Adressierung recht klein. Die Sprungadresse wird berechnet, indem der Programmzähler um zwei inkrementiert wird und damit auf die nächste Instruktion zeigt. Zum Programmzähler wird das Byte, das auf den Opcode von SJMP folgt, addiert. Das Byte wird als vorzeichenbehaftetes Byte interpretiert. Deshalb kann sich die Sprungadresse nur im Bereich –128 bis +127 Bytes des inkrementierten Programmzählers befinden.

Beispiel:

Im Beispielprogramm führt SJMP einen Sprung zum Label JMP_LAB durch. Die Instruktion NOP wird nicht ausgeführt.

```
ORG 2000h
LJMP JMP_LAB
NOP
...
JMP_LAB: MOV A,#03h
```

Operation: $(PC)\leftarrow(PC)+2$
                $(PC)\leftarrow(PC)+rel$

Codierung: | 1000 0000 | | rel |

Zyklen: 2

JMP @A+DPTR

Bildet die Summe des Akkumulatorinhalts (ohne Vorzeichen) und des 16-Bit-Registers DPTR. Das Ergebnis dieser Addition wird in den Programmzähler geladen und die Programmabarbeitung an dieser Stelle fortgesetzt.

Beispiel:

Je nachdem, ob der Akkumulator 00_H, 01_H oder 02_H enthält, wird an die Adresse JMP_LAB0, JMP_LAB1 oder JMP_LAB2 gesprungen.

```
ORG 1000h
MOV DPTR,#2000h
JMP @A+DPTR
ORG 2000h
JMP_LAB0: NOP
JMP_LAB1: NOP
JMP_LAB2: NOP
```

Operation: (PC)←(A)+(DPTR)

Codierung: | 0111 0011 |

Zyklen: 2

JZ rel

Führt einen relativen Sprung durch, wenn der Inhalt des Akkumulators gleich Null ist. Die Berechnung der Sprungadresse erfolgt bei allen Sprungbefehlen mit relativer Adressierung wie bei SJMP.

Beispiel:
Das Programm führt eine Schleife durch, bis der Akkumulator gleich Null ist.

```
MOV A,#03h
LOOP: DEC A
JZ ENDE
SJMP LOOP
ENDE: NOP
```

Operation: (PC)←(PC)+2
              if (A)=0
              then (PC)←(PC)+rel

Codierung: | 0110 0000 | | rel |

Zyklen: 2

JNZ rel

Führt einen relativen Sprung durch, wenn der Inhalt des Akkumulators ungleich Null ist.

Beispiel:
Das Programm führt eine Schleife durch, bis der Akkumulator gleich Null ist.

```
MOV A,#03h
LOOP: DEC A
JNZ LOOP
NOP
```

Operation: (PC)←(PC)+2
              if (A)!=0
              then (PC)←(PC)+rel

Codierung: | 0111 0000 | | rel |

Zyklen: 2

JC rel

Führt einen relativen Sprung durch, wenn das Carry-Flag (Übertrag) gesetzt ist.

Beispiel:

Das Programm addiert eins zum Inhalt des Akkumulators. Wenn ein Übertrag auftritt (Akkumulator wechselt von FF_H nach $(1)00_H$), erfolgt ein Sprung zum Label CARRY.

```
ADDC A,#01h
JC CARRY
NOP ;kein Carry
CARRY: INC R3h ;auf Carry reagieren hier R3 inkrementieren
```

Operation: $(PC)\leftarrow(PC)+2$
             if $(C)=1$
             then $(PC)\leftarrow(PC)+rel$

Codierung: | 0100 | 0000 | | rel |

Zyklen: 2

JNC rel

Führt einen relativen Sprung durch, wenn das Carry-Flag (Übertrag) nicht gesetzt ist.

Beispiel:

Das Programm addiert eins zum Inhalt des Akkumulators. Solange kein Übertrag auftritt (Akkumulator wechselt von FF_H nach $(1)00_H$), wird zum Label NOCARRY gesprungen.

```
ADDC A,#01h
JNC NOCARRY
INC R3 ;auf Carry reagieren hier R3 inkrementieren
NOCARRY: NOP ;kein Carry
```

Operation: $(PC)\leftarrow(PC)+2$
             if $(C)=0$
             then $(PC)\leftarrow(PC)+rel$

Codierung: | 0101 0000 | | rel |

Zyklen: 2

JB bit,rel

Führt einen relativen Sprung durch, wenn das durch *bit* adressierte Bit gesetzt ist. Das erste Byte nach dem Opcode enthält die Bitadresse. Das zweite Byte nach dem Opcode enthält die relative Sprungadresse. Die absolute Sprungadresse wird berechnet, indem der Programmzähler um drei erhöht wird und somit auf die nachfolgende Instruktion zeigt. Dann wird die relative Sprungadresse (vorzeichenbehaftet) zum Programmzähler addiert.

Beispiel:
```
JB P1.0,LABEL1 ;Port 1 abfragen u entsprechend springen
... ;hier Instruktionen falls P1.0 nicht gesetzt
LABEL1: NOP ;hier Instruktionen falls P1.0 gesetzt
```

Operation: $(PC)\leftarrow(PC)+3$
               if $(bit)=1$
               then $(PC)\leftarrow(PC)+rel$

Codierung: | 0010 0000 | | badr | | rel. adr |

Zyklen: 2

JNB bit,rel

Führt einen relativen Sprung durch, wenn das durch *bit* adressierte Bit nicht gesetzt ist. Das erste Byte nach dem Opcode enthält die Bitadresse. Das zweite Byte nach dem Opcode enthält die relative Sprungadresse. Die Berechnung der absoluten Sprungadresse erfolgt wie bei JB

Beispiel:
```
JNB P1.0,LABEL1 ;Port 1 abfragen u entsprechend springen
... ;hier Instruktionen falls P1.0 gesetzt
LABEL1: NOP ;hier Instruktionen falls P1.0 nicht gesetzt
```

Operation: $(PC)\leftarrow(PC)+3$
               if $(bit)=0$
               then $(PC)\leftarrow(PC)+rel$

Codierung: | 0011 0000 | | badr | | rel. adr |

Zyklen: 2

JBC bit,rel

Führt einen relativen Sprung durch, wenn das durch *bit* adressierte Bit gesetzt ist. Das durch *bit* adressierte Bit wird zurückgesetzt. Das erste Byte nach dem Opcode enthält die Bitadresse. Das zweite Byte nach dem Opcode enthält die relative Sprungadresse. Die Berechnung der absoluten Sprungadresse erfolgt wie bei JB

Beispiel:

Der Akkumulatorinhalt wird durch RLC nach links rotiert, wobei sich Bit 7 nach dieser Operation in Bit C (Carry) des SFR PSW befindet. Je nach Zustand dieses Bits führt nachfolgendes Beispielprogramm einen Sprung durch und setzt Bit C zurück.

```
RLC A
JBC LABEL1 ;falls Bit 7 gleich 1 ist, springen
... ;hier Instruktionen falls Bit 7 gleich 0 ist
LABEL1: NOP ;hier Instruktionen falls P1.0 nicht gesetzt
```

Operation: $(PC) \leftarrow (PC)+3$
 if (bit)=1
 then (bit)$\leftarrow$0
 $(PC) \leftarrow (PC)+$rel

Codierung: | 0001 0000 | | badr | | rel. adr |

Zyklen: 2

CJNE <Zielbyte>,<Quellbyte>,rel

Vergleicht den durch <Zielbyte> mit dem durch <Quellbyte> definierten Operanden. Ein relativer Sprung wird ausgeführt, wenn die Operanden nicht gleich sind. Die absolute Sprungadresse wird berechnet wie bei JB. Das Übertragungsflag C im Register PSW wird gesetzt, wenn der durch <Zielbyte> definierte Operand kleiner ist als der durch <Quellbyte> definierte.

Beispiel:

A enthält die Konstante $0A_H$. Nachfolgendes Programm liest Port 1 bis sich dort andere Daten als $0A_H$ befinden.

```
LOOP: CJNE A,P1,LOOP
```

CJNE A,dadr,rel

Operation: $(PC) \leftarrow (PC)+3$
 if (A)<>(dadr)
 then $(PC) \leftarrow (PC)+$rel.
 if (A)<(dadr)
 then $(C) \leftarrow 1$

else (C)←0

Codierung: | 1011 0101 | | dadr | | rel. adr |

Zyklen: 2

CJNE A,#const8,rel

Operation: (PC)←(PC)+3
if (A)<>const8
then (PC)←(PC)+rel.
if (A)<const8
then (C)←1
else (C)←0

Codierung: | 1011 | 0100 | | const8 | | rel. adr |

Zyklen: 2

CJNE Rn,#const8,rel

Operation: (PC)←(PC)+3
if (Rn)< >const8
then (PC)←(PC)+rel.
if (Rn)<const8
then (C)←1
else (C)←0

Codierung: | 1011 | 1rrr | | const8 | | rel. adr |

Zyklen: 2

CJNE @Ri,#const8,rel

Operation: (PC)←(PC)+3
if ((Ri))< >const8
then (PC)←(PC)+rel.
if ((Ri))<const8
then (C)←1
else (C)←0

Codierung: | 1011 | 011i | | const8 | | rel. adr |

Zyklen: 2

DJNZ <Byte>,rel

Der Befehl dekrementiert den durch <Byte> definierten Operanden und führt einen relativen Sprung durch, wenn das Ergebnis nicht Null ist. Zur Berechnung der absoluten Sprungadresse wird der Programmzähler soweit erhöht, dass er auf den nächsten Befehl zeigt. Die relative Adresse (vorzeichenbehaftet) wird zum inkrementierten Programmzähler addiert. Es wird kein Flag geändert.

Beispiel:
Nachfolgendes Programm schickt 256 mal den Inhalt des Akkumulators an die serielle Schnittstelle.

```
MOV R3,#00h
LOOP: MOV SBUF,A
DJNZ R3,LOOP
```

DJNZ Rn,rel

Operation: (PC)←(PC)+2
                (Rn)←(Rn)-1
                if (Rn)>0 or (Rn)<0
                then (PC)←(PC)+rel

Codierung: | 1101 | 1rrr | | rel. adr |

Zyklen: 2

DJNZ dadr,rel

Operation: (PC)←(PC)+3
                (dadr)←(dadr)-1
                if (dadr)>0 or (dadr)<0
                then (PC)←(PC)+rel

Codierung: | 1101 | 0101 | | dadr | | rel. adr |

Zyklen: 2

NOP

Die Programmausführung wird bei der nachfolgenden Instruktion fortgesetzt. NOP kann eingesetzt werden, um kurze Zeitverzögerungen zu erzeugen.

Codierung: | 0000 | 0000 |

Zyklen: 1

Anhang

A.1 Drei 8051-kompatible Mikrocontroller

Das Angebot an 8051-kompatiblen Mikrocontrollern ist sehr umfangreich, so dass der 8051-Einsteiger bei der Suche nach dem für seinen Anwendungsfall geeigneten Modell vielleicht Probleme hat. Deshalb werden hier drei recht unterschiedlich ausgestattete 8051-kompatible Mikrocontroller vorgestellt. Abgesehen von den genannten Internet-Adressen der Datenblätter für diese Controller, kann man alle Datenblätter für 8051-kompatible Mikrocontroller auch über Links auf der Seite www.8052.com erreichen.

Atmel AT89C52

Wie der Name bereits vermuten lässt, entspricht der AT89C52 weitgehend dem in diesem Buch eingesetzten 80C32. Er verfügt aber über 8kB internen Programmspeicher. Im Gegensatz zu einigen (älteren) 80C52-Typen ist dieser Speicher aber nicht maskenprogrammierbar, sondern als Flash-EPROM ausgeführt. Dieses erlaubt ca. 1000 Programmierungen.

Die Programmierung des Flash-EPROMs erfolgt, indem die Adresse des zu programmierenden Bytes an den Pins P2.4 bis P2.0 und P1.7 bis P1.0 angelegt wird. Das zu programmierende Byte wird an P0 angelegt. Die Pins P2.6, P2.7 und P3.6, P3.7 werden verwendet, den Programmiermodus, also z.B Lesen, Schreiben, Löschen zu bestimmen. An den Pins ALE, !EA, RST und !PSEN werden Steuersignale angelegt.

Zur Programmierung können diverse EPROM-Programmiergeräte eingesetzt werden. Zwei mögliche Geräte sind der 51&AVRprog und der PREPROM-02aLV. Beide Geräte sind bei Conrad-Elektronik erhältlich.

Der AT89C52 kann auch für die in Kap. 2 gezeigte Schaltung eingesetzt werden. Das Programm DEBUG51 kann sich dann entweder im Flash-Eprom (dann EA=HIGH) oder im externen (E)EPROM befinden. Wie in Kap. 2.1.2 erwähnt sieht der Zugriff 8051-kompatibler Controller auf den externen Speicher prinzipiell gleich aus, einzelne Zeiten können aber voneinander abweichen. Das RAM 43256-

150 kann aber für beide Controller (Takt=11,059MHz) eingesetzt werden, wie nachfolgende Tabelle zeigt:

	80(C)32	AT89C52	43256-150
Zeit	max. (ns)	max. (ns)	max. (ns)
t_{AVDV}	$9t_{CLCL}$-165	$9t_{CLCL}$-165	150
t_{RLDV}	$5t_{CLCL}$-165	$5t_{CLCL}$-90	70
t_{RHDZ}	$2t_{CLCL}$-70	$2t_{CLCL}$-28	50
t_{AViV}	$5t_{CLCL}$-115	$5t_{CLCL}$-65	150
t_{PLIV}	$3t_{CLCL}$-100	$3t_{CLCL}$-45	70
t_{PXIZ}	t_{CLCL}-20	t_{CLCL}-10	50
Zeit	min. (ns)	min. (ns)	min. (ns)
t_{AVWL}	$4t_{CLCL}$-130	$4t_{CLCL}$-75	0
t_{QVWH}	$7t_{CLCL}$-150	$7t_{CLCL}$-120	80
t_{WHQX}	t_{CLCL}-50	t_{CLCL}-20	0

LITERATUR/DATENBLATT:
www.atmel.com/atmel/products/prod71.htm

Cygnal C8051F000

Bei den Familien C8051F000 und C8051F010 handelt es sich um sehr fortschrittliche 8051-kompatible Mikrocontroller.

ANALOGSCHNITTSTELLEN:
Zur Verarbeitung von Analogsignalen verfügen diese Familien über mehrkanalige 12- bzw. 10-Bit AD-Wandler, zwei 12-Bit DA-Wandler und zwei Spannungskomparatoren.

SERIELLE SCHNITTSTELLEN:
Zur Kommunikation mit anderen integrierten Schaltungen verfügen die C8051F0XX über eine SMB-Schnittstelle (System Management Bus) und über eine SPI-Schnittstelle (Serial Peripheral Interface).

Die SMB-Schnittstelle ist kompatibel zum weit verbreiteten I^2C-Bus. Dieser verwendet zwei Leitungen (SDA serial data und SCL serial clock) für die Übertragung von Daten zwischen den an den Bus angeschlossenen ICs. Jedes der angeschlossenen ICs wird mit Hilfe einer Adresse identifiziert. Jedes IC kann (abhängig von seiner Funktion) sowohl als Empfänger als auch als Sender arbeiten. Während einer

Datenübertragung auf dem Bus hat ein IC des Rolle des Masters, ein anderes die des Slave. Der Master initiiert die Kommunkation und generiert das für die Übertragung notwendige Takt-Signal. Der angesprochene Slave kann jetzt Daten empfangen oder auch senden.

Am I^2C-Bus können sich mehrere Master befinden. Wenn zwei Master gleichzeitig eine Kommunikation initiieren wollen, sorgt eine Vermittlungslogik dafür, dass nur einer der Master die Kommunikation beginnt.

Die SPI-Schnittstelle verwendet vier Leitungen (SCLK serial clock, MOSI master out slave in, MISO master in slave out und !SS slave select) zur Übertragung von Daten. Wie die Namen der Busleitungen bereits vermuten lassen, gibt es auch bei der Datenübertragung über die SPI-Schnittstelle einen Master und einen Slave. Der Master wählt einen Slave aus, indem sie seine !SS-Leitung auf Low-Pegel zieht. Es ist zu beachten, dass in einem System, in dem ein Mikrocontroller-Master verschiedene Slaves auswählen soll, für jeden anzusprechenden Slave eine Port-Leitung benötigt wird.

Auch in einem SPI-System sind mehrere Master möglich. Versuchen zwei Master gleichzeitig eine Kommunikation zu initiieren, so meldet die SPI-Schnittstelle einen „multiple master mode fault", will ein Master eine Kommunikation beginnen, während bereits eine Kommunikation abläuft, wird ein „write collision error" gemeldet.

Selbstverständlich enthalten die C8051F0XX auch eine UART-Schnittstelle (universal asynchronous receiver transmitter). Diese kommt hauptsächlich zur Kommunikation mit Personal Computern zum Einsatz. Kap. 3.4 liefert einige Informationen zur Programmierung dieser Schnittstelle von 8051-kompatiblen Controllern.

Eine Schnittstelle, die die C8051F0XX enthalten, unterscheidet diese Familie deutlich von älteren 8051-kompatiblen Mikrocontrollern. Dies ist die JTAG-Schnittstelle (IEEE 1149.1). Es handelt es sich hierbei um ein Vier-Pin-Interface, um auf komplexe integrierte Schaltkreise zuzugreifen. Sie wurde entwickelt, da es aufgrund immer kleinerer IC-Gehäuse und dichter bestückter Platinen immer schwieriger wurde, Testmessungen an der fertigen Schaltung durchzuführen. Im Normalbetrieb führt ein mit JTAG-Schnittstelle ausgestattetes IC seine Funktion unverändert aus. Im Testbetrieb können über das JTAG-Interface Daten an das IC gesendet und von ihm ausgelesen werden. Es ist möglich, den Zustand von Eingangspins des Bausteines abzufragen und Ausgangspins zu setzen. Außerdem können mehrere ICs seriell miteinander verbunden werden und so mehrere ICs einer Schaltung über ein einziges Vier-Draht-Interface getestet werden.

Flashprogrammierbare Bausteine können über die JTAG-Schnittstelle programmiert werden.

Die C8051F0XX können über die JTAG-Schnittstelle debuggt werden. Dies ist in der fertigen Anwendungsschaltung möglich. Speicher und Register können manipuliert bzw. ausgelesen werden. Es ist möglich, Programme im Einzelschrittmodus abzuarbeiten oder bis zu einem vorher gesetzten Breakpoint im Run-Modus ablaufen zu lassen.

Cygnal bietet die Development-Kits C8051F0XXDK an, die alle notwendige Hard- und Software enthalten, um Anwendungsprogramme zu entwickeln und zu debuggen.

SPEICHER:

Der 32k große Flash-Speicher der 8051F0XX kann nicht nur als Programm- sondern auch als Datenspeicher benutzt werden. Solange der Baustein nicht initialisiert ist, kann er nur über die JTAG-Schnittstelle programmiert werden. Wenn aber sich aber ein Programm im Flash-Speicher befindet, kann es Daten über die MOVX-Instruktion in diesem Speicher abgelegen.

WEITERE AUSSTATTUNG:

Die 8051F0XX-Controller verfügen noch über weitere umfangreiche Ausstattung. Das Datenblatt zum 8052F0XX bietet hierzu detaillierte Informationen.

LITERATUR/DATENBLATT:
www.cygnal.com/products/productguide.asp
www.semiconductors.philips.com/buses/i2c/facts/#specification
www.jtag.com

Der C515C

Ein besonderes Merkmal des C515 ist, dass er über ein CAN-Bus-Interface verfügt. Dieses, zunächst für die Anwendung in Fahrzeugen entwickelte Feldbussystem, wird auch in der Automatisierungstechnik häufig eingesetzt.

Beim CAN-Bus werden die Teilnehmer nicht durch Adressen identifiziert. Stattdessen sendet ein Teilnehmer eine Nachricht, der eine gewisse Priorität zugeordnet ist. Alle anderen Teilnehmer empfangen diese Nachricht. Anhand der empfangenen Identifizierung der Nachricht muss der Teilnehmer entscheiden, ob er die Nachricht verarbeitet oder nicht. Natürlich kann auch beim CAN-Bus der Fall auftreten, dass mehrere Teilnehmer gleichzeitig eine Nachricht verschicken wollen. Eine Vermittlungslogik dafür, dass die Nachricht mit der höchsten Priorität zuerst gesendet wird.

Physikalisch gesehen besteht auch der CAN-Bus aus zwei Leitungen, die als CAN-H und CAN-L bezeichnet werden. Das CAN-Interface des C515C (Pins TXDC und RXDC) wird nicht direkt, sondern über einen CAN-Transceiver an den Bus angeschlossen.

Der C151C hat weitgehend die gleiche Speicherarchitektur wie der 8032, d. h. er verfügt über 256 Bytes internes RAM (128 Bytes sind nur indirekt adressierbar), 128 Bytes für SFRs, außerdem können bis zu 64 kB externer Datenspeicher und bis zu 64 kB externer Programmspeicher über P0 und P2 adressiert werden. Allerdings werden für das CAN-Interface bereits 256 Bytes benötigt, so dass der interne Datenspeicher eines Standard-8051 nicht ausreichen würde. Deshalb besitzt der C151C noch 256 Bytes zusätzlichen internen Speicher (CAN controller registers) und weiterhin 2kB internen Datenspeicher (XRAM). Der CAN-Bereich erhält Adressen von F700H bis F7FFH, der XRAM-Bereich Adressen von F800H bis FFFFH. Diese Adressen überschneiden sich natürlich mit denen des externen Speichers. Genau wie externer Speicher sind diese Speicherbereiche auch über die MOVX-Instruktion anzusprechen. Um eindeutig festzulegen, welcher Speicher angesprochen werden soll, muss das SFR SYSCON entsprechend gesetzt werden. Dieses befindet sich im Standard-SFR-Bereich 80H bis FFH.

WEITERE AUSSTATTUNGSMERKMALE:
Die Funktionalität von Timer 2 ist gegenüber dem Standard-Timer 2 des 8052 stark erweitert. Sie bietet Möglichkeiten für den Einsatz in Kraftfahrzeugen (Zündung, ABS) sowie für den industriellen Einsatz (Gleichstrom- und Schrittmotorsteuerung, DA-Wandlung, Frequenzgeneration).

Der C151 verfügt über einen 8-Kanal-AD-Wandler mit einer Auflösung von 10 Bit. Er arbeitet nach dem Verfahren der sukzessiven Approximation.

Der C151 besitzt 17 Interrupt-Quellen die vier verschiedenen Prioritätsebenen zugeordnet werden können.

Neben der UART-Schnittstelle und dem CAN-Bus Interface ist der C151 noch mit einer SPI-kompatiblen Schnittstelle (SSC synchronous serial channel) ausgestattet.

LITERATUR/DATENBLATT:
www.can-cia.de
www.infineon.com

A.2 Datenblätter für DEBUG8051HW

RAM:
www.ee.nec.de/Products/Memory/lpsram_prod_ov.html

(E)EPROM:
www.atmel.com/atmel/products/

EPROMs der Größe 8kx8 sind nicht mehr sehr gebräuchlich. Daher entweder größeres EPROM verwenden und nicht benötigte Adressleitungen auf LOW legen, EEPROM AT28C64 verwenden oder den 80C32 durch AT89C32 ersetzen und dessen internes EEPROM verwenden (s. A.1)

PAL/GAL:
www.ti.com/sc/docs/products/proglgc/index.htm
 www.latticesemi.com

SOFTWARE FÜR PAL/GAL:
www.logicaldevices.com

AD/DA:
www.maxim.de/

D-Flip-Flop:
focus.ti.com/docs/logic/logichomepage.jhtml

A. 3 Bezugsquellen für Halbleiter

Farnell Electronic Components GmbH
Keltenring 14
D-82041 Oberhaching
www.farnell.com

RS-Components
Hessenring 13b
64546 Morfelden-Walldorf
www.rs-components.de

Conrad
Klaus-Conrad-Straße 1
92240 Hirschau
www.conrad.de

Spezial Elektronik Bückeburg
Kreuzbreite 15
31675 Bückeburg
www.spezial.de

Literatur

Infineon: SAB80C517/80C537 User's Manual. Datenbuch der Firma Infineon. Best.-Nr. B258-H6075-G2-X-7600.

Intel: 8051, 8052 and 80C51 Hardware Description. Datenbuch der Firma Intel. Best-Nr. 270252-006.

Heesel/Reichstein: Mikrocontroller-Praxis. Vieweg-Verlag. ISBN 3-528-25366-5.

Führer/Heidemann/Nerreter: Grundgebiete der Elektrotechnik Band 1. Hanser-Verlag. ISBN 3-446-15240-7.

Becke/Haselhoff: Das TTL-Kochbuch. Texas-Instruments. ISBN 3-88078-093-5.

Petzold: Windows-Programmierung. Microsoft Press. ISBN 3-86063-487-9.

Tietze/Schenck: Halbleiter-Schaltungstechnik. Springer-Verlag. ISBN 3-540-56184-6.

Sachwortverzeichnis

Weitere Titel aus dem Programm

Peter P. Bothner/Wolf-Michael Kähler
Ohne C zu C++
Eine aktuelle Einführung für Einsteiger ohne C-Vorkenntnisse
in die objekt-orientierte Programmierung mit C++
2001. XII, 337 S. mit 102 Abb. Br. € 19,90 ISBN 3-528-05780-7
Klassen-Konzept, Polymorphie, Einfach- und Mehrfachvererbung -
überladene und virtuelle Funktionen - Klassen-Funktionen und Klas-
sen-Variablen - friend- und template-Funktionen - Ausnahmebehand-
lung - Erzeugung grafischer Benutzeroberflächen mittels Visual C++ -
ereignis-gesteuerte Kommunikation und Document/View-Konzept

Andreas Solymosi/Ulrich Grude
Grundkurs Algorithmen und Datenstrukturen
Eine Einführung in die praktische Informatik mit Java
2., überarb. u. verb. Aufl. 2001. XII, 193 S. mit 83 Abb. u. 33 Tab.
Br. € 19,90 ISBN 3-528-15743-7
Begriffsbildung - Komplexität - Rekursion - Suchen - Sortierverfahren -
Baumstrukturen - Ausgeglichene Bäume - Algorithmenklassen

Andreas Solymosi/Peter Solymosi
Effizient Programmieren mit C# und .NET
Eine Einführung für Programmierer mit Java- oder C++-Erfahrung
2001. XIV, 279 S. mit 82 Abb. Br. € 24,00 ISBN 3-528-05778-5
*„Das Buch erfüllt einen doppelten Zweck. Es ist eine Einführung in
Java, (....), zugleich aber auch eine Darstellung der Prinzipien des
objektorientierten Programmierens."* ekz-Informationsdienst, 29/99

Abraham-Lincoln-Straße 46
65189 Wiesbaden
Fax 0611.7878-400
www.vieweg.de

Stand 1.10.2001. Änderungen vorbehalten.
Erhältlich im Buchhandel oder im Verlag.